平平安安下班

——给主管的安全管理指南

Alive and Well at the End of the Day:

The Supervisor's Guide to Managing Safety in Operations

Paul D. Balmert 著

伍　斌　译

南京　东南大学出版社

图书在版编目(CIP)数据

平平安安下班:给主管的安全管理指南 / (美)保罗·D.巴尔默(Paul D.Balmert)著;伍斌译.—南京:东南大学出版社,2021.7

书名原文:Alive and Well at the End of the Day: The Supervisor's Guide to Managing Safety in Operations

ISBN 978-7-5641-9547-2

Ⅰ.①平… Ⅱ.①保… ②伍… Ⅲ.①工业企业管理-安全管理-指南 Ⅳ.①X931-62

中国版本图书馆 CIP 数据核字(2021)第 100764 号

图字:10-2020-509 号

平平安安下班:给主管的安全管理指南

出版发行:东南大学出版社
地　　址:南京四牌楼 2 号　　邮编:210096
出 版 人:江建中
网　　址:http://www.seupress.com
电子邮件:press@seupress.com
印　　刷:常州市武进第三印刷有限公司
开　　本:880 毫米×1230 毫米　32 开本
印　　张:11
字　　数:296 千字
版　　次:2021 年 7 月第 1 版
印　　次:2021 年 7 月第 1 次印刷
书　　号:ISBN 978-7-5641-9547-2
定　　价:68.00 元

本社图书若有印装质量问题,请直接与营销部联系。电话(传真):025-83791830

译者序

三年前，我参加了公司举办的巴尔默安全管理实践研讨会。在那之前为杜邦公司服务的12年中，我曾参加过的类似的培训或研讨会不计其数，也曾多次主持过类似的内部研讨会。我的头脑已经经过了大量的安全相关理论模型和应用工具的洗礼。所以说实话，一开始我是抱着怀疑的态度来参加这个研讨会的，因为这个研讨会从事先传阅的大纲上来看没有什么"新鲜"的内容。

这个研讨会也确实没有介绍什么令人耳目一新的概念或者理论，但是最终它还是带给了我新鲜感。相比于过去的培训或研讨会，它的侧重点不在于介绍某项理论或工具，而是直接剖析一线主管和经理在每日的安全管理中要应对的挑战，并通过案例情景分析，直观地解释了主管们应该做些什么，以及怎样去做。其中的一些深刻见解，引发了我的深思和感悟，比如高影响力时刻、影响和控制、行为和态度等。更加重要的是，研讨会之后，工厂的管理层马上就能够形成一个行动计划，将所学应用到日常的工作中去。

后来，我受兄弟单位之邀，担任他们的巴尔默研讨会的现场传译，有幸再次温习这一系列领导力实践。在与咨询讲师的沟通过程中，我见到了这本通俗易懂的管理工具书。除了在巴尔默安全管理实践研讨会上探讨的全部内容，这本书还包括了更多的相关案例及引用文献，非常便于读者理解。而且对于忙碌的一线主管和经理们来说，本书的编排方式也很方便他们在有需要时查阅使用。

安全是当今制造业企业的一项重要绩效管理目标，甚至成为很多企业的核心价值。为了实现安全管理目标，各级管理者投入了大量的时间和精力。很多企业采用了先进的技术和设备，也建立了各种管理体系，但安全绩效就是不见明显的改善，或者出现短期的好转之后故态复萌。高层领导们逐渐意识到，提高各级管理人员的领导力水平才是提高安全绩效的重要基础。而本书则完美地从“为什么”与“怎么样”两个方面阐释了领导力实践在安全管理中的应用。企业的各级管理者，可以从本书中看见自己曾面临过的挑战，以及曾遇到过的困境，并从本书汲取营养，更好地了解这些挑战和困境，找到可供践行的提高领导力的做法。

本书可以作为管理学书籍，供系统性地通读；也可以作为领导者的工具手册，在遇到问题时供查阅。其可读性很强，提供的解决方法也简单有效，令人阅读时常常会有茅塞顿开的快乐。快乐越分享越多，因此，我觉得有必要将此书翻译成中文，使之可以在我的同事们，以及国内制造业的一线主管们中间广为传阅。产生想法易，实现想法难，利用业余时间把一本书翻译出来还是需要一定的努力和毅力的。而去年新冠病毒肺炎疫情期间的居家隔离给了我足够的时间，能够一气呵成地将这本书翻译出来。如果读者能够从中有所收获，我会感到非常欣慰。

伍　斌

2021 年 2 月于上海

作者序

和以前不同，在这个时代，关于商业管理和领导力的书籍已经俯拾皆是。从彼得·德鲁克(Peter Drucker)在 1954 年发表了他的第一部关于管理学的巨著起，那以后的半个世纪，数以百计的 CEO、退役将军、知名教练、管理学教授陆续效法，在商业、管理和领导力等诸多方面出版了各自的著作。

德鲁克最早在《管理的实践》一书中指出了业务管理者的关键角色。他视管理者为一种职业，并将他们作为自己著作的目标读者。他的理念影响了今日的管理者，他提出的管理实践已成为今日的标准：业务战略，目标管理，顾客导向，培养人才，以及理解和塑造企业文化。他的著作中亦提及了一线主管扮演的重要角色。但他错过了一个课题——当一位业务领导者要对他人的工作负有责任时，他们就会对这个课题感兴趣——安全。要知道在完成一天的工作后，每个来到工作场所的人都期望能平平安安地下班回家。

后果可能是灾难性的，对每个人都一样

在 21 世纪，如果你是一个工业企业里的主管或经理，你就会知道安全在你的工作中至关重要。无论你是企业所有者、CEO、总经理、部门经理，还是一线主管，安全管理都在你的工作中占了一大部分。如果这部分工作做得不好，可能导致灾难性的后果，不单影响你管理的人员，还有你自己——无论是你自身还是你的职业生涯。

鉴于良好的安全绩效的重要性，自然应该有大量书籍指导人们如何

达成它。如果是针对如何提升其他绩效指标的，确实如此。大批专家、学者甚至前企业高管，诸如德鲁克、菲利浦·克罗斯比(Philip Crosby)、吉姆·柯林斯(Jim Collins)和拉里·博西迪(Larry Bossidy)等人，都著有足够多的此类畅销书。而作为一个重要的绩效指标，总该有至少一本畅销书教我们怎么做好安全管理吧？然而并没有。

这不仅仅是书店的书架上缺少了一类书这么简单。如果大多数企业都愿意认真对待安全工作，他们自然需要教育他们的主管和经理如何管理安全工作，就像根据业务需求给他们提供诸如信息技术、财务、销售以及项目管理等重要业务的培训一样。这似乎是个常识，可是现实中很少有人这么做。

在近十年的咨询工作中，我曾经有幸和数以千计的主管们共事，他们来自全球上百家制造业和工业服务业，从一线主管到高层领导。无论是小型企业还是知名跨国巨头，在这些企业里，安全管理都实实在在是一个核心价值，而非停留在一句口号。但是，这些管理良好的企业确实多半缺乏一个正式的培训流程，来教育他们的主管们做什么以及怎样做，以达成其安全目标。

我也并不会感到特别的惊讶，在我职业生涯前30年所服务的企业就是这样的。我接受了大量的技术培训，甚至在业务景气的时候，还接受了相当多的管理技能培训。但是鲜有培训会专门告诉我们如何领导他人安全工作。也许企业已经假设我们知道该怎么做，但我们并不知道。

把一辆不安全的车变得安全一点

在过去的200年里，在工业企业的安全管理上，杜邦公司是做得最好的。我来自一个杜邦家庭：我父亲是杜邦公司的一位产线经理。我们家当时有全世界唯一一辆安装了安全带的1961款的雪佛兰考威尔

(Corvair)(译者注:1968年美国才开始要求汽车出厂时在座位上加装安全带)。那些安全带不是原装的,是杜邦公司的工作外安全奖奖品,由我父亲从公司带回来安装的。高中毕业两周后,我追随父亲的脚步进入了化工企业,做勤杂工,上大夜班。我四年大学期间的每年暑假都在从事这样的实习工作。那时,我由下而上观察着生产运营活动,以及管理活动。现在回头看,那是很棒的体验,当然那时我似乎不这么认为。

大学毕业拿到文凭后,我作为一个有了专业资格的员工回到那里工作。三年后,我入职了当时美国第二大化学公司:联合碳化物公司。在那里的工作使我认识到在杜邦工作有多么好,以及杜邦能成为业界楷模的原因。10年后,我成为一个大型工厂的运营领导,后来转做产线经理。那时我开始正式学习如何管理安全绩效。

一些伟大的领导,以及一些不明所以的人

我有幸在一个安全榜样身边长大,他就是我的父亲——一个杜邦公司的经理。而且,在我职业生涯的早期,我遇到了优秀的领导和同事,如唐·维利(Don Wiley)、鲍勃·佩里(Bob Perry)、詹·莎克福德(Gene Shackelford)和查理·黑尔(Charlie Hale)。当然还有更多的好朋友、好伙伴,他们从事的工作有领班、维修工头、主操工和生产主管。篇幅有限,我无法把他们的名字都一一列出。我目前所教的,正是我从他们身上学到的。

我花了13年的时间每天躬行领导力实践。我现在认识到我最大的天赋不是领导力,有太多的人做得比我好得多。但是,就像一个曾经做过选手的高尔夫教练一样,我有一些洞见的天赋。我曾有机会看见人们如何领导:从CEO到维修车间的助理,并且认真观察他们怎样去领导他人安全工作。

彼得·德鲁克相信领导力对于成功至关重要,无论是在过去,还是在现在。要看见领导们怎样领导并不难,你需要做的只是认真观察。

从我还是一个 18 岁的倒夜班的毛头小子开始，30 年在化学企业不同岗位的工作经历给了我充分的机会来观察组织中不同层级领导如何行事。你也许猜到了，是的，他们中有些是伟大的领导，还有一些则是不明所以的人。

作为管理顾问，我一直在把那些从我崇敬的领导者身上学到的领导力实践教授给他人。在近 10 年时间里，我和我的顾问同僚已经服务了全球逾两千名主管、经理和领导者。我知道他们在这些管理实践中看到很多自己的影子，在教室里我也经常看见他们在按我们所教的行事。这些都证明了领导力实践的永恒价值，管理学新潮理论来来往往，但是关键的领导力实践则可以代代传承。

因此，我们撰写了这本关于安全管理的书，与下一代领导者分享领导力实践。

彼得·德鲁克，以及后来的诸多管理学权威，已经证明了领导力在业务管理中的重要地位，自然包括在安全管理中的重要地位。

因此本书始于该点：既然领导力重要，那么领导者应该做什么？他们应该怎么做？我们会带你经历各种挑战——是的，领导他人是个重任。我们会观察那些最佳实践、两难困境，甚至从失败中得到的教训。最终你会理解要做什么，怎样做，以及为什么这些实践有效。

今天，在中国这样一个工业经济呈现爆炸式增长的国度里，你很难找到一个像我一样在过去 50 年里接触大量领导者并学习他们的领导力实践的人。本书的好处就是，你不需要去找这样的人，你只需要阅读，并把所学付诸实践。

如果你能这么做，我相信，在中国的你也能够保护好那些为你工作的人。这是我能想象到的最重要的业务目标和职业发展目标。

保罗·巴尔默(Paul Balmert)

关于作者

保罗·巴尔默是巴尔默咨询机构负责人，该机构在2000年成立，致力于帮助全球客户改善安全领导力，其客户遍及采矿，维修，建筑，油气开采、生产、精炼和配送，化工和发电等诸多行业。他曾经与数千领导者共事，包括一线主管、公司总裁和CEO。通过高效的沟通，保罗在众多讲座和会议中为超过两万名听众传授经验，这些听众包括MBA学员、美国安全工程师学会的安全环保专业人员，以及诸如爱迪生学院和美国石油精炼协会等行业组织。他发布的定期简讯《安全绩效管理新闻》在安全行业圈内广泛传播。

在创建巴尔默咨询机构之前，保罗通过在化工行业30年的从业经历积累了宝贵的经验和洞察力。他曾为联合碳化物公司服务，先后担任工厂、业务部和公司层级的不同职务，担任过13年产线经理，负责管理公司最大的一家工厂的维护、生产和储运运营。他也曾经管理过一些业务支持部门，包括人力资源、操作培训、应急响应和公共关系。保罗毕业于康奈尔大学工业和劳动关系学院。他的办公地点在得克萨斯州的希布鲁克，靠近休斯敦市。

To Nancy

目　录

第1章

导读的导读：如何才能从本书中收获最多

为什么作者那样写？因为之前没人那样写。

——托马斯·伯格(Thomas Berger)

你面前艰巨的安全挑战

拿起这本书的你，很可能是一位领导，正面临着一个挑战：让那些为你工作的人每天都能平安回家。你可能也在寻找应对这个挑战的答案。我也面临过这样的挑战。我曾经在一家化工厂担任产线经理达13年，负责几百名生产和维修员工的安全。过去十年，作为管理咨询，我曾服务过和你一样的领导者们，他们来自各行业，有在山里开金矿的，也有在海里采石油的。如果你认为让每个人都能平平安安下班是一个重要的责任，我可以告诉你，不是只有你一个人在面对这个挑战。在全球各行业中，有超过两千位同行都和你一样，在寻找同一个问题的答案。

我是怎么知道的？因为我去问过。面对每一个像你一样的领导者，我最爱问的一个问题就是："作为一个领导者，在你每天面临的最艰巨的挑战中，排名前10的是什么？"

在将近10年的时间里，我倾听了超过两千名你的同行的回答，其中大部分是一线主管。无论他们是从事什么行业——油气开采，生产制造，采矿，建筑，化学，维修，发电和供电，管道，车辆和运输；无论他们是在世界的什么地方——从北大西洋到南阿根廷，从加州到印尼，他们对这个问题的回答总是基本一致。

从他们的回答中归纳统计出的前10项如下：

1. 合规：让人们遵守规定——任何时候都遵守。

2. 自满：让人们相信他们在所从事的工作中有可能受伤。

3. 态度：让人们接受——安全相当重要。

4. 变更：处理不断变化的规定、政策和程序。

5. 识别危害：让人们识别他们会遭受哪些伤害。

6. 老板：领导们，以及顾客们，有时在安全上并不言行一致。

7. 经验：新手没有足够经验，而老手有时又过于有经验了——以至于通过坏习惯来证明经验。

8. 险兆事故：找出险兆事故，将大祸消除于萌芽之中。

9. 生产：要完成工作任务，同时还需要安全地完成。

10. 时间：手头要做的事太多——同时还要管理安全绩效。

这个清单里有哪条让你感到陌生吗？

应该没有。花点时间考虑一下你在管理安全工作中所遇到的挑战，很可能你也会列出一个相似的清单。问题是大多数领导者都忙于应付这些挑战，却没有时间好好思考一下它们的含义。他们也没有时间去调查研究、对标和观察那些应对现实挑战所需的最佳实践。

一天时间可能带来什么样的改变，
无论是好的还是坏的改变

本书正是希望能针对这些挑战给出可操作的答案。当然，在安全管理方面也有学术研究和领导力理论方面的著作，但是，在真实战场上的——每天带领团队安全地把产品生产出来就像是在打仗——领导者们需要可操作且有效的解决方案。而且，这些方案要简单、易行、有效。

本书是一本关于领导实践的书籍，针对的是工作场所的安全管理问题。如果你和世界上众多领导者们一样，面对着同样的领导力挑战——态度、责任、行为、遵从、自满、文化，那么这本书就适合你。

答案就在这本书里，世界各地成功应对同样挑战的领导者们，使用这些技巧让他们的员工安全工作。这本书是写给那些需要在真实场景中运用这些技巧的领导者们的。

你将发现本书会按照不同的挑战顺序逐一讲解，其排列有着内在的逻辑性。其中很多课题有对真实场景的描述，使你了解现场面临的挑战，并给出恰当地使用应对策略后的效果。你可以轻松地想象出这些场景——很有可能有些例子会让你想起你自己组织里的情形，甚至是你工作团队中的某个人。

挤出时间：你最大的挑战之一

从小到大，我们中的多数人都被教育着要从头到尾地读书，因为通常一本书是按顺序写就的，每个章节的内容都建立在前面章节的基础之上。按照这个逻辑，如果不把前面所有章节看过一遍，你是无法理解最后一章的。

当然，这个假设基于读者有充足时间从头到尾读一遍。但今时今日，这种假设现实吗？

本书起初是一本小部头的书——篇幅短小，以便作为忙碌的领导者的你有时间可以从头到尾看完。但这带来一个问题：管理安全绩效带来的挑战太多，也太复杂了，无法用一些简短的不完整的方式来介绍。所以当我将如何管理安全绩效的方方面面都写下来，它就变成了一本大部头。当然，你从头到尾看下来的话，也是会有收获的——如果你有时间的话。

但如果是我就没有这么多时间。

我在做生产管理岗位的时候没有这么多时间，相信现在的你也没有。这里存在一个基本的矛盾：作为一个领导者，你的时间很宝贵。你需要帮助，可你真的没有时间翻阅大量读物去寻找帮助。

简单答案还是完整课程……按需定制

因此，你就在本书的开头看到了这个章节，“导读的导读”，就把它看作一个手册当中的疑难问题解决指引。你应该知道怎么使用它：按照描述的情况、症状或问题，查找对应的解决建议。这是一个帮你快速找到所需信息的途径。有用即可，不需要花太多时间。

本书在进行编排的时候并没有假设你会从头到尾通读，各位也不会都有时间这样做。如果你时间不够，你可以这样使用本书：针对你当前面临的挑战，找到相关章节阅读以获得帮助，将其他章节留待以后需要时或闲暇时阅读。

先读第 2 章

无论你的安全挑战是什么，第 2 章“安全的理由”都是你应该先读的部分。此章描述了安全管理成为每一个领导工作中最重要部分的真正的理由，也解释了为什么安全管理比把产品交付给客户或者让客户满意还要重要。

即使你非常肯定你已经知道了自己为什么需要安全管理的理由，还是有必要读一下此章。因为它解释了本书的一个最最基本的理念，而基本的理念不会过时。确实有过一些领导者不太认可这个安全的理由，但是等他们认识到现实却为时已晚。在此章你会读到他们的故事，然后你就会理解为什么谁都不愿重蹈他们的覆辙。

打造安全管理的共识以管理安全绩效

当你读完第 2 章后，你可能需要继续查找眼前最急迫问题的解决方案。你可以在本书中找到用来应对以下章节清单（表 1.1）中所列出的各种挑战的解决方案。在每章内有对每个挑战的详细解释：为什么它们不是小问题，无法仅仅用一次安全会议或增加一项安全政策就能够解决；为什么领导层需要就这个挑战作出真正的改变。通常我们会以案例学习或情景分析的形式来描述这个挑战。

表 1.1　本书导读

责任	当出了问题时，人们不愿承担责任	第 11 章
态度	如何改变人们的态度使其安全工作	第 8 章
认同	如何使人们认同安全的重要性，并为其自身安全负责	第 2 章
变更	我经常面临安全政策、安全程序的变更	第 10 章

续表 1.1

行为改变	如何使人们遵守规定，即使我不在场	第 8 章
合规	如何让人们遵守我们所有的安全规定	第 6 章
自满	在每天重复同样工作的情况下，怎样让我的团队不会变得自满	第 7 章
控制	作为领导我应该负责，但我控制不了会发生什么	第 21 章
文化	怎样在我的组织内创建卓越的安全文化	第 14 章
设备	我被现有设备束缚了，但又没有足够的钱升级设备	第 19 章
经验	新员工太多，没什么经验	第 21 章
执行	怎样让我的组织里的员工做到他们应该做的事	第 15 章
危害识别	怎样让我的员工识别他们工作中的危害	第 7 章
影响	作为一个大组织的领导，我真的能够做一些能带来改变的事情吗	第 19 章
调查	怎样使员工对所犯的错误负责，并理解他们哪里做错了	第 16 章和第 18 章
领导	作为领导我应该做些什么使我的员工安全工作	第 3 章
领导力	要取得好的安全绩效，我应该成为怎样的领导	第 18 章和第 22 章
吸取教训	其他领导者们在管理安全绩效时有哪些教训	第 20 章
测量	除了简单计算伤害数量，总应该有更好的方法去测量安全绩效吧	第 17 章
中层管理	如果我的领导不改变，我们永远不会获得很好的安全绩效	第 18 章和第 19 章
险兆事故	虽然没有听到过但我知道我们有很多险兆事故	第 7 章和第 17 章
正面强化	如果我们要消除每一个风险，我们这个业务也许就做不下去了	第 8 章
风险管理	虽然没有听到过但我知道我们有很多险兆事故	第 7 章
承担风险	我的人正在承担我认为不可接受的风险	第 7 章和第 8 章

续表 1.1

安全会议	我们的安全会议太无聊了	第 12 章
安全建议	我不记得最近一次我的团队成员提出过的好的安全建议	第 13 章
解决方案	如果发生了一个事故，怎样提出一个真正能够预防它再次发生的解决方案	第 16 章
系统	是系统的原因造成人员受伤，还是因为某人的行为	第 18 章
时间	我手头有这么多工作要做，没有足够的时间去管理安全绩效	第 4 章
培训	怎样确保我们的培训课程能够教会人们安全工作的应知应会	第 15 章

然后我们会发掘那些潜在的解决方案。我们不会就这样抛出一个理论，而是会提供具体的策略和战术——做什么和怎样做——这都是基于其他领导者的成功经验。在每个章节我们还会展示一些应用这些技术的例子。本书的导读见表 1.1。

以上所有都是为了帮助你改进安全管理工作，或是保持你现有的卓越的安全表现而设计。达到卓越只是胜利的一半，而另一半则是保持卓越。

以防万一

也许你很幸运，已经在对安全绩效进行科学管理，可能并不需要什么帮助了。若是这样的话，你的成功不是靠侥幸得来的。但如果对于自己所做的，你还不是很确定，可以试着读一下第 20 章“经理们在管理安全绩效时最常犯的十个错误”。此章节提供了一些要点，帮你检查以确保没有因为疏忽犯了某个错误而造成致命的后果。

第2章

安全的理由

知道和理解，是两码事。

——查尔斯·科特林(Charles Kettering)

在21世纪的商业世界中，无论是CEO还是一线主管，几乎没有一个领导者不知道安全是第一重要的事。这是一个事实，而还有一个事实是，在每个运营领导面前还有一个重要的问题：

为什么说安全是运营领导的最重要的目标？

这个问题的答案似乎显而易见：每个领导都不希望见到他们属下有人受伤。如果这还不够，还有——他们的上级告诉他们，安全是他们工作职责和绩效表现的一部分。为了确保未来职业生涯成功，好的安全绩效是必需的。还有，安全不再只是个“优先事项”，它已经成为组织的“价值观”，写在公司的目标陈述里，挂在每个会议室的墙上。这些理由中的每一条都足够给这个问题盖棺定论——安全真的有那么重要。那么这个问题解决了，接下来研究其他重要问题吧。

然而，正如你开始所怀疑的那样，这个问题其实没有那么简单。没错，如果领导者都真的理解安全有多么重要，那么在他们的日常行为中就会一直展现出来。如果他们真的这么做，现在的企业里的情景会大有不同。而你将不会看到类似这样的一些事情在日常生活中发生：

- 因为人手短缺，新员工在还没有达到适岗程度的时候就上岗工作。

• 正在运行的机器设备没有被维护保养到应有的状态，或是标准要求的状态。

• 人们在走一些可能不安全的捷径以尽快完成工作。

• 已知的安全问题被忽略，因为处理它们需要花太多的时间或金钱，或者会导致工作不能尽快完成。

• 取消或减少培训，甚至改面授培训为电脑培训以节省经费并且避免影响生产。

• 对安全程序进行简化或修改以加快工作速度。

• 把更多工作压在领导者身上，压缩了他们用在安全管理上的时间。

这些往往是安全绩效管理在现实中的样子。类似的事情总在发生，如果不信，你可以去问，或去企业里看一看。我知道这些，是因为我在我们公司经历过——而我们公司的安全管理绩效其实还是相当不错的。我和世界各地的工业界的领导者们交流时，他们告诉我这些事情在他们的组织也同样发生。如果这些证据还不够，你可以在关于类似以下这些重大安全事故根本原因的调查报告里找得到：挑战者号和哥伦比亚号航天飞机失事，博帕尔事件，三英里岛事件，萨格煤矿矿难，以及得克萨斯城炼油厂事故。

这只是一个观察，而非结论。这些组织里的每一个人都给安全赋予了极高的价值，因为他们的领导如此教育他们。问题出在这些组织中领导者们的行为——个体行为或是集体行为——与他们的言辞相悖。在这几个重大事故的例子里，这些组织里有人知道有些事不对，知道正在运行的流程没有看上去那么安全，但就是没有人照他们的安全承诺所说的去采取行动。

安全可能已经被列为公司的核心价值，但没有成为那些做决定的主管或经理们的最优先事项——“首先要满足的条件”，这些决策将决定着这一天究竟是平平安安下班还是带着伤下班。

如果领导们真的理解了为什么安全是他们最重要的业务目标，我们也许就不会看到他们的公司名字和这些重大灾难联系在一起了。而这些真正的原因就是安全的理由。

花两分钟时间：从高层领导角度看

如果你正在读这本书，有很大的可能你还不是公司的 CEO。本书的主要目标读者不是他们。这本书更多地是针对更加重要的领导层读者们的：中层经理和一线主管们。他们接近指挥链的基层，通常与公司的全球总部相距甚远。Intel 公司的安迪·格鲁夫把他们描述成组织的“肌肉和筋腱”。在管理安全时，这些领导者们才是组织中真正能带来改变的人。如果你是其中之一，比起那些坐在行政套间的老板，对于以下这些测量你们业务成功的指标，你每天的表现会产生更大的影响——完成了多少工作，产品质量如何，顾客需求怎样被满足，以及哪些人能够平平安安下班。

最糟的情况：以痛苦的方式学习

每一位中层领导者都清楚他们不是在一个民主架构下工作的。高层领导们负责决定战略、目标和优先事项。中层经理们的职责是去理解目标是什么，然后转过身来把活干了。我们把前者叫作“看齐”——向领导的目标看齐；而把后者叫作“执行”——将目标转化成结果。这两个过程定义了全世界中层经理们的角色定位和日常工作。

对于需要安全的理由（为什么安全比所有其他业务目标都重要）的理

解始于企业高层设立目标的那些人。如果一个 CEO 始终如一地将安全放在组织的为数不多的几个关键目标清单上，这总是有一些原因的，而且原因相当明显，但也不妨再问一问。所以我们来问一位 CEO："作为运营这个公司的领导，为什么安全对你如此重要？"

可以预料的答案可能像这个："我们的公司是为了给我们的客户提供卓越的产品而存在的，而制造这些产品的人是我们最重要的资产。我们永远不希望看见我们的员工受到伤害，所以安全是我们的核心价值之一。"

一个简单的回答，很容易理解。但这个回答是"真相，是全部真相，而且只有真相"吗？还是说欠缺了一些？

现在的领导者们流行将安全作为一种个人价值来信仰，并且把安全作为组织的核心价值进行分享。我们姑且假设宣教，或者文字传播真的能够把某个东西变成人们的价值观——生活能有如此简单就太好了。

让我们来研究一下这个"价值"。把安全描述为一种价值的做法背后的理论假设，是价值观不会改变，价值观永远不会因大众潮流或时势的压力而改变，而优先事项则每天都在变。安全应该是一个一直都被珍惜的"价值"，而不应是时常改变的"优先事项"。

这个推理看起来没错，但是当你进行关键思考时，它的逻辑瑕疵立即暴露无遗。

谁说我们的价值观从不改变？你这一辈子从来没有改变过你的价值观吗？我的价值观当然改变过。我 19 岁珍视的那些东西和 40 年后珍视的相差很大。从我的观点来说，这是种好的改变。价值观会变，而且往往是向好的方向转变。这使得价值观和优先事项之间基本上没有什么差别。

然而即使有差别，价值观也通常是无形的。你看不到它，但你心中会对某物或某人赋予一个价值。在领导时，一个追随者无法看见领导者心中的价值判断，但他肯定能看到领导者的行为，从而得出结论，明白领导者真正珍视的是什么。不幸的是，这个世界上到处都是领导者们的实际行动与其宣传的价值相悖的例子。

在某些圈子里，把安全描述成一个“优先事项”已经变成落伍的做法了。这是个很不好的现象，优先事项的含义是“应该优先考虑的事”。事实上对于衡量现场安全管理水平来说，这是一个很合适的方式。当同时有几个不同的目标时，哪个目标优先？是把工作快一点做完，还是多花点时间安全地做？是保证不超支，还是多花点钱来消除安全隐患？是把人手都派下去干活，还是先花点时间和经费培训他们的安全工作？

无论他们平时宣传什么核心价值观，他们日常的行为会清清楚楚地展现出他们关于安全的真实的优先顺序。追随者们只要对领导者们多加注意，看他们优先考虑了什么事情，反过来就能知道领导者们真正的价值观在哪里。所以每日发生事情的清单实际上就在清晰地告诉人们，领导把安全的优先顺序真正放在哪里。

作为一个 CEO，如果在新闻发布会上这样回答“安全为何重要”，看起来没问题，但远远没有回答完整。从高层领导的角度看，全部的真相应该更像如下的表述：

“事实上，不好的安全表现会伤害整个公司。一起严重的事故会毁了整个生产过程，会消耗大的代价，会伤害公司的名声，也会使我们的客户流失。”

一个伟大公司的倒闭始于发生在博帕尔的悲剧

这是真的吗？当然是真的。这样的事实实在在地发生在我们公司：联合碳化物。我 1970 年代加入该公司的时候，全公司有 125 000 名员工。后来发生了博帕尔事件,工业界最糟糕的惨剧之一,公司股价骤跌,然后被强行收购,从此一蹶不振。

安全是一门好的生意,反过来说,不好的安全是糟糕的买卖,对此说实话没有什么不对。联合碳化物公司的案例已经证明了安全是门好生意,因为它的股票市值在博帕尔事件后下跌了一半。像三英里岛事件,埃克森·瓦尔迪兹号事件,BP 得克萨斯城事件,它们发生的代价,都是数以十亿美元计的。事实上仅仅在美国,每年在工作相关伤害的医疗处理上,花费就超过了 800 亿美元,而因此造成的生产率的损失则四倍于此。甚至股票价格也能体现出好的安全绩效:一项在油气开采和生产以及油气管道行业的研究显示了他们的环境安全与股票价格表现之间存在显著的相关性。

每个人都知道,从长远来看安全是一项好的业务。问题是,在短期,不是每个人都理解,最安全的运营方式不是最快的、最便宜的或最容易的方式。只有经过多年之后,做正确的事——在人员培训,妥善维护设备,做好工作计划,消除安全隐患上投资——才能够得到很好的回报。问题在于这些回报出现在未来,而不是今天。而在短期,任何投资都需要花费些东西——事件、努力、资源、金钱。一个工厂有可能缺乏培训,吝惜维保,使用蹩脚的工具和设备,甚至忽视安全隐患却没有遭到什么损失。更糟的是,他们的领导可能甚至会因为"多快好省"地完成任务而得到奖励。

是的,安全的理由来自业务原因,但是要意识到这一点则需要"有耐心的"投资,以及长远的眼光。而且,一个出于业务原因的安全理由对于 CEO 来讲还是不够的。CEO 会继续说:"哪怕安全不是一门好生意,我们也应该让员工平平安安下班。他们有他们的生活和家庭,我有道义和责任去为他们提供一个安全的工作场所。"这是一个从道德角度提出的安全的理由。

安全:至少要和质量、成本同等重要

那么,会不会有 CEO 坚定地这样说呢? 会的,甚至他们还会用他们的行动来证明这一点。

沃伦·安德森(Warren Anderson)在 1984 年就这么做过。他在博帕尔事件发生时是联合碳化物公司的 CEO。事件刚发生时,他的反应是迅速赶往现场调查损失情况,看看他有什么可以做的。当时他的律师们肯定地告诉他:沃伦,别去了,太危险。

沃伦没有理会危险,他去了博帕尔,一个印度小镇,在那里他的公司要对工厂周边超过 2 500 位死者负责。他为什么这么做? 唯一可信的、说得通的理由是,他的公司犯下了可怕的错误,他有道义和责任去承担这个后果。他当时肯定在想:“我们犯了错,作为领导者,我得做正确的事去进行弥补。”那之后有很多书批评在博帕尔事件发生原因的背后,管理层扮演的不光彩角色。但没有人描述事件发生之后沃伦的举动是如何反映了一个领导者坚信着道德方面的安全理由。

沃伦·安德森奔赴现场,承担事故责任,但他所得到的奖赏是被软禁在家,被控谋杀。这也是 CEO 为什么要严肃对待安全的第三个理由:他自己的身家也牵涉其中。

在 CEO 要负责达成的诸多目标中,安全通常是他的几个最重要的目标之一。安全表现可以决定他和董事会及股东的关系,也可以影响他的任期,甚至他在业界的声名。一个 CEO 通常更愿意人们向他,而不是向他最大的竞争对手来询问“你是怎么运营一家安全的公司的”?

略加反思,CEO 们的安全的理由其实非常容易理解:安全是一门好生意;做安全是正确的事;如果安全搞得好,CEO 会得到很多好处。

这些动机一点都没错，这三个理由中的任何一个都会驱使领导者做正确的事。他们知道这些理由，但是在他们没有做正确的事情时，他们很可能是不理解这些理由。

从中层干部角度看

如果你是组织中的一个中层干部，理解为什么CEO应该将安全作为最优先事项，将对你非常有帮助。这也会被证明非常有用，只要你相信“对我老板重要的事情对我也重要”。但这并不是安全成为你最重要业务目标的唯一原因，或最大原因。

以下三个简单的问题可以帮助你理解为什么。

- 在你的生活中真正重要的事物是什么？
- 如果你在工作中受了重伤，对上个问题的答案中的事物有什么影响？
- 如果你是一个对别人安全负责的主管，你的下属对前两个问题的回答和你的答案会不会有本质的不同？

这三个问题的答案难道不明显吗？

> 真正的安全的理由和在老板办公室里考虑的一点关系都没有

- 在你的生活中真正重要的事物是什么？

如果你和我们其他人一样是为了生活而工作，那你的工作只是你生活中的一个重要的部分。研究表明多数人其实喜欢他们的工作，而且一个有意义的工作是我们生活中的很大一部分，但不是最大的部分。我们每天起床去工作是为了做一些比谋生更重要的事情，我们赚取生活所需是为了生活中一些更重要的事情:照顾我们的家庭,和相爱的人在一起,把世界变得更美好,当然,也包括追求自己的爱好。这是我们去工作的原因,每个人都知道。

- 如果你在工作中受了重伤,对上个问题的答案中的事物有什么影响?

每一天,都有人因为谋生而死去。他们就像你我一样,起床去上班,但是没能够平安回家,还有人受到重伤。对于这些受重伤的人,事故的影响可能是终生的。他们也许因为跌落而让脊柱遭受严重损伤,下半生必须依赖轮椅。我就认识两个遭受这样的不幸的人们,也许你也见过这样的例子。

你不难想象这种伤害对生活中重要事物的影响:家庭、朋友、财务,以及所有的爱好。在事故的一瞬间,生活改变了,剧烈而无可挽回地改变了。时光不会倒流,已经发生的再也无法改变。在事故中最惨的是谁?是员工还是他们的家庭?很可能是他们的家庭,那些必须收拾心情,承受打击,还要照顾爱人的人们。

回到工作场所,悲剧发生的记忆会随着时间的推移而淡化。在事故现场也许会留着一个纪念牌匾,一年之后可能还会有几分钟默哀的纪念仪式。但是在家里可不是这样,没有一天这些不在提醒着你:照顾幸存者,维持生计,还要应付和残疾人共同生活的种种不便。

所以你已经想象了一个严重伤害会怎样影响你,以及你每天去工作的所有理由。你知道你的答案。但这只是你理解了,那么你属下的人呢?严重伤害对他们工作的理由有什么影响?他们与你有何不同吗?

- 如果你是一个对别人安全负责的主管,你属下对前两个问题的回答和你的答案会不会有本质的不同?

你心里知道这个答案。和你一样,一次严重伤害对你的团队中的任何人都会产生灾难性的影响。基本上他们和你没什么不同。

理解这三个问题的真实答案——全部真相,能够彻底改变你对这个要对他人安全负责的领导者角色的理解。

你是那个承担责任的人

如果你是一位主管,也就是"对他人的工作负有责任的人",在思考安全的理由时最终你要考虑的重要一点是:你对所发生的事所负的责任。

假设一起重伤不是发生在你自己身上,而是在你的一个属下的身上。作为主管你自然在这个情景中负有责任。你可能需要到事故现场去,对事故损害进行第一手的调查,这不是件轻松的事。你也可能得打电话给伤者家属让他们和你在急诊室会合,这是个苦差事。

> 你怎么能允许这种事发生呢?——
> 当属下受伤时你所面临的责任

然后,你和家属面对面。你开始对这个员工生活中的一些真正重要的事物有所了解:他们的家庭,朋友,兴趣和热情。你会意识到这些都是他们的生活——而工作只是他们生活的一小部分。

或许和你办公楼里那些高层领导不同,你熟识你的员工和家属。他们住在你居住的城市,也许你们工作外也相熟。你也许在学校的课外辅导班辅导过他们的孩子,也许你们曾经一起去打过保龄球,也许你们毕业于同一个学校,或者你们去过同一个教堂。

甚至这个员工的家人也可能是你的亲戚。

某一天,你遇到其中一个家人,对方可能会问:"这种事怎么会发生的?"还有更糟的:在一起死亡12人的矿难事故发生之后的公开听证会上，煤矿经理不得不面对上百名家属。其中一个告诉他："你今天回家去见你家人时，想想我们回家如何见家人——我回家只能见到我爸爸的遗像。"可以肯定，这个经理回家会好好想想的，因为如果是你，你也会的。

以上还不是最糟糕的。在从医院回家的路上，在第二天早上，或随后几天，你会不停地问自己："我怎么能让这种事发生?""我当时应该做些什么来防止它发生?"你开始审视那些给别人生活带来破坏的责任。这种自我审视常常是一种非常残忍的考验，对于你所提的问题总是会有个答案，你只能希望那是一些好的答案。

但如果它们不是好的答案呢？那就是痛苦的真相。如果是的，你会知道。假设在员工跌落之前你见到过他不佩戴安全带，假设你早就知道设备有问题，假设你曾经见过有人走捷径，但是你没有说什么也没有做什么。

你的痛苦在精神上，你可能在整个余生都要承受这样的痛苦，这叫作幸存者负疚感。如果你是一位主管，存在这种可能性是一个可以让人警醒的想法——当你的一个属下受了重伤，你最终也会成为一个受害者。那些伤害到你下属的最终也会伤害到你。这是你永远也不想亲身体会的教训，所以还是从别人的不幸中吸取教训吧，总是有足够多的例子供我们学习。

而且别忘了，要避免出现上述糟糕的情景，最好的方法就是保证人员安全，这样你就永远不需要在发生事故后往医院跑。

安全的理由

现在你才真正理解了安全的理由，理解了安全比任何其他重要业务目标都要重要的真正原因。

- 每个人工作是为了生活，而不是相反。对你是如此，对于你的下属也是如此。

- 一起严重伤害会对我们当初为之工作的理由产生灾难性的影响。

- 无论其他业务目标有多么重要，都不能让人冒险去牺牲他们。

这些是关于安全的简单真相。每个领导也许知道它们，但不是每个领导都理解它们。如果他们都理解，这世界会变得相当不同。

对任何领导来说，理解安全的理由都会让他们更加冷静。因为如果出了事故，不仅仅是当事人的生活会天翻地覆，你自己最终也会成为受害者。另一方面，总要有人去领导，而你被授予了这个机会。所以你要理解了安全的理由，再去领导。

这从来不是件容易的事。领导容易成为众矢之的，就好像他们总是穿着胸前背后都印着靶心的衣服似的。

所以当你看见不对的事情，就挺身而出，直言不讳，去处理这些安全隐患时，你可能会发现你在老板和客户眼里很不受欢迎。他们看见了处理安全问题的短期成本——而不是长期收益。在短期来说，做正确的事确实会带来一些成本，但是就长期而言，做正确的事的收益是巨大的。

你也别误以为，为了安全的理由去据理力争会使你的下属对你钦佩。当然，有些人会支持你，但还是有人会抱怨你硬要让他们安全工作。他们希望你别多管闲事，就让他们按照他们喜欢的方式去工作。很少有主管能够在管好安全的同时又和所有员工关系打成一片。但是领导不是为了赢得人气竞赛，无论别人怎么想，你都要做正确的事。

一旦你理解了安全的理由，你作为一线领导者的使命就很清楚了：带领大家安全工作，让他们每天能够平平安安下班。

这是你最重要的目标。

第3章

领导力的实践

领导力是一门让别人心甘情愿去做你想他做的事的艺术。

——德怀特·艾森豪威尔(Dwight Eisenhower)

一旦你理解了安全的理由——到底为什么安全总是领导者工作中最重要的部分,接下来就要付诸实践。在管理的四个职能——计划、组织、控制和领导当中,领导是最基本也是最重要的,每个领导者都知道这一点。但是作为一个领导者,你做了什么以领导别人安全工作呢?当我拿这个问题问上千位领导者时,他们通常会停顿好长一会儿,然后给出一个让人惊讶而且不确定的回答。

要一个领导详细解释在领导他人安全工作时,他具体在做些什么,不是那么容易的事。

一个说得通的理由可能是,很多人成为领导已经很久,已经照习惯去领导了。他们从哪里学会领导?他们怎样学习以提高领导水平?而新上任的领导呢?他们又怎样学习去领导呢?

有人可能会说领导才能是天生的,而不是靠后天学习而得到的。如果你也这么认为,那么你可能是在一家好公司。确实有证据表明,某些诸如身高、相貌或个性的特征,对于一个领导者的成功有着显著的影响。但即使你相信这一点,在领导力实践方面还是有些简单的事情可以学习的:那就是领导们管理安全绩效时所做的一些非常具体的事情。如果当初在学校里有人教我们怎样领导就再好不过了。但真的轮到我们去领导时,往往我们是从惨痛的教训中学到东西——

通过尝试不同的方式,看看哪些方法管用,虽然通常的尝试都是不管用的。

去领导:可能讲起来简单,但从来不容易

领导力出了问题,带来的教训通常是代价昂贵的。

如果既没有学校的课程,又无法通过实践试错来学习,那我们该怎么办? 还有一个方式可供选择:通过观察来学习。仅仅是通过看一个好的领导者怎样做,记录他们在领导安全工作时的言行,我们就可以学到很多。当然,前提是一开始的时候你就知道要去观察哪些言行。

在行动中的领导力

当年在做业务流程重组时有一个流行的做法,叫作“一日流水账”。如果你有兴趣提高一个管道安装工的生产效率,你可以跟着他观察一天,看看他在工作中会遇到什么困难,然后用收集到的信息去改进流程。一天下来,你会惊讶于你从观察和关注细节中得到的信息量。观察一个领导的工作也是如此,前提是你一定要去认真观察。

一日流水账

这个流程很简单。挑一个优秀的一线领导,跟在他背后一整天,从他打开办公室门开始,不停地观察,直到他关上门回家。你要非常仔细地观察发生了什么,以及他做了哪些让人安全工作的领导行为,记录下来。遇到你不能确定的行为,可以先记录下来,稍后再筛选。

上午6:40,主管到达办公室。

6:41　从咖啡机上倒咖啡，顺便擦干净别人之前漏在地上的咖啡。

6:45　打开电脑，收邮件，收到一个需要调查的险兆事故的报告。

6:48　将险兆事故报告转发给安全部。

6:51　写邮件给计划员要叉车检查的报告。

6:58　接到老板的电话，通话中提及一个生产突发状况需要优先处理。主管承诺在早晨安全会结束之后马上去检查工作情况。

7:02　重新安排工作分配，把几个更有经验的人安排到关键岗位去。

7:16　选择交接班安全会的安全话题：驾驶安全。

7:20　到休息室和团队成员们碰头。询问其中一个员工生病的孩子的情况。

7:23　参与讨论城里发生的一起致命交通事故——一个司机因为驾驶时用手机分心导致事故。给出观点："我认为政府现在是时候立法禁止在驾驶时使用手机了，这太危险了。"

7:30　准时开始交接班安全会议。

7:39　询问"如果要安全地完成这项工作的话，你们还需要什么帮助吗？"

7:41　提醒团队："我们今天要做的工作没有重要到值得你受伤去完成它。"（注：大家笑了，因为他天天这么说）

8:11　离开办公室去关键设备停机的现场。戴上安全帽和安全眼镜，给我（观察者）也穿戴同样的个人防护装备。

8:12　上车前绕车一周检查，进入车内，调整反光镜，扣上安全带。

8:12　提醒我扣好安全带。

8:13　开车到现场。遵守厂区车辆限速。在每一个停车标识前都停车。

8:19 佩戴好安全帽和安全眼镜再下车。

8:21 进入现场前先在控制室签到。

8:27 看见四个属下员工,暂停并观察。

8:28 发现其中一个的不安全行为,决定进行干预。

8:29 表扬另三名遵守个人防护装备安全要求的员工。

8:30 问第四名员工:为什么你不佩戴耳塞?

8:31 听员工解释:我忘了。

8:32 解释现场有哪些危害、伤害的风险,以及如果不遵守规则的后果。

8:35 询问员工脚手架搭建的进度。

8:36 倾听关于在脚手架使用前进行检查的问题。

8:38 告诉员工:我来看看能不能帮到你们。

8:39 用对讲机联系脚手架检查员。得到他尽快完成检查的保证。

8:45 把这个信息反馈给现场人员。

上班之后的两个小时,已经足够收集到我们想要的信息。

从很多方面看,这只是一个领导的普通一天。在大约两小时之内我们记录了一整页信息,这些信息对于我们了解领导力实践非常有用。它的用处不是在理论上,而是在实践中。

这个清单里记录的都是非常简单的事项,简单到你都没有意识到领导力在其中起作用:询问一些问题,检查工作,表现对员工的真诚关切,解决问题,提醒人们遵守规则,自己遵守规则,这都是你平常所为。这些琐事或许比不上那些伟大的领导演讲那样让人动容折服，但是在现实世界里就是这样：天下大事，必作于细。

这是关于安全领导力我们首先需要理解的：真正的领导力蕴藏在普通的、每天的管理活动中，这都是些看起来不起眼的事情。大部分时间里，有效的领导行为看起来都很枯燥。

许多小事累积起来会产生重大的积极影响

这个关于领导力的真相通常被所谓的专家忽视。遍览群书，查找各种理论、各种模型，你会发现哪些作者、教授、咨询师精于把领导力的流程复杂化。他们的“下一个金点子”总是促使组织更倾向于通过“大项目”或“彻底变革”的路径来进行安全绩效提升，就好像某个大事件真的能够改变安全绩效似的。

在这种背景下看，我们的领导行为清单就像一股清流。它们是具体的领导行动，真实的安全领导实践：沟通、激励、问题解决、给予表扬。这只是冰山的一角：如果你持续观察一个好领导的行为一整天，或一整周，或一整个月，你很容易看到他领导人们安全工作的上百件事例，从检查设备到绩效评定、安排培训、授予安全奖、辅导一个似乎无法遵守安全规定的员工，等等。这些看起来都是很单调的工作，不适合放在一本关于领导力的畅销书中——但是这些恰恰是使我们能让我们的员工平平安安下班的关键举动。

所以，如果你想要了解一个领导在领导他人安全工作方面是怎么做的，你只需要跟着他，观察他，列清单。你会看见很多，这是我们从“一日流水账”练习中首先可以学到的。领导实际上是一个简单的事，只是我们不要把简单和容易相混淆。

言辞和行动

我们的领导力行为清单还很长。我是按照行为发生的时间先后顺序编排这个清单的。领导力起作用的方式是靠事件驱动的,事件给了领导们去领导的情景。一旦你有了这个清单,你就可以按任意顺序去使用它,去帮助人们理解领导力实践。

大约10年前,当我和一群领导者共事时,我把他们的一些相似的领导行为分为两类排列在一起(见表3.1)。通过这个分类的过程,以及之后给这两类行为的命名,我对于领导力实践有了一个非常大的领悟。领导者们和追随者们在直觉上都知道这个道理,但是通常不会把它同安全领导力联系在一起。

表3.1 领导行为

A栏	B栏
清理溢漏	读邮件
分配工作	写邮件
计划安全会议	和老板通话
主持安全会议	提问
跟进问题解决	倾听团队成员
视察工作现场	给员工指导
遵守安全规定	表扬
观察员工工作	回答问题
做决定	给予反馈
解决问题	解释后果

左右两栏的区别很简单,也并不武断。左边一栏所列的活动都牵涉到行动——领导者亲身所做:清理掉漏出的咖啡、安排工作、主持会议、做决定、解决问题、遵守安全规定。而相应的,在右边这栏则牵涉到某种形式的沟通。沟通的流程是相当复杂的,想想信息技术以及

与之相关的人工语言技术,你就开始明白它为什么复杂了。但各种各样的沟通中有一个共有的东西就是言辞:这些言辞可能是书写形式也可能是口头形式,它可能从领导者传递给追随者,也可能从追随者到领导者。

作为一个领导,你真的有可能躲到"镜头"之外吗?

从领导行为清单,我总结出下述观点:领导者是通过使用言辞和采取行动来进行领导的。无论管理流程发展到多么复杂的程度,领导行为实际上就是这么简单。而且,似乎无论这个领导者在领导什么样的团队,这个团队在做什么样的活动,或是这个领导者在什么职级,都没有关系。在各行各业各个层级的领导者的领导行为,都无外乎言辞和行动两个方面(见图3.1)。

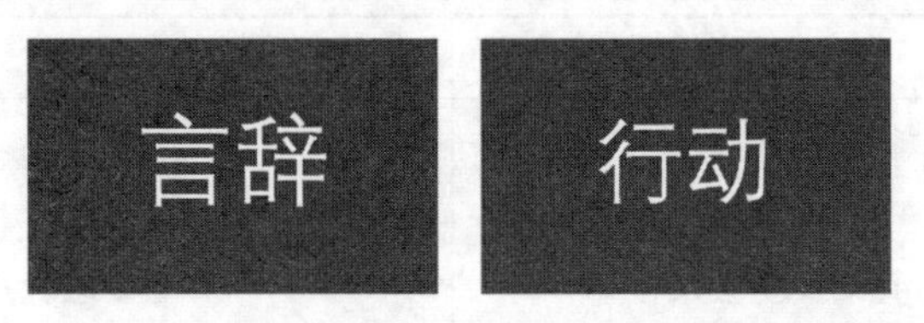

图3.1 领导行为实践很简单——但并不容易

在这两者当中(言辞和行动),哪一个对追随者将更有影响呢?毋庸置疑的是:行动。每个追随者都知道"行胜于言"。当追随者变成领导者时——其实每个领导者都是另一个领导者的追随者——虽然他们有时常常会忘记。在激烈的战斗中,言辞似乎更有作用:因此领导者们会专注于做演讲,写信,发布新政策,以及进行辩论。追随者们却知道,行动更加重要,就像橄榄球明星 John Unitas 总是不断提醒队友的那样:"别扯那没用的,好好比赛。"

每个人都知道行动对于追随者有更大的影响,但不知道这背后的原因。行动的力量来自一个事实:人类首先而且更多的是一种视觉动物，在进化出语言能力很久之前，人类就已经有了视觉。在五种感官里，我们的视觉能力是最强大的。感谢现代的脑影像技术，让我们知道了我们的视觉有多么的强大：我们大脑超过 30%的活跃记忆容量都被用在视觉刺激上。因此，行动比言语更有说服力，因为它在追随者大脑里的视觉部分起作用——行动是人们能够看见的。作为追随者，我们一直在看。

理解了这一点，我们就知道，一个领导者能够做的最有力的事就是以身作则地去影响追随者。不管这个领导者关于安全说了什么，按照所说去做然后被看见时传递出的信息会更有说服力。想想以下这些领导活动吧：遵守规定，穿戴个人防护装备，扣好安全带，在停车指示牌前停车，其中最后一条最容易被看见。没有人比领导者更善于遵守安全规定：追随者们看见了。所有的安全规定的出台都是有某个原因的：为了让大家安全。领导者带头遵守规定则树立了一个看得见的好榜样。

他们会一字不落地认真听，有的时候是这样的

这可能是一个简单的常识，但不是一个常见的做法。在许多领导者的眼中，好像规则的设定只是为了其他人好，而且他们似乎总是假设没有人会去注意他们是否不遵守规定。

曾经有一次我有幸驾车送一位执行副总裁去一个非常重要的业务会议。当我们从总部出来开上高速以后，发现前面堵车堵了好几公里。他不耐烦地看了看前面堵车的情况，然后转头看向我。我没理解他的暗示。最后他说："要不咱们从路肩上开到下个出口吧，如果收到罚单，算我的。"我假装没听见。那之后，我把这个故事讲给无数领导者们听，结果他们也分享了很多他们领导的类似故事。

找别人身上的毛病总是一件很吸引人，而且很容易的事情。但与之

相比更重要的是你的以身作则。当然,每一位一线主管都往往会戴着安全帽和安全眼镜出现在工作现场。但是在开车去现场的路上呢?你有没有扣好安全带?你在每一个停车指示牌前都完全停下了吗?你有没有遵守车辆限速呢?

如果你是一个领导者,你还需要了解一件关于领导行为实践的事:追随者们对于他们的领导所做的榜样的关注程度远远超过大部分领导的想象。对于那些想着"为什么要那么完美呢?完美不现实,完美不是我"的人,这个真相非常恼人。是的,人无完人,但是,追随者们期望看到他们的领导者是比他们更好的榜样。那些最好的领导者们就是这样的。

安全树桩演讲

现在,你已理解为什么一个领导者的行动比他的言辞更重要:行动能被追随者们看见,他们生来就能看。那么话说回来,对于帮助每个人平平安安回家,使用正确的言辞也非常有用。言辞可以描述一个领导者的行动,可以告诉人们,为什么这么做能够使他们更支持这个行动。言辞可以收集追随者的反馈,然后带来对话,使领导者进入倾听模式,去了解追随者是怎么想的。言辞有一种让追随者兴奋的魔力,而兴奋是一种积极的力量:激励追随者们去移山填海。但言辞的这种魔力同样可能有反面作用:领导者的一句话可能会给追随者浇一盆凉水。言辞可能会让人投入地参与,也可能只是使人自满的老生常谈。自满意味着对手头的工作没有太多可想的:我们已经这样做了几百次,从来没出过事。而参与则完全不同:人们会很专注,积极地思考手头的工作。

重要的安全树桩演讲

领导者的言辞有四个主要功能：解释、探询、刺激、吸引。这几个功能涵盖了领导者的大部分关键兴趣点，从传递知识——培训人们做什么和怎么做——到激励人们把所学的知识应用到手头的工作上。最好的领导者理解言辞的威力并充分地利用它们。事实证明，用合适的言辞发挥这些功能是非常有用的。安全演讲就是组织这些言辞的一个途径，需要事先准备，当合适的场合出现时你就可以运用它。

在美国早期政治生活中，当一个人要竞选一个职位时需要进行面对面的演讲。很久以前，那时还没有政治顾问、精选摘句、电视广告以及竞选造势大会，那时只有竞选者站在城里场地的某个树桩上，告诉投票者为什么应该选他。这就是树桩演讲的来历。在树桩演讲中，竞选者用简单的语言解释他为什么参加竞选，以及他为什么值得大家投票。这种演讲有一个清晰的模式：竞选者会说“我参与竞选是为了……”，“我所相信的是……”，“如果我当选，我保证……”

作为一个主管，你也需要类似的能力和技巧，尤其是当你需要说服你的团队去参与安全工作实践时。做一个安全树桩演讲是完成这个目标的非常有效的一个工具。让我们来定义一下吧：安全树桩演讲是一段领导者关于安全工作的信仰、价值观、忠告和期望的简洁的陈述。以下是一个很好的安全树桩演讲的例子：

我们所做的任何事都不比我们的安全表现重要。

一天下来，如果我们没有完成我们的生产，如果我们没有按时交货，或者我们预算超支，我们只是损失些金钱，而总是有明天可以弥补今天的损失。

安全则不同。人命无可替换，一旦出错我们没有机会再来一次。

如果你在一个组织里工作足够长的时间,你很可能会经常听到你的领导进行的树桩演讲。这是一个非常普遍的做法,好领导们也会这么做。他们通常会进行非常好的树桩演讲。

一个好的安全树桩演讲有什么特征呢?它由好的内容开头:忠告、哲理、价值观和期望。追随者们一听到就知道是在讲有益的内容。领导者表达这些有益的内容所用的语言能够把听者连接起来,使他们理解要传达的信息,而且理解这些信息对他们有意义。最好的树桩演讲是简短的而且直击要害的。而一个简洁的演讲和一个堆砌口号、缺乏内容的演讲有很大的差别,我们都受够了太多空洞的口号。

老经验告诉我们,好的内容和有效的传达是成功说服追随者的秘方。而要做到有效沟通,另外两个因素在说服听众方面有巨大作用。第一个是演讲者的外表。专家们研究了肯尼迪和尼克松之间的总统竞选辩论,发现领导者的外表——包括其肢体语言——比他们演讲的内容和传递方式都起到了更重要的作用。回想一下视觉的威力,这完全可以理解。

另一个是演讲者的可信度。不管肢体语言如何,也不管其内容和传达有多好,可信度还是起着决定性的作用。可信度是由追随者对于演讲者所知(或所不知),以及他们对演讲者之前行为记录的所想决定的。这又把我们带回了行胜于言的真理。如果一个演讲者有可信度,追随者们会听;而如果演讲者缺乏可信度,追随者们不会认真听。很多调查结果都显示,一线主管是管理层当中在群众眼里可信度最高的一群人。

这意味着在组织里没有人比一线主管们更适合去进行安全树桩演讲了。要做树桩演讲,意味着你思考过自己关于安全工作的一些重要方面的信念。当出现一个合适的时机,需要你提供好的忠告和建议时,你应该知道你要传递什么信息。做树桩演讲不是临场发表什么灵光一现的高见,也不必听上去像是反复死记硬背的陈词。它可以用在你被看成领导的任何场合，例如：

- 安全会议
- 欢迎新团队成员
- 面试有潜力的员工
- 介绍一个新安全政策或程序
- 开始一个事故调查
- 在你的部门里看见了一个（好的或不好的）安全表现

实践可以教，可以学；正直则学不来

这听起来可能让你觉得像是在布道。但是重复是个好老师，那些优秀的教练和广告公司都明白这个真相。这就是为什么广告商会反复播放同样的广告——他们通过重复一个容易记住的主题，将其植入消费者的潜意识。

人们期望他们的领导进行宣讲。这是为什么人们会去看总统演说，礼拜日布道，以及新闻评论员的访谈。人们想知道他们的领导在想什么，因此他们会听这些领导说些什么。准备一个好的树桩演讲会使这更容易一些。

领导力的实践

50年前彼得·德鲁克写了他的第一本管理学专著：《管理的实践》。迄今为止，它仍然是在这方面最好的一本书。作为一位出色的管理和领导实践的观察者，德鲁克认为领导力至关重要，但领导力是教不出来也学不来的。

这难道不让你困惑吗？这样一位出色的管理学顾问，他是一位作家兼教师，但他不认为领导力可以教授？继续读下去你会了解他的逻辑。在德鲁克的研究中观察了众多成功的领导者，他们展示出了不同的才能、个性和态度。差异太大，以至于他无法把任何一个特质和领导者的成功建立起相关关系。

德鲁克认为，唯一与有效的领导力有关的特质是——正直。他是用这个词定义有效领导的特质的，同时他认为正直是无法被教授出来的，也是无法学习到的。因此他的结论是领导力本身是教不出来也学不来的。

但是对于德鲁克，实践则是一个完全不同的事物。领导力实践是领导者们在领导时的实际所作所为，正如德鲁克的清楚表述："实践，虽然乏味，但总是可以被践行的，无论这个人的趣味、个性或态度如何。实践不需要天才，只需要应用。实践是要做的事而不是供谈论的事。"

当你认真检视一个在行动中的有效领导者，你会发现他的言行当中有多少有效的实践，而且没有哪个实践比以身作则更加重要。在言辞方面，树桩演讲是一个很好的开始和追随者对话的方式。这是领导活动的起始点。你在随后的章节会看到更多的这样的要点。这些领导实践乏味吗？是的，它们很乏味。

这些乏味的实践构成了伟大的领导力吗？确实如此，而且它们确实有效！

第4章

高影响力时刻

活在当下。

——拉丁谚语

去领导，而且把这件事做好，需要用到一个领导者最宝贵的资源：时间。要让每个人都平平安安下班，离不开领导者个人的时间和精力的投入。但是一个领导者的时间永远是有限的。领导们——主持业务运营的主管和经理们——已经是这个星球上最忙的一群人了。如果你是领导，该怎样挤出时间去领导大家安全工作呢？

你可以尝试的一个时间管理方法就是：找到你手头可以停下的事情，把重要的事项排出优先次序：只做重要的，忽略不那么重要的。这听上去是个好主意，但实际做起来时你可能就不这么想了。试想一下，一旦你把某件对于你的老板、客户或者你的团队很重要的事情停下来的话，你觉得他们多久之后会发现？当你告诉他们你不再做这件事情之后，很可能的结果是，你需要做更多的事情。实际上你做的每一件事情都会对于某个人很重要。

对于"手头有这么多事情，我怎么找出时间去管安全？"这个问题，我们还有另外一个答案。实际上你已经有了大把时间去管安全——如果你把你已经花在领导下属上的时间考虑进去的话。你花了多少时间呢？实际上，领导者在领导下属上所花的时间比他们认为的时间要长。他们只是没感觉到他们所做的这些事是在领导，因为大部分时候这些看起来只是很普通的日常工作。

如果领导者们不能理解他们所做的哪些事是在领导,他们就不会清楚自己究竟什么时候在领导。这也就意味着他们会错过一些去进行领导的最好的时机。

凡事总是当局者迷。

第一天新工作

当我年轻时,大约是在1960年代到1970年代,那时是化学工业蓬勃发展的黄金时代,行业薪资非常丰厚,职业前景一片光明,而且没有人会过劳死。进入这个行业,你就相当于就进入了一个保险箱。我们中的多数人都指望着为企业终生服务,在公司庆祝25周年服务纪念变成了很普遍的事。

能出现在你自己的25周年纪念日庆祝会上必然是一件让人开心的事,尤其是你再有点幽默感的话。人们经常容易忘记职业生涯当中的那些伟大的成就,却总是记得自己曾经干过的那些蠢事。所以在这样的纪念庆祝会上你会听见很多关于这些蠢事的回忆,这也是我很喜欢去参加这种活动的原因。

通常,在一番调侃和恭祝之后,这个纪念日的主角总会说点什么。他通常会从回忆他参加工作的第一天说起。这也许发生在25年前,但对他来说恍若昨日。他会回忆当天的天气,他新加入的团队里其他人的外号,是的,还有他第一位领导给过他的谆谆教诲。比如"小子,别忘了我们招你进来时你可是全须全尾的"。我听一个1940年代到1950年代参加工作的老人经常这么说。

当然,那位说出这些忠告的老领导已经不在了。他当年说出那些话后很快自己也忘了,但对于新员工来说,这些话可能记一辈子。

有时候，甚至当你仅仅只是意识到了，你就已经在领导了

对于那位主管，那可能只是他每天众多小的、无目的的谈话当中的一个。他没有意识到的是，对于一个新员工则不同：第一天参加工作，他会全神贯注于他的新领导说的每一个字，就像用录像机录下来了一样。这个主管在领导，他影响了新员工。这是一次不同凡响的谈话！

不知那位老领导能否理解，25 年之后，这位已成为资深员工的老下属会在纪念会上告诉他的同事们："我得到的最好的关于安全的忠告，来自我的老领导和我的第一次谈话。"

一个新员工和他的领导之间的第一次谈话可以被看作一个高影响力时刻——无论这个影响是好是坏。在领导者的日常中，总有那么一些时间和场合，他们天然处于一个进行领导行动的状态，而他们的追随者则天然处于一个接受影响的状态。这一点在 25 年后很明显，但是在当时并不是这样。

这是因为高影响力时刻是由追随者的观点决定的，尽管领导者们认为是他们自己决定了高影响力时刻，这种观点是错的。这种错误的观点不但会使当事人错过好的影响时刻，比如在员工刚入职的时候给些蹩脚的忠告；而且有时会误导追随者，发出一些意料之外的错误的信息。比如下面这个例子：

想象一下，一位公司总裁到工厂视察。他在会议室里做了一个很棒的关于安全的演讲。但接下来，在进入厂区时，他抱怨他的宝贵时间被浪费在门卫室看进厂安全录像上了。在车上，他没有扣好自己的安全带。在开车时他接听了一个重要的电话。而且，是的，到了现场，离开车子的时候，他忘了戴安全帽和安全眼镜。

这位CEO当然认为他的演讲是高影响力时刻，这是他眼中的现实。而在现场员工眼中的现实则有很大的不同，很快大家会忘记他演讲中讲了什么，而很多年后，大家会谈论他在门卫室的言论和在路上的可疑行为。这是一个关于高影响力时刻的真相：真正的高影响力时刻是领导者以为他们的追随者不会注意的时刻。

有一个说法："领导者永远躲不开镜头。"这可能有些恼人。就像一位领导者曾经跟我说的那样（在一次公司公关活动上开了个令人尴尬的玩笑之后）："我就不能表现得像个普通人那样吗？"一个简短的回答是："不能。"在追随者眼中，领导者永不下班。关于一项新的安全政策，他们在茶水间闲聊时所说的与他们在会议室所说的一样重要，甚至更加重要。

接下来有个好消息，当你能够明辨这些高影响力时刻的威力时，领导他人就变得容易多了。你在日常工作中的言行会产生巨大影响，而这些日常事务是你本身就要处理的，那么为什么不处理得更好一些呢？

当你识别了高影响力时刻后，你做出正确言行的可能性就大大提高了。

到处都不缺高影响力时刻

对于你的追随者，因而也是对于作为领导者的你，哪些是高影响力时刻呢？现在回过头来看，和一个新员工进行的第一次谈话，显然是一个高影响力时刻。同样的，一起严重事故，一件违反重要安全规定的行为，以及一个重要安全里程碑的达成，这些都是很明显的高影响力时刻。

识别这些时刻,做正确的事

还记得我们在第3章里流水账描述的那位维修主管吗?我们跟着他,看他做了哪些事来管理安全。很快我们就记满了一页纸:

上午6:40　主管到达办公室。

6:41　从咖啡机上倒咖啡,顺便擦干净之前别人漏在地上的咖啡。

6:45　打开电脑,收邮件,收到一个需要调查的险兆事故的报告。

6:48　将险兆事故报告转发给安全部。

6:51　写邮件给计划员要叉车检查的报告。

6:58　接到老板的电话,通话中提及一个生产突发状况需要优先处理。主管承诺在早晨安全会结束之后马上去检查工作情况。

7:02　重新安排工作分配,把几个更有经验的人安排到关键岗位去。

7:16　选择交接班安全会的安全话题:驾驶安全。

7:20　到休息室和团队碰头。询问其中一个员工生病的孩子的情况。

7:23　参与讨论城里发生的一起致命交通事故——一个司机因为驾驶时用手机分心导致事故。给出观点:"我认为政府现在是时候立法禁止在驾驶时使用手机了,这太危险了。"

7:30　准时开始交接班安全会议。

7:39　询问"如果要安全地完成这项工作的话,你们还需要什么帮助吗?"

7:41　提醒团队:"我们今天要做的工作没有重要到值得你受伤去完

成它。"(注:大家笑了,因为他天天这么说)

8:11 离开办公室去关键设备停机的现场。戴上安全帽和安全眼镜,给我(观察者)也穿戴同样的个人防护装备。

8:12 上车前绕车一周检查,进入车内,调整反光镜,扣上安全带。

8:12 提醒我扣好安全带。

8:13 开车到现场。遵守厂区车辆限速。在每一个停车标识前都停车。

8:19 佩戴好安全帽和安全眼镜再下车。

8:21 进入现场前先在控制室签到。

8:27 看见四个属下员工,暂停并观察。

8:28 发现其中一个的不安全行为,决定进行干预。

8:29 表扬另三名遵守个人防护装备安全要求的员工。

8:30 问第四名员工:为什么你不佩戴耳塞?

8:31 听员工解释:我忘了。

8:32 解释现场有哪些危害、伤害的风险,以及如果不遵守规则的后果。

8:35 询问员工脚手架搭建的进度。

8:36 倾听关于在脚手架使用前进行检查的问题。

8:38 告诉员工:我来看看能不能帮到你们。

8:39 用对讲机联系脚手架检查员。得到他尽快完成检查的保证。

8:45 把这个信息反馈给现场人员。

在这个平常的繁忙的早晨的前两个小时里,已经有了五种明显的高影响力时刻：

- 他和属下谈其家人的健康
- 交接班安全会议
- 观察四位员工的工作
- 给员工做出反馈(正面的和负面的)
- 倾听并解决安全问题

继续深入挖掘，你会发现更多的高影响力时刻，如果你假设总有员工在观察这个领导的话：

- 清理洒出的咖啡
- 驾驶时遵守安全规定
- 提醒同车者扣好安全带

现在你已经开始见识到高影响力时刻的威力了(见表 4.1)。但是如果你问这位主管他做了些什么去领导，他自己能够想起这里面的几条？

表 4.1　高影响力时刻——并不鲜见，但很宝贵

十大高影响力时刻
✓ 新员工第一天上班
✓ 新主管第一天见团队
✓ 新工作第一次做
✓ 一起险兆事故或受伤
✓ 看见某人不遵守规定
✓ 看见某人安全工作
✓ 收到一条安全建议
✓ 一个危机
✓ 一个政策的改变
✓ 一个安全会议

如果你是一位领导，有个更好的消息是：领导者不需要刻意去营造这些高影响力时刻。相反，组织中每日的生活自然会创造这些时刻：交接班，发生交谈，出现问题，而且领导也需要像其他人那样遵守规定。领导者只需要能够识别这些时刻并适当地进行领导，从这个角度说，进行领导实际上很简单。

但是，不要把简单和容易搞混了，“识别这个时刻”说起来容易做起来难。你常常会在繁忙的事务中错过一个高影响力时刻，因为它看起来只是一个进行微小积累的时刻，只是在已经非常繁忙的日程单上又加了一件事。所以它会被错过，或者更糟的是，它被错误地利用了。

这是个坏消息。主管很少意识到，这个时刻对于追随者有多么重要：新员工被随机安排给一个同事去熟悉情况；安全会最后演变成对于最近业务问题的讨论；违纪问题被放过因为当面批评他人总是不让人舒服；甚至洒在地上的咖啡也被放过，因为这是别人的职责。

越到高层，失败的后果越严重

当你往组织上层看时，你会发现问题更加严重。越是高层的领导，就有越多的人会关注他们在这些时刻的表现。如果高级领导们能够理解这一点，也许在很多情况下他们会表现得截然不同，兴致盎然地看入场安全录像，严格遵守现场安全规定，这些都是真正的高影响力时刻。

挑别人毛病总是很容易的，尤其是去挑领导的毛病。而你自己呢？如果你在这些日常情境中要判别这些是否是高影响力时刻，为什么不用一种更加积极的方式来处理呢？别忘记你的目标是让人们平平安安下班。做好这些工作其实并不需要你付出太多特殊的努力，却会大大减少之后你需要在领导和管理工作上的精力付出。这难道不是有效又省工吗？这关乎效率，对你自己有利。

活在当下

有一句拉丁谚语说得好——“活在当下”。它完美地诠释了高影响力时刻的概念:没有比这更好的时机去领导了。

识别出这些时刻只成功了一半。接下来你则要去了解,去充分利用这些情境,理解领导者需要做什么。这本书余下部分基本上就是围绕这个问题展开:做什么,和怎么做。

让我们把握此刻——这个高影响力时刻吧!

第5章

走动管理

仅仅是用眼睛看就可以观察到很多。

——约吉·贝拉(Yogi Berra)

当主管到现场去看工作进行得如何时,同样重要的是,在他们被工作中的人们看见时,现场的安全表现总是会更佳。没有哪个主管或经理不知道这一点。

但是多数主管和经理没有那么多时间去整天和员工肩并肩,他们能在上班后和下班前各去一次现场就算是不错的了。而在上下班之间的时间里,他们总是被大量事务推离他们的员工,推向办公室,电脑,电话,或会议室。到现场去视察工作所花的时间似乎并不总是卓有成效的——而且如果你总是跑现场的话,当你的老板想要找你的时候你也许经常不在。

但是在一个领导者的所有领导活动中,和正在工作的下属待在一起的价值和重要性仅次于以身作则。不仅因为这样领导者和下属可以看见对方,更重要的是他的出现给下属们一个强有力的信息:“你们真的重要。”单单是出现在哪里就能够获得巨量的信息:关于工作进展的第一手信息,完成工作的方式和方法,工作进行的环境状况,以及你的下属到底做了些什么——或是没做些什么。这些都是每个领导者需要掌握的信息。

能收集这些免费信息很好,但其唯一不足就是这需要花费时间——你自己的时间。作为领导者,时间是你最稀缺的资源,是你买也买不到的资源，因为一天最多只有24小时。就像大部分其他的运营领导一样，实际上你每天已经工作了很长时间。而要求你在完成每天工作的基础上再增加些工作时间是个不切实际的做法。

"MBWA"

大约25年前，《追求卓越》的作者，管理咨询顾问汤姆·彼得斯(Tom Peters)提出了"MBWA"这个术语。通过观察众多优秀高层领导者的活动，他发现了一个对于他们的成功很重要的一个做法，就是花时间到现场去。他管这叫作"MBWA"，漫游管理的简称。

那些你坐在办公桌前收集不到的宝贵信息

彼得斯把这个过程表述为"漫游"，暗示了这个过程有一种随机性。真的随机吗？很难想象这些成功的领导者们会做一些没有目的的事情。更实际一点来说，"漫游"意味着这个过程中没有日程表上预定的见面或会议。"我们的顾客对我们的新制鞋生产线有什么反应呢？"作为总裁可以阅读销售报告——或者也可以亲眼查看销售的流程，和销售代表直接交谈。也许你会得到这样的回答："他们喜欢新的颜色，但是我们40码(注：约25厘米)的供货量不足。"这个做法是非常有价值的，你会认为每个领导者都会希望每天都能这么做。但是事实上他们通常不会。

首先，让我们先把"漫游"这个词隐含的随机性放在一边。作为一个领导者，你应该是一个有使命感的人。如果用一个更加合适的词来描述这个过程，应该是通过"走动"来进行管理：经过权衡的对领导者出现时间的利用。走动不是无目标的漫游：将领导者珍贵的时间投资在这上面总是有个目的。你知道作为领导者，你的出现会被注意，产生影响，而且在做出一个无声的声明。你想看什么，想找寻什么，你想见谁。一旦你知道了这些问题的答案,到哪里去进行走动管理则显而易见了。之后你所需要做的就是出现在那里,看看那里发生了什么。

这样看来,这种权衡对于你有效使用这种工具至关重要。那么你应该怎样决定去哪里呢?

进行权衡

你的目标是让为你工作的人每天都能平平安安下班。你知道你作为领导出现在现场会对你的追随者产生有利的影响:他们看见你时会更加安全地工作。既然是这样,你为什么不出现在那些他们更加可能受伤的地方呢?你可能会在他们差一点要受伤的时候及时干预,或者使他们在看到你出现后马上更加安全地工作。在这两种情况下,事故或者伤害都不会发生,这难道不好吗?

要每次都在将要发生事故的地方出现是不可能的,但是如果你对这个过程略加思考,也可以做到比较接近。如果你知道你的下属受伤的最可能的几个原因,你可能就会知道要在什么时间什么地点出现了——在这些风险最大的时间和地点。这是最好的为"MBWA"进行权衡的方法,而这种权衡将为作为领导者的你带来不可思议的帮助。

走双向街道的价值

在进行权衡时,你所需要的就是问自己这个简单的问题:我的属下在做他们现在手头的工作时,最可能是为什么受伤?

每个疑问句都有个关键词。在这个问题中,这个关键词是"为什么"。这里用一个例子来说明:假设某人在用手机一边接电话,一边急急忙忙下楼梯,没有注意到楼梯上有一个箱子,他被绊倒了,摔下楼伤了脚踝。绊倒是他伤了脚踝的原因吗?

不完全是。这个绊倒只是他伤了脚踝的直接原因。至于他是为什么被绊倒的,你来选吧:分心、不当心、匆忙、内务整理不好。这些是导致他摔倒的可能的根本原因。对于你的问题"我的属下最可能受伤的原因是什么?"的答案应该要解释为什么——是不当心、匆忙,还是内务问题;而不是解释怎样——滑倒、绊倒,还是背部受伤。

所以你列出对这个问题原因的答案,最多列 10 个。以下是一个可能的答案的清单:

1. 匆忙

2. 不注意

3. 没有识别风险

4. 自满

5. 没有接受培训

6. 没养成好习惯

7. 疲劳

8. 内务整理不好

9. 没有穿戴个人防护装备

10. 走捷径

要列出这个清单很容易,这样你进行走动管理的目标就变得显而易见了。如果你认为匆忙很可能最容易导致受伤,那么就会去看看这一天当中比较紧迫的工作,因为这里已经存在导致匆忙的原因了。如果你认为自满是最有可能的原因,你多半不会去看那些最有风险的工作,因为在那里人们会非常专注和当心。相反你会去看一些之前做过无数次的日常工作:人们在做这些工作时会变得自满。如果你认为疲劳是一个问题,你可能会在一个夏天的午后去现场。如果你认为经验不足是个问题,你会去看看你的一个新员工做得怎样。毫无疑问你已经了解了:一旦有了一个你下属最有可能受伤的原因的清单,你应该在何时何地出现就很明显了。在正确的时间和正确的地点出现5分钟,抵得上无目的地漫游几个小时。

想想这个10大原因清单的威力吧。一百多年以前,一个经济学家,维尔弗雷多·帕累托在意大利发现了,20%的人拥有80%的土地。这个80/20分布可以在社会生活的诸多方面发现——顾客服务、设备可靠性、质量问题以及瑕疵品,这被质量管理大师约瑟夫·朱兰命名为帕累托原理。

你相信20%的潜在伤害因素导致了80%的真实伤害事件吗?坦率地讲,我还认为这是一个比较保守的估计。很可能的是,屈指可数的几个原因导致了大部分伤害。如果这是真的,对于每一位想要提高安全绩效的领导者来说,这都是个好消息:当你专注于一个不长的原因清单去进行努力时,你就足以看到安全表现急剧地提升。

但是你要确保你有一个正确的清单。通常,在谈到提高时,我们总是倾向于不那么清晰地界定一个问题的真正来源。就像高尔夫球手,在想要提高水平时,总是会买一些越来越昂贵的装备,而不是投资到高尔夫课程上。就像投资者们,总是因为同样的错误而遭受损失。我们认为的是问题所在,或者说我们希望这个问题是表面上的样子,而不是这个问题真实的样子。但是,高尔夫只是一项运动,投资也只关乎金钱,安全则不同:人们的性命关天。作为一个领导者,如果找错了最可能的原因,你将无法承受其后果。

因此,在你的组织里去找一些看过事故报告的人,和他们一起探讨发生的造成伤害的事故原因清单。结果你可能会发现,有些原来你没想到的原因会成为首要原因,而某些你原以为的首要原因反而会退居其次。

当然,也可能你本来的清单就很完善。那么,接下来就到了去现场走动管理的时间了。

你的出现有巨大影响

走动管理

下午 1:55，车间主管办公室

坐在办公室，看着手表，车间主管查理・菲普斯意识到又到了下午两点现场巡视的时间了。他多年以来坚持这么做，因为他发现这是个很有效的做法，可以检查每日工作进展，检查哪些工作有可能当天不能按时完成。

但今天有点不同。他列出了他的员工可能受伤的 10 条最可能的原因，而这个清单让他发现了一些他之前没有意识到的：他的人员往往不是在那些大的、令人害怕的工作中受伤。恰恰相反，他们经常是在那些普通的、乏味的诸如打扫车间之类的工作中受伤。

因此他做了个决定，今天他不去主车间，而是去车间背后看看那里的清扫工作进行得怎样。今天早上，他派了两个员工去做这项工作：一个新员工和一个老员工——最能干的一位老员工。这个清理工作涉及的仅仅是搬运物料，捡除堆场的垃圾，整理和丢弃废弃零部件。这个工作只要求穿戴基本的个人保护用品：安全帽，安全眼镜和手套。

查理越想越觉得这是个好主意——只需要看这一个工作就可以涵盖 10 个最可能的原因：匆忙、捷径、不穿戴个人防护装备、自满、经验不足、疲劳、没有识别风险，以及养成坏习惯。

于是查理拿上安全帽和安全眼镜出门去做走动管理，看看工作进展如何。

走动管理最大的好处在你出现时就得到了：你的出现在向你的追随者传递信息。但既然你已经去了，你还是希望从你投资的宝贵的时间上收获尽可能地多。尤吉・贝拉关于充分发挥投资效果的一个忠告也适用于此：你只需要通过看就可以观察到很多。

策略性地进行走动管理是最有效率的

在教室里，当我们给一个有经验的主管展示一张员工在工作的照片时，他们会从细节当中找出很多的问题——多到一般人难以想象。但是如果让这位主管回到他工作的场所，给他看看他下属正在做的工作，结果则可能恰恰相反。通常这位主管会看不到有什么问题。这是心理学上一个知名的现象：我们会倾向于关注某样事物——同时忽视其他的很多重要细节。

下午 2:03，工厂背后的堆场

查理花了 5 分钟走到进行清理工作的现场。他对所见印象深刻，刚过半天这片场地就变得很整洁，显然那两名员工干了不少活。作为一个好主管，他的第一反应是要找到这两位员工，对他们进行表扬，因为他们工作很努力。

但是他们在哪儿呢？

最后，查理看见两人在场地的最远端干活。有几个废料斗运进来了，他们正在拣选废料，把它们放在合适的容器里。于是查理要穿过场地去见他们。

刚走两步他意识到有些不对劲。再看一眼他就明白了。这两人弯着腰努力工作着，却都没有按照要求佩戴个人防护装备：没有安全帽、安全眼镜和手套。这下子他们要听到的可不是表扬了，将会是严肃的批评——当查理走到他们面前时。这时他还有 100 多米远。

这时两人突然转身，看见老板来了！他们震惊的表情说明了一切：他们根本没有料到下午两点老板会到这个鬼地方来。

查理花了两分钟绕过场地上的废旧设备走到这两个违规者面前。这两人对于看见他们的老板到这个地方来走动管理也许很惊讶，而查理对于看见他们两个已经穿戴好了所有个人防护装备则并不感到惊讶。

这个人们熟悉的场景强调了走动管理的价值：当人们知道主管在现场时，通常会更好地遵守规则。如果你是那位主管，你将怎么做？

在事到临头时，大多数领导者的第一反应是很容易预测的：这两个家伙要倒霉了，他们的麻烦有多大则取决于他们的老板是谁。当然，不管他们的麻烦有多大，他们的老板是你最想马上要见的人。

但是在我们进行那一步（下一章会讨论）之前，我们先花点时间理解一下这个情形里面还有一些什么信息。为了能够把这个情形——走动管理的副产品——的效用达到最大，领导者需要分析其中所有的重要细节，而通常他们却没有这么做。

分析细节

在对于这种很普通的情形进行分析时，首先我们需要理解的是，它代表了一个主管会面对的一个最简单的问题。有两个员工牵涉其中，适用的政策只涉及个人防护装备，他们有个人防护装备，他们知道规定，而且他们的行为在主管和他们谈话之前就已经纠正。以上事实帮助排除了关于这个问题的很多潜在的可能原因。很清楚的是，这是一个关于这两名员工自身行为的问题，相比之下，现实中随便哪个问题可能都比它更复杂。当然，这个问题简单并不意味着它就是个容易的问题。

进一步挖掘这个情形的细节，除了这两个人没有穿戴要求的个人防护装备之外，我们还能发现一些其他的安全问题。比如，这显然是一起故意的对安全规定的违反：两个员工都心知肚明。我们是怎么知道的？当员工看见主管后马上纠正他们的行为，就显示了他们已经知道了安全规定的要求是什么。他们只是认为他们不需要遵守，至少在领导看不见的时候不需要。这又带来第三个问题：新员工入厂后都接受了安全教育，知道安全规定的要求。之后我们会让老师傅带着他们工作,希望他们能够学习好的榜样。这是安全文化代代传承的方式。

结果却变糟了。这两个员工的情况说明了主管对他们产生了什么影响呢?有一句老话说的是“领导的影响有多大要看领导不在的时候员工怎么做”。可见主管对这两个员工的影响不够。老实说站在主管的立场看,这种行为层出不穷。细想下来,为什么堆场的内务糟糕到需要专门派两个员工花一天工夫去清理呢?难道糟糕的内务情况不是造成人员受伤的原因之一吗?

如果你在做记录,到目前为止这个简单的案例里已经出现了至少 6 个安全问题:未佩戴个人防护装备,故意违反规定,老员工将坏习惯传给新员工,新员工不遵守培训中刚刚学到的规定,主管未能对属下产生积极的影响,在堆场里存在糟糕的内务状况。这个清单里还漏了一个最为严重的问题:这两个人担了不必要的风险,有可能受伤。

当然,这只是一个简单的清理工作,没有被遵守的规定只是佩戴个人防护装备一条。那这是不是意味着员工不会受伤呢?当然不是。现实中大量的事故实例就发生在这类工作中,在那个造成员工受伤的可能原因清单上,每一项都是有它上榜的道理的。也正是这些原因驱使着这个车间主管到清理现场去进行走动管理。如果两个员工中有一个遭受重伤怎么办?那种情况下主管在他的余生中会有什么感受?我们可以在第 2 章“安全的理由”中找到对这个问题的解答。

我们在这个简单的情景中发掘出越来越多的问题,使这个状况看起来既严重又糟糕。是的,这是很严重的,但总体来看,车间主管应该把这个状况看作一个积极的进展,因为实际上,在这个案例里好消息比坏消息多,而最好的消息是——没有人受伤。

提出相关的问题,专注于答案

这对于这两位员工都是一个高影响力时刻,尤其当他们是新来的员工。25年之后他很可能会回忆起这一天惹的大麻烦,因为他听了老员工的话:"小子,老板从来不来这里。而且,这只是些清理工作。"如果这位主管足够明智,他会充分利用对这两位员工的高影响力时刻。

他们的行为显示了他们对规定非常了解。当然,很显然没有必要花费金钱对他们进行再培训,这也不是一个培训的问题。

主管看见了一个铁证,显示了追随者认为领导不在时他们会怎样。这虽然不好看,但它是真实的图景。这时主管得到了一个可以按照他的目的,在真的有人受伤前去改变行为的机会。如果这两位员工不是团队当中表现最差的,而是有一定代表性的个体的话,你认为其他员工在他们认为领导不在场时会怎样表现呢?

进行这种分析的最好的时机不是当他们在风险中工作的时候。首先应该让他们离开风险,然后处理这种情形(我会在下一章介绍),但是在尘埃完全落定之前,请问问你自己:"从这个情形中,我能学到什么?"

如果你想要找一个进行这种分析的简单办法,从会计那里借一个工具:账本(见图5.1)。复式记账法是一种古老的会计方法,可以追溯到古埃及的金字塔时代。流程很简单:借方等于贷方,借方记录在左边栏,贷方记录在右边栏。虽然不是很贴切,但这种记录方式可以很简单地记录这种情形下的各种细节。在账本的一边记录一个不好的细节,比如"故意",相应的另一边你就要想想可以写下什么对冲项或者可学到的教训,比如"了解规定"。

分析细节

不好	好
√ 可能会受伤	√ 没有受伤
√ 没有穿戴个人防护装备	√ 有了个人防护装备
√ 故意违反	√ 知道规定
√ 老员工的坏榜样	√ 高影响力时刻
√ 主管的不好的影响	√ 真实表现的证据
√ 现场糟糕的内务状况	√ 现场被整理了

图 5.1 细节分析账本示例——就算在最简单的情景中，也值得对重要的细节进行分析

最后,所有这些都证明了主管对于这次走动管理的决定是物有所值,因为我们都是有习惯的动物。在这个车间主管的案例中,不同于每天下午两点到主厂房巡视,他花了一点点宝贵的时间思考,然后来到了清理工作的现场。他和他的组织都因为这个投资而获益。这就是走动管理的威力。

结语

走动管理把一个领导者出现的威力变成了实在的好处。领导者的出现本身就做出了一个重要声明,而且领导者能够发现在组织里的实际情况。但是,不论好坏,领导者们多少都倾向于落入他们自己的领导们的惯性,模仿他们的行为。当 CEO 每年一次例行访问一个工厂时,人们总是会在会议室里进行一系列幻灯片介绍,举办一场午餐会,安排一次精细设计路线的现场参观,目的是为了给 CEO 留下好印象。工厂的所有人都不希望让 CEO 知道厂里真实的情景。

CEO 通常看起来都知道游戏规则,他们何时曾说过:“停车,让我下车跟那两个给油罐刷漆的员工聊聊,看看他们对新的油漆供应商怎么想。"想了解新的涂料性能,还有谁能够比使用者知道得更多?要回答这个问题,还有谁比和那个供应商签合同的人更合适?

而具有讽刺意味的现实是:所有问卷调查中都会反映出的一个最大的问题是——无效的管理沟通。要解决这个巨大的问题,最简单的方法就是让人们相互交谈,谈那些对于业务,对于安全重要的事情。

走动管理就是在做这个工作。

第 6 章

任何时候都要遵守所有规定

“停”这个字的哪一部分是你看不懂的？

——查理·黑尔(Charlie Hale)，工厂厂长

如果你问一群一线主管他们面对的最严峻的安全挑战是什么，最常得到的答案可能是，让下属遵守规定。让每个人任何时候都遵守规定，真的是一个严峻的挑战，这个星球上的每个主管都清楚这一点。但是他们大多数时候都在忙于强调守纪，却没有找点时间去想想为什么。当你考虑到有如此之多的规定要遵守，人类的天性又倾向于不服从他人，你就会开始理解这个巨大挑战的广度和深度了。

但是这个问题背后还有一些其他原因。

规则

遵守规则本身是项挑战，想要理解它，首先要了解规则本身。每个组织都有各自的规则、标准、政策和程序，它们涵盖了组织运营的方方面面：生产、客户服务、质量、财务、信息报告、人力资源，当然，也包括安全。这些要求有很多不同的来源：部门、工厂、总公司、客户、行业协会，以及政府部门。如果简单地把它们全加起来，我们有巨大数量的要求需要遵守。

有没有人统计过组织里到底有多少规定？领导们太忙了，没有时间去统计。如果他们统计过，他们会惊讶于一个员工要遵守那么多的

规定。这些规定中，有的是需要每天每时每刻都遵守的——比如佩戴个人防护装备的规定，也有的是只在某些条件下适用的——比如进入受限空间时的相关规定。

藐视规定=拿生命赌博

追本溯源，每一个规定在起草的时候都是有原因的。那常常是因为出了一些问题：比如没有满足客户质量要求的产品被发出去了，然后我们就有了一个关于不合格产品的管理政策。有时候程序提供了做某项工作最好的方法。当公司还小的时候，每个人有需求的时候都可以直接联系供应商去采购某项物资。而有了采购部之后，就有了一个供应商采购管理系统和一系列相关的程序要求。而一致性原则也是有价值的：过去可能有人投诉主管，因为他总是给他喜欢的几个人安排加班；而现在有了一套可遵循的规则，大家就会觉得公平了。

规则在任何组织中都有一系列重要的功用：它们明确了完成某些工作的最佳方法，这意味着有效果；同时这又减少了每次遇到这种情况时去想办法的时间，这意味着有效率。规则使所有利益相关者都理解了恰当和正确的做法：以加班时间安排程序为例，主管知道这个程序，员工也知道，工会代表也知道。如果有规则的话，一旦发生违规，就可以更简单地进行行为纠正。假设你在一个小城的单行道上开错了方向：迎面而来的车子会让你知道你走错了。

但是规则会带来一个不好的方面：它们拿走了自由。在有采购部之前，大家可以从任何人那里买任何需要的物品。而现在有了采购程序——别人定的程序——那么我们就得照着既定的方法去做。

然后是所有的安全规定。安全规定的基本作用与其他规则一样：提升有效性和效率，提供知识，以及加强一致性。但是安全规定和其他规则还有一个基本的区别，这正是我们当初把安全规则写在第一位的原因。

事实是，如果你追溯每一条安全规定、程序或标准的起点，你总会发现某起或大或小的惨剧。不幸的是，我们人类迄今还没有创造出一个安全程序，能够预防没有发生过的事故。在产品包装上，每一个警告标签都意味着曾经有某件不好的事发生在了某人身上，因此我们其他人现在得到了警告。对于其他规则、政策或程序，也许你可以批评其中某一条是“愚蠢的规定”；但是对于安全规定，你可不能这么说。

所有这些安全规定——在工厂里的哪个位置你可以吸烟，在工作时你应该穿戴什么个人防护装备，在修一台设备时需要做什么准备和隔离工作，以及在紧急情况下应该做什么——都是用鲜血写就的。理解了这一点，让大家遵从规则所要面对的挑战就会更容易一些。

合规:任何时候都遵守所有规则

在每一起或大或小的惨剧发生之后，常常会有人说，如果遵守了程序，这事就不会发生了。世界油气巨头皇家荷兰壳牌公司回顾了一年当中的事故，他们总结发现，在那些导致死亡的严重事件中，有80％的事件，是人们按照程序做就可以避免的。

我们通常倾向于认为好员工遵守规定，坏员工不遵守规定，但是事实的真相往往会打破这种成见。在1990年代我的公司里发生了一起严重的事故，有两名资深员工，一个是技术员，一个是维修工，在进入一个受限空间工作的时候违反了保命安全条例。这两人我都认识，他们都是认真负责的员工，也都期望能每天平平安安下班。受限空间进入程序是一个工厂里每个人都知道的安全程序，但是那一天，因为氮气窒息，他们一死一伤。在那起事故发生之后，我们的CEO也说了“如果遵守规定的话……”他不是第一位这样说的人，也不会是最后一个。

许多不遵守规定的“原因”

为什么两个好员工不去遵守一个潜在后果如此严重的规定？在政府调查机构公布的事故调查报告里，他们列出了很多关于如何预防事故再次发生的方法，但是很少提及这个重要问题的答案。也许是因为，如果要回答这个问题，你需要窥探他人的心思。但如果真想要从这些悲剧中获得一些教训，每一位主管，只要他对他人安全负有责任，都应该好好理解这个问题的答案，即使不为伤者，也要为了他或她本人的下属考虑。

那么为什么人们没有在任何时候都遵守所有规定呢？这里有四个可能的解释，这同时也是打造合规文化的四个基本原则。

解释 1：他们不理解规定

天才的汽车发明家查尔斯·科特林曾经说：“知道一件事，和理解一件事，完全是两码事。”虽然科特林说的不是安全规定，但这句话用在安全规定上非常贴切：记住安全问题的答案也许足以让你通过计算机考试，但是要安全地完成一项重要工作则需要更多的知识。这种程度的知识传递是怎么实现的呢？

如果你开始研究安全培训（就像我们在第 15 章“投资于培训”里要做的），你很快就会发现，很多被标榜为培训的东西显然只不过是一个 PPT（Power Point，演示文稿软件）加一个问题：“还有什么问题吗？”如果这个课程很重要，课后也许会有一个测试。一次好的测试会很有用，但是一次书面测试用处也有限，这个测试最多也只能测量课程刚刚结束后学生掌握了多少。而如果想要测量那些需要员工日复一日，月复一月，或者年复一年地真心坚守的政策，那就完全是另一回事了。

结束了课程，通过了考试，员工就被认为有资质上岗操作了。在21世纪，还有很多替代方式——电脑上机培训，年度复习，新员工导向培训。但这些都只是名义上的合规，以使得那些看数据报告的人可以确认人们遵守了这个规定。但是，事实上他们认为这类培训有多大的效果呢？很难说。

幸运的是，组织里还是有很多人能够理解，安全规定对他们自己和他人的安全究竟意味着什么。而要理解一件事，不但要知道何事与何时，还需要知道如何以及为何。所以他们不依赖"培训"，而信任自我教育：他们提问，观察他人，认真读程序和标准。换句话说，他们能够学习并理解程序和标准。但如果他们不这样做呢？我们有没有理由去期望一个不完全理解这些要求的人能够在任何时间都遵守所有规定呢？

要达到完全合规的第一个原则就是：那些应该遵守规定的人必须首先理解规定。

解释2：他们不记得规定

学习完了，所学内容应该能够留存在员工脑中。研究显示，对于教学内容的记忆来说，如果不马上使用，人们会在几周内或几天内忘光新知识。这就是为什么说重复是个好老师。当你日常有规律地重复某件事，它就会变成习惯，存储在你大脑的神经元突触里。我们常常称之为"演习"，这也是军方很久以前就学会的，而且一直在保持的做法。用这种方式学习可能并不是最轻松的，但是对于某些任务，比如从一个着火的建筑物里快速安全地撤离，就没什么方法比得上演习。

大多数安全程序其实是由相对的一小部分人使用，如果每天使用就得到像经常演习产生的效果，那么对于那些不是每天都用得上的程序呢？这些程序是针对一些不常发生的情形的。这就意味着这些规定的使用不可能上升到习惯的程度。五年前你学会了使用一个灭火器，假如今天你桌上的电脑着火了，你能记得该用哪种灭火器救火吗？你能记得怎样安全地使用这种灭火器吗？问到最后，我们的结论是最好是由有充分经验和练习的人来灭火。

要期望一个人能够按照要求不折不扣地做好一件不常做的事情是不合情理的。

要达到完全合规的第二个原则就是：经常的和完美的练习可以带来熟练以及持久熟练。

哪个规定在这里适用

解释3：他们没有识别什么时候该适用哪条规定

安全规定有两类：任何时候都适用的和在特定条件下适用的。大家都理解两者的不同，而且两者的适用情况也相差很大。

有些程序适用于任何情形：工厂内禁止吸烟；不得将点火源带入工厂；在工厂内的车辆上任何时候都要系上安全带；在现场任何时候都要佩戴安全帽和安全眼镜。这些安全规定适用于每个人，而且比较简单直接。但即使是这些安全规定也都有其复杂性：虽然工厂禁止吸烟，但在厂门口还是设有吸烟点；安全帽和安全眼镜的要求在办公室里不适用；还有当你的车已经停好的时候，不用系上安全带。

而有些程序只在特定情况下适用。程序里会含蓄地或明确地告诉你适用条件，而大多数安全规定是直白的。把它们看作条件规定：进行一个特定活动时适用;当特定条件存在时适用。这个做法背后的考量是,将遵守规定所需的努力和不便仅仅局限在这个规定能起到保护作用的时候。因此,只有在进入危险受限空间时才需要签发进入作业许可证,而在早上进办公室的时候不需要许可证。坠落防护只是在达到一定高度以上的工作中才需要遵守。在用砂轮机的时候才需要戴面罩,而打扫车间的时候不需要。

这个做法的逻辑是对的,为了效率——但有时会牺牲效果。在许多条件规定的情景下,我们需要去识别是否需要遵守某项规定。要做好识别工作,员工首先需要理解这些规定:什么情景下需要受限空间进入许可证?什么时候要开工作许可证?要遵守所有规定,首先必须了解具体要求——并理解这些要求,并且能够应对那些非常规情景。

这个知识是必须的,但不足以确保合规。要遵守这类规定,还需要认知能力:识别情景、条件和环境以确认需要遵从哪些规定的能力。当一个人可以做到这些,遵守规定就变得相对容易了。除非你要跨越国境线,你用不着护照。当你跨国旅行,见到入境检察官时,他会让你出示护照。

虽然有很多安全规定,但是问题出在识别什么情况下要适用哪条安全规定。那个发生在受限空间里的安全事故的问题就出在这里:两个人并没有意识到他们是在一个受限空间里作业,因为他们自己用塑料包装袋挡住了出口,无意间形成了一个受限空间。如果他们当时知道这会是个受限空间的话,他们一定会严格遵守规定。用“如果”和“当”这些字眼来表述一个规定当然没错——但这增加了合规的难度。安全规定在设计时通常会考虑效率——需要付出尽可能少的努力——但不是效果,就是确保完全的合规。

要达到完全合规的第三个原则就是:员工必须能够识别他们所在的情形之下适用的规则。见图 6.1。

确保合规需要满足四个条件

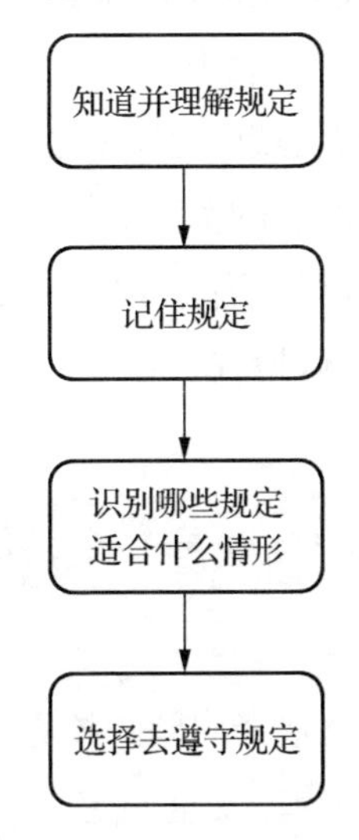

图6.1　所有这四个条件都必须满足，对后一个条件要在前三个条件都满足的前提下才能满足

解释4：他们选择不遵守规定

最后才是如何选择的问题：选择是否遵守。要一直遵守所有的规定最后变成了一个选择问题。而这是一个主管在提到纪律遵守问题时首先会考虑的一点。但是只有当员工理解这个政策，能记住这个政策，并且能够识别什么时候这个政策适用，才可能考虑选择是否遵守的问题。

选择，不仅包括心甘情愿地遵守，或是故意地不去遵守，还会有很多其他因素，比如无心之失或错误。例如无心之失：一瞬间忽然忘记了。你是不是也会偶尔想不起你的车钥匙放哪里了？这很正常。你会不会把一个中了五百万的彩票忘了放在哪里？这不常见。是的，人们会忘记那些他们不常用的东西，但是有时候遗忘本身是一个下意识的选择，这个选择告诉人们哪些东西对我们重要。

然后才是错误的问题。人无完人,人都会犯错。正如我们在第 7 章“识别危害　管理风险”中会讲到的,人们会犯很多错误。但是如果我们多花点时间,多付出点心思,犯错率就会降低。如果一个错误意味着我们确实知道如何正确地做某件事,那就意味着在某种程度上我们做错其实也是一种选择。当你填完一张表格后,检查一遍:因为我们认为有足够的时间去做检查。

对于安全的专注是一个持续的要求

抛开无心之失和错误不谈,选择问题的核心很简单:选择遵守所有规定不是一个阻力最小的路径。安全规定是个负担,它要求我们做更多我们通常不愿意做的事。遵守规定要花更多时间,把工作放慢下来,要关注细节,有时还很费脑子。安全规定会起到这些作用,结果会促使人们去寻找捷径。而那些投入在遵守规定上的努力所带来的回报是,我们有极大的可能可以平平安安地回家。

而那才是真正的奖赏。

要达到完全遵守的第 4 条原则就是:人们是否选择遵守规定大大取决于他们怎么看后果。

这就引出了一个让每个人任何时候都遵守所有规定的方法:宣传后果——一直遵守所有规定的好处是什么,以及不遵守规定的后果是什么。

显然,第一个基本原则是以身作则。行胜于言:你的行为是你的遵守承诺的最明显的标志。没有人比领导更善于遵守规则,当你以身作则的时候,会有巨大的好处。言语也是很重要的:每个追随者都想要得到与领导更好的沟通。在你的树桩演讲中好好解释关于遵守规定的见解是很必要的:为什么人们应该一直都遵守各项规定?你认为什么是完全遵守？有什么办法更好地去遵守？你准备做些什么去帮你的人遵守？

完全合规的四项原则

结合以上内容，形成了一个可行的打造良好合规文化的方法，叫作完全合规的四项原则：

原则 1：那些你期望遵守规定的人必须首先理解规定。

原则 2：频繁的和充分的练习可以使人熟练以及保持熟练。

原则 3：员工必须能够识别他们所在的情形之下适用的规则。

原则 4：人们是否选择遵守规定很大程度上取决于他们怎么看后果。

这四项原则在理论上很简单，但在实践中要践行则绝不容易。

要让所有人一直都遵守所有规定的挑战，可能是一个领导面对的最严峻的安全挑战。在追寻这个目标的过程中，最先可能被挑战的是这个规定本身。之前我们的讨论都基于一个假设：现有的程序都是正确的。在实践中，规定其实常常有明显的瑕疵，而这个瑕疵常常被忽略，因为“没有人真正遵守这个规定”。程序可能令人困惑，程序可能写得不够精确，甚至程序之间会相互矛盾。

尽管有这些问题，如果你事先理解了合规的真正含义——始终遵守所有规定——并且，理解合规的必备的四个条件：理解、记忆、识别、选择，那么实现完全合规的概率会大大增加。

如果能理解和遵循这四项原则，你将可以专注于那些有助于完全合规的要务上。

第 7 章

识别危害　管理风险

没有一起事故源自故意。

——理查德·弗兰克(Richard Frank),一线主管

前一章研究了遵守规定的问题。由于以上描述的所有原因,确保每个人在任何时候都遵守所有规定成为每一位领导者的严峻挑战,而且这个挑战永无休止。一个人今天能够遵守所有规定,并不能意味着他明天也会这样,也不意味着他会立即去遵守一个刚刚传达给大家的新规定。

假设你能够达成完全合规的目标,你属下的每个人每天都能遵守所有的安全规定,而且不是那种敷衍的遵守,是完全真心地遵从程序的字面要求和实质要求。(你开始明白这个挑战有多艰巨了吧。)如果这都是真的,你们的安全表现将毫无疑问是出色的。

但是,如果大家都能完全遵守所有规定,就能保证所有人都不受伤了吗?

很可惜,不是这样的。即使不去违反规定,人们还是有千万种受到伤害的可能。如果你的最终目标是确保每个人每天都能安全回家,除了让每个人都遵守规定之外,你还面临着第二个非常严峻的挑战:你和你的团队需要能够识别什么会伤害到他们。这还不够,你们需要能够在企业的动态世界中实时地去进行识别,并且在某人受伤之前及时采取预防措施。

要成功地应对这个挑战需要不同的能力:识别危害的能力和管理风险的能力。

为什么人们在生活当中要去冒险？

通向伤害的三条路径

要理解危害识别和风险管理这个复杂过程的最好方法是从过程的末端往回追溯。在这个问题里，过程的末端是某人受伤了。而了解了人们如何受伤——受伤的方式、方法和伤害的表现形式——也就自然明白了若要预防伤害，我们需要做些什么。让我们从分析你自己开始吧：你过去有没有在工作中受过伤？

如果你在运营一线工作超过 20 年的话，很有可能你曾经在工作中受过伤，即使这个伤害没有严重到需要报告，或者损工的程度，也许这个伤让你不能在下班后去做你想做的事情，或者最起码你得到药箱去里拿点止痛药，所有这些已经足够引起你的重视。就算是在那些安全绩效最好的工厂里，工作时间长到一定程度之后，员工受伤的概率都会提升。而且即使是最好的员工也会受伤，伤害并不一定只发生在那些绩效差的员工身上。

至于发生伤害的原因，其实大量的情景都可能会导致伤害，小到一些琐事，大到某件惨剧。既然没有人会打算去故意引发一个事故，我们可以说，伤害来自一个人们不希望发生的未计划的一件事。事后回头看来，有时候这些事件看起来像是编造的，只不过这个伤痛是真实的。当你看了工业界几百个真实案例之后，你会发现有三条不同的途径会导致人员受伤。

第一条途径是安排给人们的某项特定任务。一个汽车修理工要从前轮上拆下螺栓，他使用的气动扳手滑脱打到了他的脸。于是事故报告上写着："扳手敲坏了牙齿。"

第二条途径是该项工作与人之间的交互。例如:“搬运脚手架器材导致腰部抽筋。”在这个案例里,设备和工作本身没有任何不安全。但是工作之间的交互出了问题——搬运物品的数量,搬运的位置,进行搬运的人员的状态——导致员工受伤。有时这些问题也被称作人机工程问题。有时候,这个员工报告的仅仅是:“我在弯腰拾起一个扳手时腰部受伤。”

第三条途径是工作进行时的大环境。在这种情形下,任务本身没有不安全,人员执行工作的方式也完全正确。但是有些不相关的事情发生了——也许在上面,也许在下面,也许在上风向——结果导致了人员受伤。比如:“路过的摩托车手撞倒了路边的环卫工人。”

概率如何? 有必要知道你什么时候有机会

记住这三条途径的缩写 TIE(任务、交互和环境)。这三者各自独立,但每一条都足以造成伤害,每一条都需要被识别和被管理。如果你的目标是你的员工每天都平平安安下班的话,你一定要确保危险不会从这三条途径入侵来危害你的员工,为此你需要建立三条防线。

三条防线

知识是保护人员不受伤害的第一条防线:你所不知道的能够伤害你。有太多的人去做一些他们不知道怎么正确去做的工作,结果受伤了。知识是第一条防线,这一点就使得培训上升到首要和中心地位。如果安全培训以及工作技能和知识的培训不充分到位的话,人们就可能在工作时缺乏防护。这一点是明显的,但有时候很多培训又远远超过所需。在老一辈工人开始大量退休,而新一代工人大量进入行业的当今,更多有效的培训开始变成当务之急。在第 15 章“投资于培训”中我们会进行更多探讨。培训和认证是让人们能够平平安安下班的一个至关重要的部分。

但是,让我们来做一个危险的假设:人们事实上知道他们在做什么,其实很多人都是这样的。那么他们是否有足够的知识来识别出可能导致受伤的危害,并且采取必要的安全措施呢?

知识对于安全工作是必需的,但也是远远不够的。在很多伤害事件中,人们可能会说:“相信我,我知道自己在做什么。”如果时间能够回到事故发生前的那一瞬间——站在梯子上刚探出身去时,手还抓着即将滑脱的扳手时,刚从车里出来踩在结冰路面上时——问一下即将受伤的那个人:“你认为你这么做可能会受伤吗?”在大多数这种情况下,回答会是:“是的,我想是可能的。”

“但是不会,至少我不会,在这里,在现在不会。”

你决定要冒的风险,和别人施加于你的风险相比

人们会而且是常常会在他们所熟知的工作中受伤,所以我们需要第二条防线。这个防线就是:安全政策和程序。每个组织都知道单有培训是不够的,于是他们设立了一整套政策,程序,标准操作规程,以及安全工作方法,以识别和管理危害。这些包括各种要求,如一项工作的最低培训和认证要求;包括广泛适用的政策,如个人保护用品,工作许可证,以及针对诸如挖掘作业,受限空间作业,高处作业,或者动火作业等的工作安全分析。它们共同组成了一个安全体系,编织起了一个防备危害的保护网。它首先识别危害,然后在工作前先计划好所需的防护。

但是,这个体系就是最后的解决方案吗?你可以说“我遵守了所有程序,所以我一定不会受伤”吗?

依靠安全程序的体系去保护人员安全听上去是一个有效的方法，但当你真正开始思考这个问题时，你就不会这么看。

要做到完全合规，有个很简单的问题——做起来比说起来难多了。你发布了一个程序，并不意味着在工作中人们会真心诚意地遵守它。而且，很多政策和程序都只是视情况而适用的。受限空间进入，挖掘，高处作业的做法并不适用于其他工作。这意味着人们必须识别这些情形，而这不是自动会发生的。如果某人不能识别某个需要特别防护的情形，那不是他们做了错误选择的问题，而更多的是他们的认知出了问题。认知是知道、记住、识别的结合。这个过程更适合叫作“知觉”。见图 7.1。

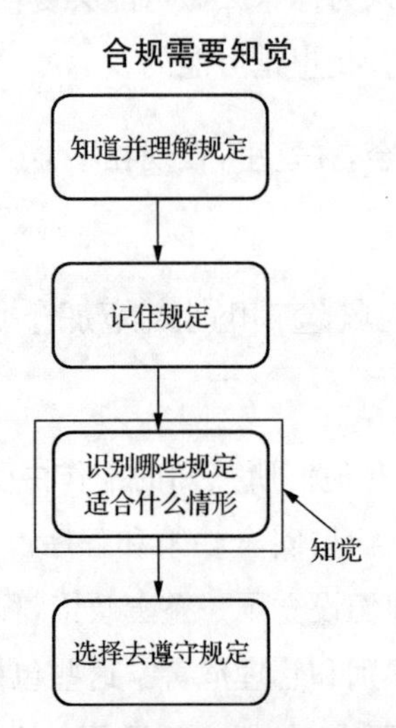

图 7.1　合规还依赖于识别危害的能力

最后，就算不违反安全规定，员工还是有千百种在工作中受伤的可能性。考虑一下第二和第三条造成伤害的路径：

- 人与工作之间的交互。例如：“搬运脚手架器材导致腰部抽筋。”
- 工作进行时的环境。例如：“路过的摩托车手撞倒了路边的环卫工人。”

这些危害不仅可能来自人员与任务之间的关系，还可能来自与任务不直接相关的某个危害。这些情形可能是可以预见的，而一些程序例如工作安全分析能够恰当地识别这些危害。但是在实践中这些程序常常没有发挥作用——可能是程序本身的问题，也可能是使用者的问题。

恐惧：是安全之母吗？

如果你的程序不足以帮助识别和管控由那些来自第二和第三条途径造成的伤害，而且你也不希望要等到有人受伤之后才发现，那么，有一个简单的方法可以对你的程序进行"漏洞测试"。那就是制作一个矩阵表，将这三条途径（任务、交互和环境）列在一个维度，将相关安全程序列在另一个维度。这个矩阵练习可以帮助你看出特定的安全程序如工作许可、受限空间、挖掘作业和工作安全分析等程序是怎样在每个伤害发生路径上起到识别潜在危害作用的。当你确定你的程序能够提供完全的保护时，你就可以让这些程序担当重任了。

更加可能的答案是这样的：虽然这些程序相当重要而且相当有价值，他们还是不能保证每个员工每天平平安安下班。（见图7.2）。如果知识和程序还不足以保护人员安全，那么就需要第三条防线：识别现实世界中的危险和实时操作的能力（见图7.3）。

程序并不是唯一答案

政策或程序	工作 （如：更换垫片）	交互 （如：身体位置）	环境 （如：上空的工作）
工作许可证	×	?	×
受限空间进入	×	?	×
挖掘作业	×	×	?

图7.2 程序并不是唯一答案，按程序执行并不能保证每个潜在伤害来源都被识别

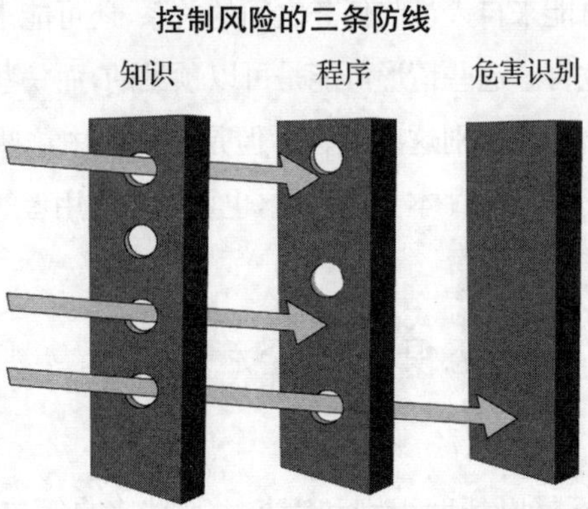

控制风险的三条防线

知识　程序　危害识别

图 7.3　最后一条防线是在工作中感知危害的能力

理解危害

危害是“危险的来源”，是有可能造成某人受伤的事物。每个行业都有很多危害，当然也包括其行业特有的一系列危害。如果你问一个人“你工作的地方有什么危险?”他们可能会告诉你那些需要用到的危化品原材料，使用的特殊设备，人们日常工作平台的高度，有时也会是工作进行时的环境。但这些答案与实际工作中发生的伤害的原因往往并不匹配，导致破坏的通常是一些普通到乏味的事物：从楼梯或湿地板上滑倒、绊倒或摔倒，被小刀、手工工具或夹点划了一道，以及进行日常工作时造成的腰酸。

如果你要写下所有可能对你的员工造成伤害的原因，可能这会是个很长且无穷无尽的清单。反过来让我们想想什么是没有危害的。水吗？它会结冰，形成蒸汽，冷凝，会造成溺亡。多年前，个人电脑在进入我们的工作场所前看起来无害，但现在，有多少人因为长期使用键盘得了腕管综合征。如果你的目标是让每个人都平平安安下班，你所需要担心和管控的事将多到你毫无头绪。

伤害三角形

这里有一个简单的办法让危害变得好理解。当你认真研究任何伤害时，你会发现它始终是由三个相互独立的要素组成的。

产生破坏的物体

造成破坏的能量

受到伤害的人

把这三个要素结合在一起就构成了"伤害三角形"（见图7.4）。

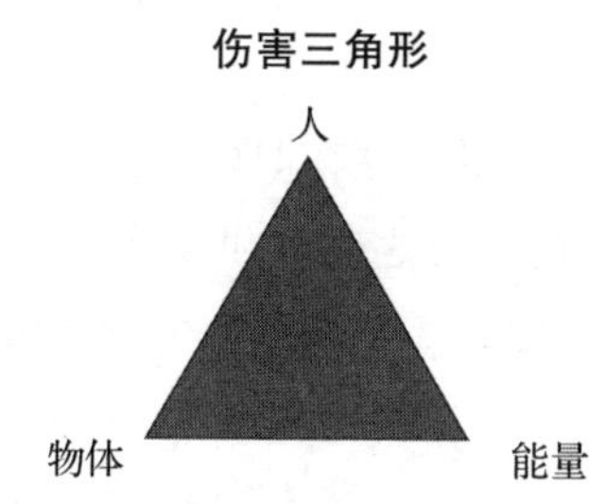

图7.4 任何伤害的发生都需要在同时同地汇集人、物体和能量三个要素

要造成一起伤害这三者缺一不可：要有一个人接触到具有足够能量的物体。显然有些物体天然是比其他物体更危险的：甲基异氰酸酯，这种剧毒化学品造成了博帕尔的悲剧。水可能是生命中最需要的物质，但它也带走了很多生命。所以实事求是地看，我们更关注它们的危害而不是内在特性。要研究各方面因素的内在联系，物体蕴含的能量大小，人和物之间接触的方式也都起着重要作用。物体被抬起来了，然后落下来；人走路被绊倒；手臂碰到了没有组装保温材料的热管线。

既然需要人、物体和能量这三个要素同时同地出现才能造成一个伤害，那么去掉这三者中的一个就可以预防伤害了。当三者同时都存在，但不是在同一时间同一地点出现，其结果就是一个潜在事件：例如落下的重物没有砸到下面工作的人。

危害和风险管理程序的目的是打破这个三角形。很多程序背后的原理是要把人和物体分离开,不管是从时间上或是从空间上。或者是把能量拿走,这样接触就不会产生什么后果。

例如,能源锁定挂签程序确保在任何工作开始之前,所有危害能量都被消除。受限空间程序则确保在人员进入之前空间内的危险物质被去除,不管是危险物料还是窒息性的气体环境。这些程序在工作开始前就预防了问题的发生。

躲开那些尖角

还有一些程序在这三个要素都存在时发挥作用。例如使用个人防护装备,可以为人和物体或能量之间提供一个屏障。安全带保持驾驶员不碰到前挡风玻璃。安全帽会分散坠落物的能量,减少单位接触面积的受力。

个人防护装备就像是走钢丝时下面的安全网:在其他的保护手段都失效的情况下这是最后一道防线。就像安全网一样,只有当伤害三角形全部汇集齐之后才会需要用到它。个人防护装备有它的使用极限——只能保护到一定的程度——如果不发生作用的时候,它也不提供任何好处。

每个行业都充斥着组成伤害的这三个要素,因为要生产产品也离不开人、物体和能量。幸运的是,这三者汇集起来造成伤害的机会还是比较少的。而当它们真的汇集在一起时,三者之中的一个会触发伤害的流程。

在伤害三角形这个原理里,安全政策和程序是预防危害的第一或第二道防线。首要的防线是预防人、可造成伤害的物体和足够的能量在同一时间出现在同一地点。一个电工可以在高压开关柜上工作，但前提是开关柜已经断电。一个管道工能够进行一个管线断开工作，但前提是管道内的物料已经排净，压力放空。设备的设计、检查、维护和认证都是为了保证在使用时没有故障，被安排在岗位上的人员必须接受培训和认证。

相应的，个人防护装备则作为第二道防线，像安全网一样，只有在需要时才用得上。既然（幸运的是）大部分时候安全网用不上，那么就很容易看见，员工最常违反的是那些关于个人防护装备的规定。但关于安全网的问题是，你不可能在危险发生时才挂起安全网，你必须时时刻刻认真地使用安全网。

我曾经在一个安全会议上邀请一位已经在轮椅上生活了 11 年的朋友发言。他名叫拉塞尔，曾经是一名油漆工。你不难想象他工作时发生了什么：他刷油漆时摔下来了。

他以非常平静的语气描述了他从 10 米高处落下时幸存后的体验。这是他的故事，最好由他自己亲身叙述。作为当场的听众之一，我可以告诉你现场的听众们都在认真倾听，而且对他非常钦佩。拉塞尔确实是一位跌倒后变得更强大的人。拉塞尔的分享当中有一个细节让我至今难忘，而且和安全网的意义相关，是当时急救人员到了现场时和他说的一句话。因为他当时是清醒的，急救队员问他的第一句话是："你不是戴了安全带吗？怎么没挂好？"我敢肯定，拉塞尔余生的每一天都在问自己这个问题。

感知危害

伤害三角形是一个制造危害的动态模型。这个模型需要我们用第三条防线去防备危害：感知人员、物体和能量同时出现可能造成伤害的感知能力。

有太多危害要预防

既然三者一旦汇集，事故也就容易发生，危害识别实际上是一个感知的艺术，需要一定的能力去观察状况，处理信息，找到潜在的危险源。大侦探福尔摩斯有着超凡的推理能力，这让他的副手华生医生一直很着迷。福尔摩斯常常会解释各个平淡无奇的细节然后推导出令人震惊的结论，最后常常会补一句："你看见了，但你没有在观察。"

对于工作中危害感知的不同来自不同因素：培训，教育，工作经验，生活经验，以及个人兴趣。如果你把一项工作活动的照片展示给一群业内人士看——对这个照片拍摄点有经验的操作工，有经验的维修工，设计工程师，见习生——你问他们能看到什么危害，他们的答案会很不同。每个人对于危害有他自己的感知，一些是相似的，有些是截然不同的。操作工知道原材料的危害性，维修工知道缺乏润滑的危害性，设计师知道设备使用的材质。而见习生最有可能感知那些最明显的危害——比如现场糟糕的卫生状况——而其他人因为置身其中很久，已经不再注意到这一点。

这论证了感知危害的一个关键步骤：两双眼睛总是好过一双眼睛。每个人都有各自不同的经验和技能，而当有更多的人参与危害识别时，效果总是更好。尽管这么说，危害识别的主要责任还是落在做这项工作的人身上——因为如果他能识别出导致伤害的因素，获得最大好处的人是他自己。

以下还有 5 条获得更好危害感知的方法：

1. 考虑物理环境。不仅是任务本身会造成危害，在哪里做也会带来危害。评估进入任务的大环境：旁边有什么，有什么其他事在同时进行，还要确定当时的天气如何。

2. 向各个角度四处观察。就像你进入敌方阵地侦察一样，既要看大局，也要看各种细节，随时注意意外的事物。向各个角度看：上下、左右、前后。

3. 注意有什么改变。工作是动态进行的，不要假设它是静态的。在工作进行过程中这些工作很可能会变化，导致没有预期到的危害。即使任务本身没有变，做任务的人也会变，或者周遭环境因素也会变。

4. 使用你所有的感官。作为一个危险源，一个危害有其物理属性。每个人最好的识别危害的武器就是他们的五种感官——视觉，听觉，嗅觉，触觉，味觉。当然，还有第六种感官：直觉。在危害识别上，这个第六感通常被称为预感——感觉某个地方不对劲，但哪里出错了不能马上量化出来。现在我们知道人脑是一个收集和处理信息的超级计算机，比我们以为的还要强大。如果感觉某个地方不对，很有可能那里确实不对。当你收到了那样的提示，停下来，好好找找到底有什么不对。

你能把危害的概率降到零吗?

5. 寻找警示信号。警示信号就是任何现实伤害风险在上升的信号。有经验的主管在工作中会有意无意地建立自己的警报信号系统。这些信号有的明显，有的不明显。以下有一些例子，其中有些是基于我们之前所描述的理论基础：

- 工作范围更改
- 变化的/或恶劣的环境
- 有人很匆忙
- 临时拼凑的工具或工作方法

- 不常见的气味,声音,现象,触感,或味道
- 高处工作
- 在危险物料或危险能源旁工作
- 别扭或吃力的工作姿势
- 违反程序
- 糟糕的环境卫生

危害和风险

TIE——任务、交互和环境——描述了三个不同的造成伤害的途径。伤害三角形则提供了一个伤害形成要素的模型。各个企业都在采用危害识别和管理系统,首先识别危害,然后采取必要的预防措施处理工作中的危害。风险这个术语通常也用在同样的语境:“危害管理程序”有时也被称作“风险管理体系”。虽然危害和风险这两个词很相似,而且有时候两者可以互换使用,但其实两者之间有明显不同,每个管理者都应该清楚地理解——因为这可能意味着生与死的差别。

危害是一个危险的来源。在伤害三角形中,物体和能源的结合创造了这个来源。相应的,风险则是这个危害有可能发生的概率。风险是一个抽象概念,而实际上造成伤害的是危害。这两者的差异并没有那么抽象。每天我们所做的每个选择当中都有关于风险的考量,从我们能住在哪里,做什么工作,怎样去上班,到安全工作中我们能采取什么预防措施。

风险——不确定性,是我们生活中的一部分。我们始终在做那些我们不确定后果如何的决定。我要不要打流感预防针呢?我是现在买暑假的机票还是过一阵子再买呢?我应该买入还是卖出我们公司的股票?我该不该现在买房?

假装不会让问题消失

当我们谈到识别和管理危害，总是有两个问题需要回答。第一，这个危害，也就是危险的来源是什么？第二，风险有多大？即危害有多大的可能性发生？当它发生时，它制造了一起事件：在安全上叫作事故或伤害。

对于任何一个任务，比如换轮胎，总有一大串危害可能造成某人受伤。那些危害基本上都是已知的或是可知的：很少情况下人们会被一个闻所未闻的危险伤害。至于危害，我们有充足的信息来源了解它：出版物，培训，学校教育，经验，以及他人的分享。

确定一种危害的风险意味着评估发生的概率。我们从直觉上知道每个危害的概率差别很大：一个用气动扳手拆轮胎的汽车修理工遭受噪声带来的听力损害的概率，远远大于他被汽车尾气中的一氧化碳毒害的概率。两件事都可能发生，但前者更有可能性。但是可能性大多少呢？你到哪里能找到关于这样的风险的权威信息呢？

对于某些生活中的活动，人们收集了很多关于风险的统计信息。在私人轿车方面，你可以查到在路上和其他车相撞的概率，撞到一个行人的概率，或在车祸中死亡的概率。但是你查不到在更换火花塞时手臂被烫到的概率。如果你是个汽车4S店的经理而又关心安全，那个风险数据对你会很有帮助。

关于工作中的风险，要找到权威数据相对比较难。我们知道人们会滑倒或摔倒，而且有很多关于从不同高度摔倒对人体造成的伤害程度的研究，而这些研究告诉我们在多高时需要采用坠落防护。但是没有哪个研究告诉我们从一级台阶上摔下的概率是多大，或是从某个高度落下的概率有多大。部分是因为要完成这个计算需要确定暴露水平：人们多么频繁地使用楼梯，或是多么频繁地出现在可能摔落的地方。别忘了，风险是个概率问题。

这不可能发生，但这常常会发生

一个人每天都会爬楼梯，可能不下百次。当你想到这一点时你肯定会理解计算风险这个工程的宏大：这个任务太复杂了。正因为其复杂，我们没有每日风险的数据。因为没有数据告诉我们风险到底有多大，我们只有依赖于我们的感知告诉我们哪些事看起来有风险。这是好事也是坏事。好的方面是：当我们感知到风险时，很可能有些危害确实存在，我们会变得认真。但反过来则未必正确：当我们没有感知到风险时，并不意味着没有危害，事实上常常会有。而且当我们没有感知到危害时，风险反而更大，因为这个时候我们会变得没有那么认真。我们会放松警惕，然后冒险。

感知风险

关于计算概率，我们知道：单靠我们自己，不能很好地计算危害发生的概率。关于风险感知的研究不断提供了同样的结论：人们常常花太多的时间担心不太可能出现的危险，而没有花足够时间关心最可能发生的危险。

日常有太多的例子证明这个结论。商业航空是目前交通运输业中最安全的方式了。但是经过了一次颠簸的飞行，一个心惊胆战的旅客急忙钻进自己的车，快速开回家，没有系上安全带，而且在车上打电话。出现闪电时高尔夫球场会停用，但平时那些肤色白皙的高尔夫球手很少想到戴上太阳镜。一个平时喜欢开快车的司机在看到校车的停车指示牌时也会认真停车。

在这几个情景中，人们最担心的危害——飞机失事，被闪电击中，撞到孩子——可能性都远比那些大家不太担心的危害要低。

在博帕尔惨剧发生之后，我们公司的经理们要面对担忧的——有时又有点愤怒的——邻居们，他们担心同样的事发生在他们头上。谁能责怪他们呢？这不是个轻松的差事，但是幸运的是我们被培训了如何向人们解释风险，以及告诉人们应该怎样决定关于他们安全和健康的风险。沟通学教授彼得·桑德曼(Peter Sandman)的研究提供了一个理论基础，帮助人们理解并作出关于健康风险的决定。

在桑德曼博士看来，这个决策过程有一定的逻辑，但不是基于风险和概率的逻辑。当一个危险是灾难性的、令人难忘的、可怕的——并且在别人的控制之下——它被认为是非常危险的，伴随着这种风险而来的是恐惧，在某些情况下是一种健康而富有成效的恐惧。

另一方面，如果危险是常见的，每天都有，并且在我们的控制之下，就没有什么恐惧了。我们变得自满。

危害值得我们付出时间和精力

换句话说，情绪影响了我们对风险的感知。

这个理论很好地解释了为什么人们看见校车停止标志总是会及时地刹车：因为如果没有做到可能会造成灾难性的、令人难忘的可怕后果。相对比较容易预测这类事件的后果，而且没人想要对这样的惨剧负责。

桑德曼的观点不但很好地解释了人们为什么比较紧张坐飞机，为什么害怕闪电，也开始揭示了影响人们识别和管理风险行为的方法。

减少风险的四项原则

既然风险的感知很少与实际相符，当你在尝试识别什么可能造成受伤时就像是在逆水行舟。首先，你要能正确确定危害发生的概率，然后你还要使人们相信你是对的，从而改变他们对风险的感知。以下是减少风险的四项原则，可以帮助到你：

原则 1：要减少风险，首先需要感知到风险

感谢桑德曼博士，我们现在知道了人类会对熟悉的危害降低防备。不是他们“不知道”，而是他们认为：“这不会发生……在我身上。”

用这个真相武装头脑是个好的开始。至于哪些危害会造成伤害有很多统计数据。你可以去找你们的安全工作人员。他们会告诉你关于这些危害的信息，告诉你在你们行业里或是整个工业界里这种危害发生的概率。例如，OSHA（职业安全与健康管理局）的统计数据就显示，肌骨骼损伤造成了超过半数的损工事件——而约一半的肌骨骼损伤发生在腰部。

原则 2：不要侥幸，遵守程序

系统和程序被用来将危害发生的可能性降低到一个可接受的水平。对于某些危害，如高处作业，唯一可接受的水平是零。在其他一些情况下，比如从楼梯往下走，总有一些风险需要承担。记住，不要承担超过设计范围的多余风险。这就意味着，你必须严格按照危害和风险管理程序描述的做法去做。

10 次中有 9 次会出错

这样做听起来简单，但是风险管理经常看起来像是一个纸面游戏：

填写很多表格，完成很多检查单，要检查很多工作和人员。当然这些都是必要的流程，而且也是有价值的。而这个过程里最重要的部分发生在工作之外，而它常常决定了危害管理的结果。那些做具体工作的人们，那些执行程序的人们，决定了危害和风险管理的成败。

不能完全按照规定执行的可能性造成了所谓的执行风险。很多新闻头条报道的重大事故当中出现了显著的执行风险，而且不仅限于执行工作的人员。管理层和经理们是这个风险的受害者，并且当他们没有好好审核绩效，忽视了违反规则，不去强化规则，甚至允许程序失效时，常常增加了这个风险。

执行风险有时来自人们没有完全真诚地履行他们的独立检查的责任。相互检查——分开和独立地检查——的使用是每个安全程序会用到的一个基本步骤。相互检查提供了一个检查确认的系统。但多数人不把它当回事：有些人甚至认为这很碍事。从某个角度上说，他们也没错，分开的检查确认确实需要时间和精力，也会逐渐让人开始依赖于他人的工作。但是独立检查背后的逻辑是强大的。人类远远没有到不会犯错的地步。

错误率的研究已经进行了很多年，研究发现即使在最好的情形下人们照例还是犯错。我们的犯错率随着复杂度、受压程度，以及无聊程度等的上升而上升。所以如果一个程序是重要的——比如能量隔离——通常程序会要求第二个人进行检查。

统计学上看，两人分别做同一件事出错的概率是他们各自出错概率的乘积。如果一个人犯错的概率是十分之一的话，两个人犯同样错的概率就下降到了百分之一。

但这仅是在两个人分别独立做的情况下。如果第二个人只是照抄第一个人的工作的话，这个犯错概率不会下降。去问第一个人“你关了阀门吗？”不能代替亲自去检查阀门是否关好。

用另一双眼去看工作中的危害的价值也遵循同样的逻辑。如果你让不同的人分别去评估潜在危害,很可能他们不会感知到完全一样的危害。然后让他们比较一下答案,他们可能会看到比他们自己能看到的更多。这叫作协同:多个个体一起工作带来的优势。

用不同的眼光能够带来相互检查和协同的好处。这个办法可以很好地提高识别危害的可能性。

一些平凡的小事也会让人很受伤

原则3:日常的危害有更高的风险——更清晰更现实的危险

桑德曼博士的逻辑可以被用于改变关于日常危害的感知。我们的情绪在我们感知风险中起到很大作用。如果一个危害让人更加害怕——有画面感,可怕的,灾难性的,不可控的——它更可能被人严肃对待。

渲染一个危害和它的概率无可厚非。人们知道危害——直到他们接受过培训以后。给你组织里的员工进行关于识别危害的书面考试,很多可能性他们都会答对。但是把感知危害与情绪结合起来的话,可能会更加成功。因为那会使得危害更加难忘,更加有画面感。一图胜千言:"航空母舰的甲板随时准备发生事故。"强调了危害应该受控的观念。"当你不去确认操作员维修设备时的准备工作,你就是在让他们拿你的性命赌博。"

原则4:减少风险需要那些敢于说"停!"的人

危害和风险管理系统迟早会遇到一个没有满足标准的工作,或者遇到人们没有遵守规定去承担过度风险的情况。那就是一个高影响力时刻,在这个时刻管理层对安全的真实承诺就显现出来,而且追随者会非常注意他们的领导的表现。

经理们也不是没有执行风险

接下来会发生什么呢？如果你是因为准备工作不充分或工作人员没有满足危害控制要求而把这项工作停下来的领导——或者某个团队成员，这时就体现了你是言行一致的。这时是时候去采取行动处理危害把风险降下来了。

总是有办法把工作安全地完成。这也不意味着现在所做的都是安全的。当发现不安全时，首先的要求总是有个人把工作先停下来。

零风险

如果风险是危害发生的概率，那么所有的风险能否降到零呢？

不幸的是，不能。我们所不期望的事总是有一定概率会发生。管理风险的目标永远是降低概率，向零趋近（见图 7.5）。可能性总是有下降空间。如果你一度以为"这永远不会发生"，那么这很可能预示着这个概率在向相反的方向变化。

有一个西班牙谚语说："最安全的路线就是质疑。"在识别危害和管理风险中，一个小小的质疑可能带来很大进步……只要这个质疑带来的是保护的行动。

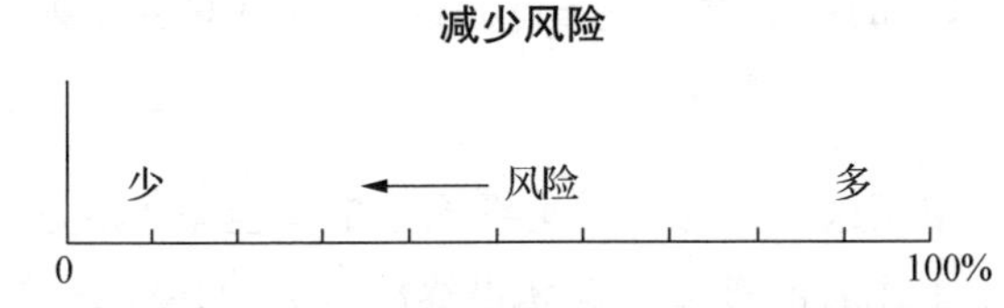

图 7.5　减少风险——而不是消除风险——应该永远是风险管理的重点

第 8 章

行为、后果和态度

如果都遵守程序，这绝不可能发生。

——伤亡事故发生后的公司 CEO

在工作中到现场进行走动管理时，你有多大可能会看见某人在卖力地而不是安全地工作？这取决于你在什么地方，以及你们是做什么工作的。如果是在航空母舰上拆弹小队在检查一个发出滴答声的可疑包裹，或是当老板在亲自监督工作时，人们不太可能违反安全规定。而如果是在马路边上给车子换轮胎，或者是给自己家割草坪，违反规定的概率就很高了。

很多行业的情况介于这两个极端之间。但即便在表现最好的行业里，每个主管迟早也会亲眼看见不安全行为。不必要的冒险会招致悲剧发生。当你撞见这种不安全行为时意味着出现了一个高影响力时刻。在世界各地的运营主管们描述的严峻的几个安全挑战当中，都会出现这样的时刻：不遵守规定，走捷径，没有识别危害，自满，和缺乏经验。

当然好的领导者能够将这些问题消灭在出现之前，这是比较理想的结果。而如果你的组织没有办法做到这一点，你就会看到这些行为。这时你又该怎么做呢？

没错，你要去纠正这些行为。无论纸面上的安全政策和程序有多么完善，在执行工作时的具体表现才最终决定人们是否能平平安安回家。当人们的行为不能满足要求时——或者工作没有达到应有的安全程度时——领导者应该采取行动去改变人们的行为。

如果遵守了程序，这事永远不会发生

要让人们平平安安下班，就要求我们在伤害发生之前，而不是之后，去纠正危险的行为。

当然，如果纠正一个行为是容易的，如果我们纠正行为的努力是有效的，绝大部分不安全行为早就已经根绝了。那样就不会有哪个 CEO 会说："如果遵守了程序，这事永远不会发生。"

但纠正行为仅仅再次强调了这个简单的事实：我们当初制定安全程序就是为了预防事故发生。每一个安全程序的出台都来自某个悲剧，都是用来预防那个悲剧再次发生。领导者们与其直接去纠正行为，不如先问一个基本的问题：为什么人们不去遵守我们已经有的安全规定？

认真地检视这个问题，我们就会发现，人们之所以违反规定去冒不可接受的风险，背后的原因非常复杂。在前面两章已经探讨了这样的一些原因。同时，还有些原因植根于人们的个性、成长经历、价值观、生活经验，甚至是我们这个物种的演化过程。在最后一点上，很多科学证据表明，男性从基因构造上就倾向于冒险。

但当你看见某人在努力工作，同时在冒险，你是没有时间去想这么多的。所以，回到当务之急的问题，当你看见不安全行为，你需要去纠正它，你会怎么做？

第一个决定

纠正一个行为的过程始于你决定对其采取行动。不是每个领导者看见不安全行为都会选择直面应对，而其原因也不难理解。问题源于直面应对这个词。直面应对这个词近年来带有了越来越多的价值观色彩，而在很多时候直面应对仅仅指的是“和某人面对面”，很少带有态度的含义。

员工不可能遵守他们不知道的规定

真相总在不远处。到辞典里去查 Confront(直面应对)这个词，它的拉丁语词根的意思是“面对”。所以这个词的意思就是“去面对面”，没有更多的含义。

作为领导者，你是否应该和一个正在工作并且可能让人受伤的员工去面对面？当然应该。这是每一位用心思考的、理性的领导者的回答。有意思的是，追随者们也这么回答。我曾经询问过他们这个问题：“如果有人看见你不安全工作，你希望他们停下来和你谈谈吗？”他们都非常一致地回答“是的”。这也非常好理解。

但是这些非常理性的人们——领导者们和追随者们——却在实际情形中做出截然不同的行为：什么也不说，什么也不做。这听上去很不合理，但确实是一个矛盾的实例，在真实的生活中真实的但又荒谬的现实。

那么多忽略他人不安全行为的事实背后总会有些合理的解释。下面有几个不干预的很好的理由。不管人们嘴上怎么说欢迎批评，他们很少会真心喜欢被纠正的感觉。纠正一个行为常常会遭遇防卫性的反应——“我以前看你也这么做过”，而不是感激性的反应——“谢谢你对我的安全关心”。总是会遭到这种防御性的反击吗？并不会。但是偶尔的反击会让提出指正的人有所顾忌吗？当然会的。

以上只是不去干预的诸多原因之一。还有，这个员工可能是一个在这个工作上更加资深的人,他会说:“你又不是电工,你凭什么说我!”他可能会直接拒绝指正:“我们这么干已经很多年了。”他可能和其他人比较:“没人照这个规定做。”他也许会强调管辖权:“你又不是我老板。”有时候他们会拿出一个难以抗拒的理由:“如果我照着程序那么做,到明天也做不完,可你要我今天做完。”员工冒险这么做时错误地认为他们是在帮公司一个忙。甚至有时候他的主管也这么认为。

即使口头上不承认,每个人其实都了解这些不去干预的理由。正是因为意识到这些,组织开始设计一些工具去解决这个问题。所以在过去半个世纪以来行为观察计划得到了蓬勃发展。这些计划将干预行为系统化:“我要填我的行为观察卡,我看见你遵守了挂好安全绳的规定。”这使得这些干预不针对个人:“我只是在按照观察计划要求在做。不是为了批评你。”但即使是这样也难以保证成功,因为被观察不是一个义务:“我不要你观察我,你去烦别人吧。”

让我们总结一下:不去干预有很多原因,而去干预只有一个原因……但这个原因胜过所有对立的原因。这个原因就是安全的理由:没有什么比下班后平平安安回家更重要。当谈到安全,业务都要退居次席,更别提人际关系了。况且,你始终是在为他好,不管他在当时有没有意识到。

人的行为的合理的(和不合理的)原因

当你看见某人没有遵守程序或在冒不必要的风险,你的第一个决定总是:要不要去直面应对。面对面解决总是最正确的决定。当然,选择不去直面也是一种决定,只不过那是个错误的决定。

策略

改正行为是在工作现场进行讨论,而不是在办公室里。回到办公室里发生的是纠正行动:谈话,口头或书面警告,留职查看,或者开除。如果是严重违反安全规定的行为或是重复发生的违反行为,就要求采取纠正行动。不管事后决定采取什么样的纠正行动,在现场还是应该立即改正不安全行为。当你在现场看见一个员工在努力工作——但是没有在安全工作——你通常只有几秒的时间决定如何进行这个重要而且比较敏感的对话。如果有一个事先准备好的策略,改正这个行为的成功概率会大很多。

每一位父母或孩子对改正行为都很有经验。我们在成长过程中都经历了很多,而且教育我们的孩子不断练习。如果你参与竞技性体育项目,你就离不开教练的纠正行为。从很多方面看,改正错误的安全行为没什么不同。是的,你要应对的是成人——我们只不过是长大了的孩子,在工作场所,而非体育场而已。基本的原则也适用于不安全行为的改正——当然有一个显著的例外。

第一个原则很明显:当你对行为进行纠正时,应该始终关注于行为。行为就是行动,是员工实际所为,或所不为:没有戴安全帽,没有塞上耳塞,没有签工作许可证,没有戴呼吸面具,跨过软管,越过一个物料桶,不正确的搬运,等等。行为总是以事实的形式被发现,而事实总是可以被证实。在你改正一个行为的时候,大家都应该清楚地知道事实是怎样。这样做可以把重点从人身上转移到事实本身,从而减少了被反驳的可能:你很难去挑战一个事实。

事到临头,你可能容易先入为主地去评判一个行为:这是不负责任的,是不专业的,是粗心大意的,或者就是愚蠢的,抛开那些形容词,去关注事实本身。把这些评判掺入对话没有任何好处,它们只会激起情绪。

第二个原则:将观察到的行为和要求的行为相比较。这样就可以展现出两者之间的差距。而你改正行为的目标就是消除这个差距。

安全要求来自安全政策和程序:在车间要佩戴安全帽;维修工作开始之前需要开工作许可证;1.5 米以上的工作需要佩戴安全带。要求也不局限于书面程序,也可能来自关于安全实践的培训,或是某种操作经验:不要站在火线上;使用合适的搬运技巧;打开包装前认真阅读标签内容。即使不违反安全规定也是有很多方式会导致受伤,而我们把那些规定里没有提到的叫作“期望”。没有满足期望也是一个差距,所以这些差距也需要被纠正。

第三个原则:问为什么。许多领导者以及很多行为观察计划跳过了这个步骤。他们的依据是员工知道这个规定,而领导们不想听任何不遵守规定的借口。但是,人们不安全工作总是有个原因的。如果你是这个员工的主管,要为他的安全负责,难道你不想知道他行为背后的原因吗?如果知道了也许会帮助你改变他的行为。所以,尽管去问好了。

也许在你观察到的行为背后有一个非常合理的原因。“我没有佩戴耳塞是因为领不到,仓库里没货了。”知道这些信息并不改变违反规定的事实,但是给你改正行为提供了非常有用的信息。

特别提醒一下:当你询问为什么会违纪时,你听到的回答并不一定是真正的原因。“我忘记了,老板,看见你我才想起来。”这不过是类似当年在学校里的常用借口:“老师,在来学校的路上,一条狗把我的作业啃掉了。”但是,即便你得到一个蹩脚的借口,你也已经成功地开始了一个双向对话。当你提问时,对方不可能只是点头或是假装在听。更重要的是,询问为什么是一个施加影响的有效工具:不管他们给出什么原因,这个问题都会促使他们思考其行为背后的原因。让员工开始进行这种思考是改变其行为的一个关键步骤。

遵守所有规定的好处……这些麻烦值得吗?

第四个原则:解释后果。每个人都知道是后果驱动行为。没有遵守规定或者没有安全工作会有两个潜在后果:可能受伤,也可能惹上麻烦。这两者中任一个通常都足以使人改变其行为,但其中一个比另一个更加重要。设立安全规定的目的是防止人员受伤。受伤或造成别人受伤总是一个更加严重的后果。这是安全的理由。相比之下,惹上麻烦不过是被老板盯上,每个人都可以承受。一个行政后果——惹上麻烦——总归是一个更轻的后果。

当这两个后果都不起作用时——员工肯定他不会受伤,也确信他不会被抓住——那么第三种后果就会驱动他的行为,无可避免地将他推向不合规。每个安全规定都意味着要多花些努力才能完成工作。这也是为什么需要安全规定:确保人们不是随心所欲地做这项工作。想想遵守规定要花的额外努力吧:要花费人力,放慢工作,需要更多的精力——花在工作安全分析上的心思,用在正确做法上的体力。通常而言,在一个夏日的午后,穿着全套个人防护装备本身已经很不舒服了。如果努力遵守却看不到什么好处,作为一个理性的人怎么愿意去承受遵守程序带来的这些负面后果呢。

要解决这个安全要求带来的问题,一个简单的方案是解释合规的好处,受伤的后果——或是安全回家的结果——超过了所有遵守规定带来的其他负面后果。每个安全规定和期望都是有原因的,而如果安全工作,做这个工作的人将最终获益。毕竟,手指是他的手指,眼睛是他的眼睛,如果出了事故,是他需要到急救室接受救治。老板只是凑凑热闹,没有谁能够理解伤者的切肤之痛。向员工解释一个相似情形下人员是如何受伤的,或是如何因为遵守程序避免了受伤的,用实例来讲解总是更加容易些。

用纪律惩戒来威胁也很容易:"如果再看到你没戴好个人防护装备……"使用这个作为威慑的主要问题在于这些威胁只在管理政策能够覆盖的范围内有效。而用受伤的后果来警示则不需要依赖于管理体系以及纪律约束。

当你把这四条原则结合起来,你就有了一套纠正行为的有效策略:描述行为,陈述要求和期望,询问原因,以及解释后果。

这个策略里所缺的是,如何开始这个对话。这通常是直面应对一个行为时最难的部分。我们中的大多数人都不喜欢被批评,而且我们中还有很多人急于批评别人。我们都知道自己并不完美。所以为了礼貌和尊重起见,而且也避免使对方处于防卫心态,我们应该用积极的语言开始这个对话。可以是聊些家常:"你家人还好吧?""这个活进展怎样了?"或是一个赞扬:"嘿,这里搞得不错啊。谢谢你的努力工作。至于你没有佩戴安全眼镜……"

胡萝卜加大棒:配合使用效果佳

这个方法好像使我们更容易去直面应对,而且也反映了另一种流行的反馈方式:先正面反馈,再负面反馈,最后再以正面语言结束。这是个好办法。

这个方式背后的理论是,通过以正面反馈开始可以与行为改正对象建立和保持良好关系,使得对方在你转过来提出负面反馈时不那么具有防卫性。

这个理论的第一个问题是它已经老掉牙了,你的下属已经看破了这个把戏。当老板把员工停下来,告诉他干得不错时,员工会一直在等待另一只靴子落地。因为历来都是这样:老板总是用这个套路。

如果仅仅只是浪费了一些口水的话,用这个方式也没什么大问题。

但是还有一个更加关键的问题：当他的行为涉及安全，而你开场白里的表扬则涉及工作的其他方面——及时发货，及时完成工作，满足客户，清理现场，等等。这告诉了这个冒险的员工，作为领导者，你感谢他们的努力工作先于讨论他违反安全规定的行为。这将给他们一个印象，你关心业务更重于关心安全工作。其实你不是这么想的。无论做了多少工作，只要有人受伤，其他一切都不重要了。这就是安全的理由。

相信你可能没有疯的那一半人

改正行为最好的方法是直击问题本身。谈话开始时你需要破冰：使一个可能比较敏感的谈话能够顺利开始。不论在什么情形下，你都有一个通用的方法：告诉他你为什么会出现在这里。这是最好用的破冰。你可以这样说："我来这里想看看清理工作进行的情况，还有场地里的安全状况。"这样开始就可以了。

这样我们就把这些改正行为的原则以一个符合逻辑的顺序放在一起，就组成了管理这个对话的五步策略(SORRY)：

1. Start　解释你为什么会出现，以开始这个谈话。

2. Observation　具体描述你看到的认为有问题的行为。

3. Requirement　陈述安全完成这项工作的要求。

4. Reason　询问他们这个行为的原因。

5. You　解释如果对方不安全工作可能发生在他们身上的后果。

查理安排两个员工去堆场整理，结果查理在现场看见他们没有佩戴个人防护装备。于是查理遵照这个模型，与他的两个下属进行了以下的对话。

下午2:05，废料堆场

当查理走近这两人，他们在假装专心整理零部件，不敢抬头看，希望主管不会提起刚才看见的小违章。当他们的老板开始跟他们谈话时这个希望破灭了。

“兄弟们，我到这里来看看整理得怎样了，顺便看看这里的安全表现怎么样。我刚看见你们的时候，你们都没有戴安全帽、安全眼镜和手套。现在你们都戴上了。所以你们两位都知道我们的规定——只要在办公室以外工作，每个人都要戴好个人防护装备。

“那么说说吧，是什么情况？为什么你们只在看见我来以后才戴上个人防护装备呢？”

停了好长一会儿。查理决心要听到他们的回答，所以他等着，一直等。最后，那个老员工开腔了：“嗯，老板，是这样的，我们俩已经戴了一整天了。刚刚休息回来，忘记戴上了。一看到你就想起来，就戴上了。”

查理看着他笑了，当年他还是新员工的时候，他也和他的老板说过一两次类似的借口。而当年那个“老头”很精明，没有买他的账。查理从他那里学到了一套。真实的情况一点不难想象：这两人根本没料想到他会在那里出现，至少是在下午2点出现。查理把这个念头先记在心里，放在以后参考。

他决定针对这项工作的危害再进行一个现场教育。“你瞧，我知道在一个大热天很容易让人在个人防护装备要求上打折扣，尤其是当你觉得这只不过是一个简单的清理工作。当年我做你这个工作的时候，我就亲眼看见过在类似的工作中发生的一起糟糕的事故。让我来跟你讲讲发生了什么吧。……”

五分钟后，查理说服了他们两人。“当然，如果你们再被抓到违反，你们会很麻烦。但是比起发生在我那个机修工兄弟身上的，这都不算什么。你们肯定不会希望像他一样。”

行为被改正了！

积极强化的威力

当车间主管进行走动管理时,他有可能看见有些员工既努力工作,又安全工作。虽然这应该是一个常态,而且因此而常常被忽视,可是这实际上也要让主管做一个决定:“我是否要对这个员工安全的工作说点什么呢?”

通常这个答案是“不需要”。以下是这个回答的逻辑:安全工作是大家所期望的。一个主管不应该表扬那些满足工作基本要求的人。而且如果一个人安全工作,他已经得到了奖赏:他没有受伤。他的工资奖金里已经考虑了安全工作的部分,所以他做正确的事也已经得到了财务上的报偿。表扬应该保留给那些做得更多,超出标准的行为。如果你开始表扬那些仅仅满足预期的人,那么这个界限怎么划? 这样做不会让你有足够时间去做更重要的工作:解决问题。所以,“只要没出状况,就不用管”。

以上这种管理方式的一个更加正式的名称叫作期许管理。这种安排领导宝贵时间的管理模型被广泛采用:将注意力放在重要问题上,因为那些关键的几个少数问题会决定业务的成败。进展好的地方不需要关键资源——领导者的时间和精力。在某种意义上,走动管理也是基于这样的前提:确定几个最有可能造成人员受伤的因素,将你的注意力放在这几个因素最可能起作用的情景上。

这个理论没错。但是如果坚持这么做会造成不好的副作用,那就是,领导的出现一定意味着发生了什么不好的事——因为一定出了什么问题。我是通过一个尴尬的教训学到这一点的:成为新主管几个月之后,我给了一个表现优秀的团队成员一个她应得的表扬。她微笑着感谢我的话,然后说:“这是我第一次听到你对我们的工作的好的评价。”她传递的信息我收到了。

观察了期许管理的种种问题,25 年前一位咨询师肯·布兰查德(Ken Blanchard)(又被称为一分钟经理),提出了"揪住他们做对的时候"的理论。布兰查德的观察所得是:积极反馈和纠正错误行为一样,对于促进好的行为有效。就像他所指出的那样,给某人表扬没有什么坏处。

圣诞老人在后座:寻找答案

在一分钟经理出现之前,这个世界上很多优秀的领导者很早就学会了这一点。一个例子是篮球教练拉里·布朗(Larry Brown),不但以他的成功的篮球教练生涯,而且以"积极教练"的践行者而闻名。以下是他讲述的关于如何给他的队员进行积极教练的方法:

当我在大学里做教练时,有学生做了研究论文。他们到我们练习场记录我的反馈,包括正面的和负面的。我的正面反馈和负面反馈的比例是 4 或 5 比 1,这个比例比其他教练都高。我有点惊讶,因为我感觉我一直在关注我的队员,我希望他们接受挑战,我也不担心变得严厉。但是你希望把他们身上好的部分释放出来。我最大的挑战,是让我的队员知道辅导和批评的不同。你得让他们理解你在使他们变得更好。

领导追随者很像在辅导一群球员,而正面反馈是有用的。但是正面反馈要做得好可不仅仅是说声"干得好"这么简单。

给出积极反馈

如果你相信给出积极反馈是一个好的管理实践,你想要给一个安全工作的员工进行表扬,你会怎么做?你可能简单地说:"干得不错",

“看上去很好”,“谢谢你安全工作”。然后还有把大拇指翘起来。这些当然是朝着正确的方向前进了一步,却没有提供积极强化的几个关键潜在好处。以下是三个原则,可以帮助正面反馈给未来的行为带来一些不同。

1. 描述行为要具体。最好的体育教练知道这个原则:当他们辅导运动员时,他们不是仅仅说“干得漂亮”,而是会描述选手的具体行为。高尔夫教练会告诉高尔夫球手,“把你的头放低”,没有必要把运动中的每一个正确细节讲出来,这也没有用。正向强化的作用体现在专注于几个你希望他做得对的动作。选择你的目标:如果你要改进对听力保护要求的遵从,当你看见他们戴好了耳塞,你就可以特别描述出来。

2. 要真诚。如果一个表扬不真诚,很容易被看穿。如果照着一个方程式去做积极反馈,可能会看起来很假。要避免这一点需要确保积极反馈是与这个具体的对象相关的。你将要做的正面强化里总能找到一些特别的方面:在这个任务执行过程中,当天的某个时间,执行任务时的环境,员工以往的工作记录,等等。在这个清理车间的情况下,如果员工遵守规定,你可以找到这样的特殊点:“这是个大热天,你在这里做清理工作,这种情况下你严格遵守个人防护装备安全规定,给车间里树立了一个好榜样!”反馈专注于员工个人,记住这一点能够确保你始终给出真挚的表扬。

3. 推销保持安全工作的后果。这一点看上去好像不需多说,但是在过去上百年的安全绩效改进努力影响之下,现场员工有时候会以为他们的安全工作是在帮老板的忙。结果,推销工作安全的精力常常被留在当看见人们不安全工作的时候。而为什么不向那些已经愿意接受的人进行推销呢?这样肯定不会有阻力。有什么要求需要遵守呢?“虽然这只是一个简单的清理工作,而你在室外工作,我们在室外工作上已经发生了太多的手部和眼部伤害案例。戴好你的个人防护装备吧,那样即使在意外发生的时候,你还能平平安安下班。”

改变态度是个自我驱动的过程

给出积极反馈的最好时机是当你看见这个行为的时候。有一个简单的开始对话的方法:告诉他们你为什么碰巧出现在那里。这一步和进行行为改正时一模一样。在强化好的行为时,先告知原因可以避免对方以为这只是一个关于工作进展的小对话。你可以在做出表扬之后再讨论工作的进展。最后,提醒员工相关的要求永远不会错,即使显然他们已经知道。

将这些原则按顺序排列起来就组成了一个简单的管理积极行为强化的对话的 5 步策略(SORRY):

1. Start　开场解释你为什么会在那里
2. Observation　具体描述你看见的正确的行为
3. Rquirement　重复安全进行这个工作的要求
4. Reinforce　真诚地表扬,以强化这个行为
5. You　推销如果人们安全工作的好处

这 5 个步骤和改正行为时所用的 5 个步骤很相似,只有一个不同:当你的追随者不安全工作时,要去问为什么。而当他们安全工作时,则不宜去问为什么:因为你可能对他们的回答感到失望。不要问,而是去强调这个好的行为。记住:强调行为是以他们为中心,而不是你。要强化的是那个人的正确行为,而不是如果不安全的话会发生什么。那是在强调后果。

下午 2:05 ,废料堆场

查理走近这两个员工,他们在专心整理零部件。他们抬头看见主管,很惊讶他这个时间出现在这里。查理对工作进展印象深刻,知道他们干得

很卖力。更重要的是，他们工作得很安全。于是查理开始对话。

“兄弟们，我正好过来看看工作进展，同时看一下现场的安全状况。我看到你们两个都戴好了安全帽、安全眼镜和手套。这恰好是我所期望的。

“我知道今天天气很热，你们要在室外做这个清理工作。你们遵守个人防护装备的要求给大家树立了一个好榜样。我真的很高兴，看见了我们的老员工和新员工一样，不但知道规定，而且养成了遵守规定的习惯。

“即使是一个清理工作，而你们在室外工作，过去几年在这个堆场上我们已经有了太多的手部和眼部伤害事故。做一个日常的普通工作时，人可能会处于自满状态，但如果我们不用心，伤害还是会来。戴好你的个人防护装备吧，那样即使在发生意外的情况下你也能平平安安下班。”

如果查理发现了这两位进行清理工作的员工有好的遵守行为，这个对话有可能这样进行。

要用5个步骤来做一个表扬看起来有点多，但是整个谈话也就在一分钟之内结束了。一分钟经理会很自豪的。

管理态度

当你看见不安全行为时，作为领导你有责任纠正它。当你看见安全的行为时，强化安全行为是一个很棒的领导实践。那么对于态度呢？

在绝大多数领导者的观念里，在安全管理中，态度和行为至少是同样重要。我见过数以千计的领导者充满激情地宣传态度比行为更加重要！而当你在组织中不断升迁时，这个信念会更加坚定。这大致解释了大家对于士气和态度的兴趣，对于民意调查的大量投入，以及墙上的各种宣传海报："SAFETY(安全)里的A代表态度！"

如果你也随着这部分人重视态度的作用，停一下，好好想一下几个关于管理态度的很棒的问题。毕竟，态度在领导者关于安全的严峻挑战这个清单中位于前列并不仅仅是凑巧。

- 态度为什么重要？
- 你如何管理——以及更重要的是改变——态度？
- 你怎么能知道别人的态度如何？
- 到底什么是"态度"？

这些问题反映了很多领导者怎样应对管理"态度"这个挑战：从终点开始——领导者需要什么，向起点反求——态度来自何处。讽刺的是，如果你反过来想这个态度问题——从起点到终点，可能会得出一个关于态度管理的完全不同的结论。所以让我们从这个路径来尝试一下应对这个严峻的安全挑战吧。

到底什么是"态度"？

每一个学习行为心理学的大一新生，在他们第一次单元测验里肯定都回答过态度这个词的定义。根据瑞士心理学家卡尔·荣格(Carl Jung)的定义，态度就是"时刻准备好以某种方式行事或应对的心态"。这样回答可以通过一个学校里的考试。态度可能反映了某人的生活经验导致的一些倾向，或代表了价值观、信仰、原则和假设的结合。但是，在生产现场，一个更加接地气的定义是："人们是如何想的。"

改善行为，态度会随之改变：军训

不管用什么定义……最重要的一点是，与行为不同，态度是不能被直接观察和测度的。态度存在于我们人类（或者还有少数其他物种）的心态之中。

这是一本写给领导者们的立足于实践的书，写给主管们和经理们，他们对安全管理负责。多数领导者确信态度是最重要的，所以我们不要把问题复杂化。如果态度就是“人们是怎么想的”，作为领导，你怎么知道你的人是怎么想的？

这不是一个小问题。恰恰相反：要管理一样东西，你首先需要能够测量它。通常我们使用民意调查问卷去测量人们怎样想。民意调查的设计是很复杂的，而安全调查则更加复杂，这些调查有时会误导。以下是一个例子可以帮助说明。考虑一下这两个常常出现在安全调查文件上的问题：

1. 我看见别人不必要地冒险时我会跟他说

极不同意　　部分不同意　　不确定　　部分同意　　强烈同意

2. 我的主管总是把安全放在生产、成本、质量和交付之上

极不同意　　部分不同意　　不确定　　部分同意　　强烈同意

“正确”答案是什么很明显：人们应该去干预，应该关心安全超过关心业务。但是正确或错误的答案能代表他们是怎么想的吗？或更重要的，他们在现场是这么做的吗？

假设你自己是回答问卷的人。假设他是一个尽职尽责的组织成员，想要做正确的事，而不是为了让某人显得好看。他可能会很好地回答这两个问题：他知道及时干预不安全行为是正确的，而他确实认为自己的老板是个好领导。所以他在告诉你“他认为他所想的”。

但是当真的到了需要决定是否进行干预的时候，他是否真的会采取行动？尽管有好的意愿，要真的去干预别人的行为是不简单的，不常见的，原因在上文已描述过。为了让人们能够去干预，各个公司投入了那么多的时间和精力在行为观察计划上。而对于第二个问题的回答代表了他的老板实际上的表现吗？或者只是一个感觉，基于“光环效应”：我的老板是个好人，所以他很可能会做正确的事。

当然，如果我们不相信人们在调查问卷上的所说代表了他们实际所做，以上就都不是问题。这种信念只是一个领导者的态度的例子。

一个尽职的员工是如此回答这些问题的。而那些不那么尽职的员工会怎么回答呢？他会怎么想，然后怎么答呢？可能性是无限的：

- 恼怒于一个久拖未决的安全问题，他决定给出“错误”的答案，给高级管理层一个信号——让高层找他主管的麻烦。

- 他决定给自己的老板难看可能会有机会换个新老板……一个不会常常逼着他戴上安全眼镜和安全帽的老板。

- 他从经验了解到，他的部门答卷分数好看的话就不容易惹那些总公司的人的注意。

- 他知道安全调查的高分会体现在下一个安全奖上。

你明白我要说什么了吧：人们在问卷调查里的回答可能是他们真实所想，也可能不是。而看调查结果的人怎么知道区别呢？业内人士告诉你他们能够翻译出结果然后告诉你“真相”。而有一个真相就是调查咨询是个非常赚钱的业务。

领导者们还有一个选择就是去问人们所想——并倾听他们的答案。这个办法很好，只要人们真的说出他们所想的话。

人们总是说出他们所想吗？不会的。你怎么知道他们所说的，是他们真实所想，还是他们希望你认为的他们所想？还是说他们根本不知道自己的真实所想？

无论情景如何，伟大的领导都会成功

马尔科姆·格拉德威尔(Malcolm Gladwell)在他的畅销书《决断2秒间》里很好地总结了这种情景。要了解人们是如何想的，这听起来很容易，但由于种种原因，这是极其困难的。主要是因为人们常常并不清楚自己脑子里在想些什么。

变化越多……

理查德·贝克哈德(Richard Beckhard)是麻省理工斯隆商学院的教授以及资深的管理顾问，我曾有幸和他相处过一天。在1970年代，当时航空业几起严重空难看上去都与驾驶舱沟通不畅有关。贝克哈德是被请去解决这个问题的顾问之一。

贝克哈德的天才是他有化繁为简的能力，把一个复杂问题简化成简单，可操作，可理解，以及可调整的概念。他的研究方法是什么？“你没有真正到那里去，怎么能够看见发生了什么？”他坐在飞机驾驶舱后座观察飞行，做大量的笔记。很棒的主意，尤其是对于一位在感恩节大游行中扮演过圣诞老人的家伙来说。想象一下圣诞老人扣好安全带坐在后座的样子吧。

作为一位人类行为的敏锐观察者，贝克哈德说他不反对改变态度能够解决行为的根源问题。但是那天他问我两个问题：“你怎么知道其他人是怎么想的？”以及，如果你知道，“你怎么去改变别人的想法？”

那次谈话过去了25年。

彼得·德鲁克这样描述管理态度的难题：“没有什么比它更难定义……难以改变。”这个内容在他1954年出版的《管理的实践》里可以找到。

如果一开始我们就不能精确地知道态度，怎么能够成功地改变它呢？权且假设你完全知道你的员工怎么想吧。你和你的员工并肩战斗，多年合作让你对他们非常了解，你的团队氛围非常开放，员工对你畅所欲言——不必通过调查问卷。那么你对他们的想法有多大的影响力呢？应该有一些，那么有多少呢？

有一个简单的办法找到这个问题的答案。试问自己一下，另一个人对你的态度有多大的影响力呢？你的回答要考虑诸多因素：那个人是谁，你和他的关系如何，关于什么事情的态度，你对这个事情的感觉如何，那个人用什么技巧对你施加影响，甚至你当时的情绪如何，等等。同样，这些因素，也许还有更多因素，在你影响他人态度时也会起作用。结论是，要产生显著影响很不容易。

那么还有另一个方法：遵循启蒙时期一个伟大哲人的忠告。18 世纪的约翰·洛克(John Locke)告诉我们："人的行为最好地解释了他的想法。"

另一条路径：管理行为

那么我们又回到了起点：为什么态度对领导者那么重要？答案很简单：态度驱动行为。态度对了，行动自然会跟上。还有，如果有了态度，安全的行为就会一直在，不论领导是在现场巡视还是在办公室里。理论上，这是最佳解决方式。而在实践上，那些花了很大精力管理和改变态度的领导者们很少看到明显效果。首先他们不能准确了解员工的态度，而就算他们能了解，要真正改变别人所想也很难。

如果你是一位领导，希望通过这种方式来改进安全绩效，你会大大地失望。在你等待态度改进的同时，你会持续看到糟糕的绩效以及糟糕的行为。

对于领导者来说，态度是重要的，但绩效是关键的

相比之下，管理行为则简单而且直接，对行为的辨认和解释不需要什么天才。我们可以看到具体行动：人们做了什么。行为可以直接被测量。行为受到后果管理的直接影响。如果你是一位忙碌的领导者，管理行为和后果意味着对你的时间和资源的非常有效的利用。你的工作已经很困难了，为什么还要让态度问题搞得更复杂呢？

我们描述的纠正和强化行为的模型是建立在行为和后果的基础上的。是的，态度驱动行为，但后果也会驱动行为。不论态度如何，当他们知道会收到积极后果时，他们会做正确的事（戴上耳塞能保护听力），当他们会收到消极后果时也会做正确的事（“如果不戴耳塞被看见了，老板会找我麻烦。”）积极的后果强化行为；消极后果改变未来的行为。这种关系会产生双向的作用。见图 8.1 和图 8.2。

行为、后果和态度之间的相互关系

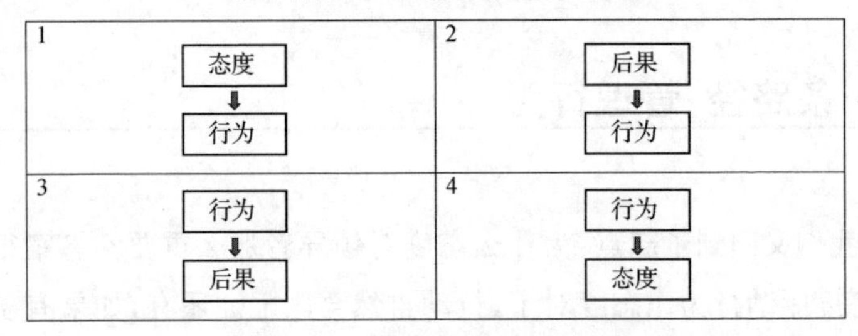

图 8.1　态度、行为和后果都是相互纠缠在一起的

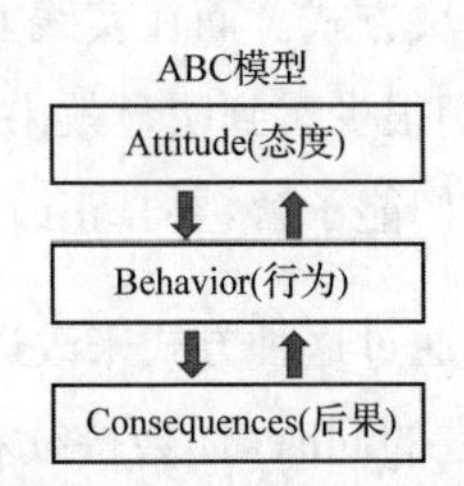

图 8.2　管理后果、驱动行为，最终改变态度

行为产生后果,而后果会调整行为,这不是什么新发现。这个逻辑支撑了绩效考评,报酬体系,安全奖励,以及惩戒政策的设计。但还有一个很多领导者没有意识到的联系:行为会改变态度。正如行为和后果之间的双向关系,行为和态度之间也有双向影响。行为可以决定态度,就像态度决定行为一样。

这背后的驱动力叫作认知不协调,是当你同时拥有相互冲突的信念的时候的一种不舒服的感觉。它是 1957 年被提出的概念,而这种现象自有人类以来就存在。在行为心理学家们之前,军方很早就发现了其中的奥妙。是的,新兵的态度对于他们作战效能是很重要的。但是,军方的长处在于管理行为,尤其是在新兵培训时。他们多年(或者几百年)磨炼出来的方法是,管理新兵的行为事无巨细,并且不停给他们的行为进行反馈。经过新兵训练的强化体验,新兵们最终调整他们的态度去匹配新的行为习惯,以消除自身认知不协调的感觉。经过短短几星期,清洁、整肃、时刻守纪已经成为这个 18 岁小伙子的重要部分,而之前他每天还需要母亲提醒 15 次去整理房间。

新兵营能够实现超乎想象的成果。在几周时间里,一群形形色色的新兵被赋予了一个新的身份,一套统一的价值观,以及一种截然不同的行为规范。新兵们迅速地消化吸收他们这个领域里几百年来传承下来的价值观和传统。新兵营的模型显示了当行为被管理好的时候,人们会调整态度以适应行为。

我不是在建议你们公司也搞这一套。因为刚开始的时候通常不会有什么好的反馈,而且工业领域里的领导者们通常也没有那么多非志愿的观众。但是你们可以从军方学习这些先进经验,利用他们的智慧:不是司令官在新兵营第一天的演讲造就了这些陆战队员,而是来自系统内每个人每天持续不断的压力塑造并影响了他们的行为。反过来,这些作用在行为之上的持续而强大的压力创造了所需的态度。

这个模型对军队有用,对你们也有用。

第 9 章

好问题的力量

让你的问题担起重荷。

——拉里·博西迪(Larry Bossidy)

彼得·德鲁克描述领导力是“使平凡人做不平凡的事”。而涉及安全,不平凡的事就是:让人们做的比他们自己做的还要安全得多。要达到这个水平的表现是一个艰巨的工作,需要领导者投入大量的时间和精力。一个减少领导者所需精力投入或者获得更大回报的办法是,找到一个撬动的杠杆。省力机械的原理是古老而基本的物理原理。在管理上应用这种原理就是去提问。

逼着他们去认真检视手头的事情

老板们总是在问问题。“我们生产了多少产品?”“为什么 6 号线停了下来?”“给 ACME 的订单发货了没?”这些问题是在获取信息。领导者们需要获得各种信息,但通过提问去获得信息和通过提问去领导是不同的。苏格拉底理解这两者的不同。“我不会教人们任何事,我只会让他们思考。”苏格拉底通过提问让人们思考。问的不是那些很容易回答的是或否的问题,而是一些很难的、启发思考的问题。这些问题会促使人们对手头的事情进行彻底的检视,并有可能会调整人们的观念。这种方法太好用了,以至于 2 500 年之后人们还在津津乐道。

一个问题的力量

想一想如果你问了一个启迪思考的问题,会发生什么。比如在安全上,你问:“过去 24 小时你们在冒的最大风险是什么?”

当被问到这样的问题,人们会不由自主地思考这个课题。他会开始回顾过去一天做了什么。然后他会按照他的风险分析方式评估这些活动。他会列一个清单,然后根据他的经验列出那些他认为有风险的事项。虽然他也许不太确定风险到底指的是什么,但最后他还是会给出他的回答。

所有这些也许发生在眨眼之间:人们甚至并没有意识到他头脑里发生了这么多的事。一个简单的问题让一个人投入并且思考某个话题。在这个过程里,包括了分析、反思、发现和评价。这个过程中可能会产生一个观点,也可能会改变一个观点。

回顾这个流程,你会开始认识到一个好问题的强大威力。这就是一个好问题可以产生的杠杆作用。是的,你可以说出你认为的答案:“统计显示,开车上班是你一天中遇到的最大风险。”对方可能会争辩,他是骑车上班的。但就算是他认同你的答案,他也会像是他自己得出的结论一样。这就是好问题这个方法的精彩之处,苏格拉底在几千年前发现了这一点。而太阳底下没有新鲜事。

在管理安全绩效时,问对一个问题可以让人们投入其中,思考他们在做什么,专注于手头的任务以及所有的领导要面临的安全的挑战。

如果通过提问来管理那么有效,那么这种方法应该被很普遍地应用吧。但是很奇怪的,在安全管理实践中,大家普遍都忽视了提问这个宝贵工具。为什么是这样?其实不难弄清楚。通过提问来领导需要领导者愿意:

- 倾听别人所说
- 听得进他不愿意听的
- 传递一个信息:作为领导他并不知道所有问题的答案
- 投入宝贵的时间和员工对话

当然,通过提问来领导需要领导者放下自己的矜持去调查,去倾听。试试从另外一个角度看这个问题吧。每个领导者都是另一个领导者的追随者。在企业里工作了40多年,我还没有见过哪个领导者不认为自己没什么重要想法要说给自己的老板听的——只要老板愿意花时间听的话。20世纪最伟大的管理咨询大师彼得·德鲁克说过:“我作为顾问最大的能力就是变得无知,多问几个问题。”

德鲁克很聪明,他知道让他的问题帮他挑起重担。

问更好的问题

像我们描述的其他方法一样,通过提问来领导看起来容易。而当你去试试看就知道,这往往看起来容易,实际上不容易。既然提问是一种有用的领导工具,那么有必要花一些宝贵的资源——你的时间来理解一下什么是好的问题,以及为什么有些问题比其他问题好得多。一旦你理解了组成好问题的简单要素,花点时间练习去忘记一些你已经熟练的技巧,你会发现提问是最容易也最好的领导方法之一。

“是,不是”回答的是一类错误的问题

目的第一:通过提问引导开始于一个特定的目的或目标。你提问不是简单地收集信息或是叨扰别人。你是带着目的提问的,这个

目的也许是让人们停下来，反思一下有何风险，并且更好地应对他们面临的真实风险。带着这个目的你问："过去 24 小时你们在冒的最大风险是什么？"如果你遇到了违反安全规定的行为，例如没有按要求佩戴耳塞。你问："为什么你没有佩戴耳塞？"这个问题有几个目的，但是主要的目的是让对方想一想他没有遵守安全规定的原因。

听众第二：有了目的，总要有合适的听众。有的问题可以问任何人：比如关于工作中的最大风险这样的问题就可以问组织里的任何人，从收发室到总经办。而有的问题则是面对比较窄的听众群体。你可能会问管道工："你在进行管线断开之前锁错管线的可能性有多大？"也可能问一个电工："就算你关了这个开关，还可能有什么电力来源进入你要拆的这台泵？"这两个问题里描述的情景都会导致严重伤害，他们两个很容易想象得到。

目的和听众是相辅相成的：每个问题都有合适的听众，每个听众都有其特定的兴趣和需求。接下来谈问题本身。

问题第三：我们都经常提问。如果你认真研究我们平时的那些提问以及回答，你会发现一个模式。看看下面同一个问题的三个版本：

- "你是否知道怎样给这个卡车轮胎查胎压？"
- "你最近一次给这个卡车查胎压是什么时候？"
- "你有哪些方法可以确定这个卡车的胎压是否正确？"

乍一看这好像是换了三种方式问同一个问题，但是不同的措辞会引导出完全不同的答案。这意味着它们是完全不同的三个问题。

这问题的第一个版本以"是否"开头。"你是否知道怎样给这个卡车轮胎确定正确的胎压？"听者只会回答"是"或"不是"，不论他是否知道如何确定合适的胎压。想象一下这个情景：提问者和回答者在远离市镇的马路边，看着卡车的前轮胎，轮胎显然有些瘪。这种情况下你可以肯定,提问的人不是想要一个“是/不是”的答案。他是希望看到车里有一个胎压表!

理论上说,这种形式的问题被叫作封闭性问题——它们寻求“是”或“不是”的答案。有时会需要封闭性问题,但这种问题通常浪费时间。当你的问题只希望得到“是”或“不是”的答案时,你在承担更重的负担,得到更少的回报。领导者们常常这么问是出于一种习惯,不是故意的,当然,不会得到太多有帮助的答案。

接下来是一个寻求一些具体信息的问题。我们把这种问题叫作直接问题。通常这些问题是用来收集信息的。“你最近一次检测这个卡车的胎压是什么时候?”

对这类问题有一个非常具体和明确的答案。这个答案可以是“上个星期五”,或更准确的是“我不记得了”。直接问题是开放式的,但这种问题通常只有一个正确答案。每个人都知道这一点。人们会回答这些问题——如果他知道答案会自信地回答,如果不确定他会羞怯地回答。“受限空间进入有些什么要求呢?”是一个直接问题。直接问题比第一种问题更好,但它还不是领导者能问出的最好的问题。

接下来就是很棒的问题,如表 9.1 所示。

表 9.1　很棒的问题及其关键词

谁	人员
什么	具体的事物
何时	时间
何地	地点
为什么	理由,判断,结论
怎样	方式,方法,手段

很棒的问题

就像挂着诱人鱼饵的钓鱼钩，很棒的问题会吸引谈话对象参与。“你能想到有哪些方法可以确定这个卡车的胎压是否正确？”人们会想要回答这个问题。在回答的过程中，各种好的现象出现了：他们会运用知识，评估可能性，甚至可能想出一个你想不到的方法。回答这个问题的过程影响了他们的思考：他们会从中学习到一些，或者找到某个新的结论。开放式的问题寻求的是一个完整的答案，对于引出一个对话很关键。让问题来帮你撬起重荷吧。

“你还有什么要说的吗？”敞开大门

好的问题都是开放式的——用“谁、什么、何时、何地、怎样、为什么”等引导词开头。这些关键词都指向某个特定的方向。由“谁”开头的问句指向人；“什么”指向具体的事物；“怎样”指向方式和方法；“何时”和“何地”指向具体的时间和地点。“为什么”将听众引导到判断、动机和理由等方面。

措辞真的很重要。稍稍对问句做一些措辞的调整就可以变成一个很棒的问题。“你的轮胎的正确胎压应该是多少？”可以改成：“你怎么确定你车上轮胎的胎压是否合适呢？”或者改成以下的某个问法。

“充气不足对于轮胎的性能有什么影响呢？”

“充气不足的轮胎对于车辆的维护有什么影响？”

“你认为有哪些方法可以确定轮胎已经正确充气？”

一个问题如何措辞也会影响到多大可能得到回答。成人不喜欢出错，尤其是在领导和同事面前。当有人问他们一个直接的问题——

应该有一个具体和正确的答案——如果他们不确定时他们会不太愿意回答。如果问"问一个很棒的问题的三个步骤是什么?"你会听到只有那些确信他们知道答案的人回答这个问题。如果没有人肯定,那种沉默是很难堪的。

把你的问题改得容易回答一些。你可以问:"要问一个很棒的问题有些什么步骤啊?"这个版本不需要全部的答案。询问别人的意见总是很安全的。所以像"你怎么想……"或者"在你看来……"之类的问题会比那些需要一个特定答案的问题容易得到回答。在一个调查访谈快结束的时候,一个最好的问题常常是:"关于这个问题你还有什么想告诉我的?"某些人还守着些宝贵的信息——但如果你不问他们是不会说的——这些信息可能会给你惊喜。

对他们和你自己都要有一点耐心。给他们时间消化这个问题并组织他们的答案。可以试试在你要说下一句之前在心里默数 10 个数。如果你确定有个很棒的问题,反复问它。在团队里,有的人会收到这个暗示。你可能需要学会忘记一直以来养成的问封闭式问题的习惯。要问一些更好的问题需要你有意识地注意自己的措辞。如果你问了:"有人有问题吗?"别迟疑,马上纠正你自己:"我是说:'谁还有问题呢?'"

要正确地提问需要一些准备和一些练习。在问好问题的技术形成习惯之前,有一个好办法是提前把要问的问题写下来。事实上,无论你提问的技巧有多好,事先准备都是一个好办法。

当他们开始回答你的问题时,想想这个威力吧:他们在谈论你想要他们谈论的事情;你在领导,他们在跟随;而且每个人都在分担。提问可以帮你抬起重荷。

最后,注意对方对你的问题的回答。这叫作共情倾听,但无外乎注意对方所说。对方值得你倾听。而且倾听对方所说是为你自己好。毕竟,这是你在进行掘金——信息探寻。

第 10 章

怎样管理变更

我们的职责不是问为什么，我们的职责是鞠躬尽瘁死而后已。

——丁尼生(Lord Tennyson)

周二上午 8:15，部门会议

生产部的主管们和专员们聚集在会议室，他们的部门经理坐在会议桌的一端主持会议。经理开始讲话："大家注意了，有个坏消息，咱们全球总部的领导们又来瞎折腾了，好像我们的变更还不够多似的，现在他们又要求我们在公司停车场遵守新规定了。从今天开始，我们停车都要求倒车入库。这还不够，我们还得在车门上贴标志提醒自己上车出发之前绕车一周。"

"你别问他们推出这些规定时是怎么想的，也别急着跟我抱怨，我跟你们一样不爽。但是他们在宣布这个变化之前也没人和我沟通过。最近的事情都是这个德行。大家有没有什么问题啊？"

工作中经常需要沟通传达这种政策和程序的改变。在我们大多数人的职业生涯中的某个时间，都有可能需要把一个新政策向下传达沟通。我们中的很多人做过类似的讲话。很容易理解他们为什么会这样讲。你还记得最近一次给你的部门宣布了新安全政策而他们鼓掌欢迎是什么时候吗？

别总是指望这种情况会发生。

更有可能听到的群众反馈是对于这个变更的抱怨，经常是以问题的形式出现:“他们什么时候会不再老是修改程序啊?没人知道这会让我们的工作变困难吗?为什么他们就不能让我们安安生生地做我们自己的工作呢?”

当然,作为领导,你很容易理解他们顾虑的是什么:因为你自己想的很可能和他们一模一样。你是负责落实变更的人,而不是制定政策的人,那些制定政策的人很可能事先没有找你商量。

推行这些政策遇到阻力时,如果你想到什么就说什么的话,有时会把事情变糟:“我知道你们对这些改变都不爽,但以后变化只会越来越快。新政策确实增加了我们工作的复杂度。我不认为以后这些关于我们怎么工作的决定会经过我们的讨论。”

改变:永远都会有……而现在轮到你去推销它

当你向下级沟通变更的时候,很容易感觉像是领着轻骑兵去冲锋一样,觉得只要任其自由发挥,就可以从中幸存下来。但我们都知道,那是不可能的。

但是请记住,沟通一个安全政策或程序的变更,是一个高影响力时刻。这是领导者的一个最重要的任务,把握住变更管理中的这一个重要环节非常关键。

在一开始

你可以在每个企业的运营部门找到大量的安全政策和程序,追溯其每一个的源头——坠落保护规定、安全帽、安全眼镜的规定,甚至手机使用和车辆停车的规定——都会找到一起悲剧,车间里的某个人流过血。

当组织里有人提出一条新的安全政策，或者修改一条现有政策，很大可能是对又一个人的不幸做出的反应。某件不幸的事发生了，而这个变更的最终目标——像每一个其他安全政策和程序一样——是为了预防其再次发生。这永远是一个高尚的目标。

但每一个政策和程序的变更都意味着改变某个工作方法。一个政策变了，行为也随之变化：人们可以在哪里接手机，必须怎样停车，如何隔离一台设备，等等。这些都是主管们对于变更管理能产生直接重要影响的地方。

把一个新的或修订的安全政策和程序变成工作流程，涉及三个基本步骤。

1. 确定是否需要一个新的或修订的程序。

2. 提出一个变更建议。这是一大步，包括很多小步骤，比如从专家处获取建议，以及进行小范围试验。

3. 建议的变更送交领导批准。在最终批准前，这只是个建议。一旦批准，新的政策就被分发并要求执行。见图 10.1。

程序变更流程的三个步骤

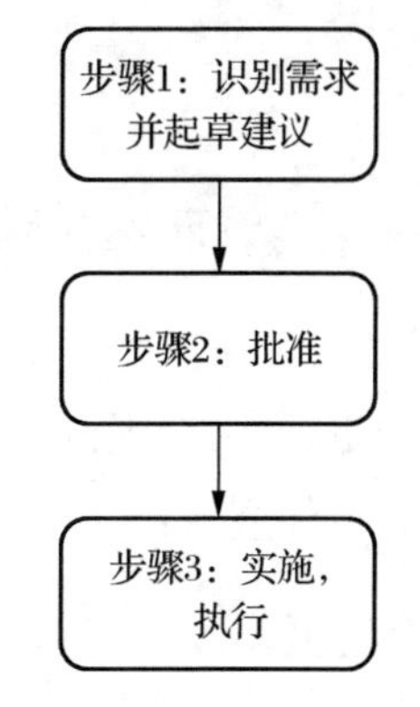

图 10.1　在程序变更的三个步骤中，最后一步执行是最重要的

尽管以上三个步骤都是必要的，但最重要的步骤是执行。在“执行”

这个步骤发生了真正的改变,纸面上的政策被转化成行动——工作实现的方式发生变化。这赋予了主管们最重要的角色。新的政策或程序要成为现实,必须要让工作的方式和人们的行为发生改变。执行环节的成败决定了一个变更实施的成功程度。

在管理变更的过程中,主管总是面临一个很明显的问题:阻力。阻力源于多方面。对于政策的变化而言,阻力是一种人类对于别人强加的改变做出的本能反应。对安全程序的变化而言,这个变更是由批准变更的经理们强加的,批准这个程序的人认为这是个好主意;但这改变不了这个变更要强加给别人的事实。与其把阻力看成不好的东西,不如认可它是变更过程中的一个正常部分,并准备应对它。这是现实。

你的使命:执行

在沟通变更中,你的基本目标是为了合规。会议结束后,当你的人回到工作岗位时,他们都理解了这个变更,并认同这个改变,这就是执行。你离这个目标更近,你的工作就更容易。你的团队离这个目标越远,你的工作就越困难。

最好是推销,而不是强制

让人们接受、认同并落实变更,是一个艰巨的挑战。如果遵循以下两条常识性规则,员工会更有可能遵从:

1. 解释为什么要进行这个变更。

2. 确定如何实现对于新要求的合规。

很容易理解为什么要解释原因:对成年人来说,一旦理解了为什么需要变更之后,就更容易去顺应这个变化。小朋友通常会按照父母所说去做,但当他们长大后就会要求知道原因。从这个角度讲这也是个好消息:当政策改变牵涉到安全,变更的原因会帮你推销这个政策。因为你可以在一些事故里找到这些原因,而这个改变的目的是预防同样的事发生在我们身上。

所以,第一个原则就是首先搞清楚为什么要做这个变更——并能够向别人解释。如果手机使用政策改变是因为一个司机使用手机而分心驾驶出了事故,告诉大家,这样可以大大提高人们接受这个变更的可能性。

很遗憾,一个政策出台的时候常常没有告诉大家为什么。在政策文本里写出其出台的原因是很有价值的。特雷弗·克莱茨(Trevor Kletz),一位工艺事故历史研究家,发现了同类的事故常常以大约 25 年的周期在重复发生。为什么是 25 年? 因为每经过大约 25 年,那些曾经经历过事故——吸取过教训——的员工基本上都离开了。结果下一代员工要用同样痛苦的方式收获同样的教训。克莱茨说:“组织没有记忆,而人有记忆。”这是另一个把原因写在改变的政策和程序里的好处。

而如果程序里没有写明原因,花点时间找出来。这个原因通常不是秘密,也没那么复杂。有时人们觉得原因太明显不需要太多沟通,不要落入那个假设:即使是明显的原因也要向你的团队指出来。

如果你有所准备,阻力就变得容易应对。当政策改变时,遇到阻力往往是因为这个变更是别人强加的。对变更的抱怨也表达了群众的一种希望:管理层会因为足够多的抱怨而收回成命。这种机会是很少的,当然,还是拦不住大家去抱怨。

有时候人们抱怨一个变更不但是希望留在过去,更多的是对于未来有一些合理的疑问。一个政策变更意味着工作方式的变化。每个政策变化意味着行为要变,而通常从旧的行为变到新的行为会有很多问题。送货司机通常一边开车一边用手机和收货人联系,销售人员通常在驾车时和他们的客户通话,现在他们都不能这么做了。

当这些问题被提出的时候,这听起来像是阻力,尤其是当提问者再发挥一下,说"批准这个变更的领导脑子一定是进水了"的时候。但实际上,所有这些问题不是阻力,这些是好消息!

站在提问者角度考虑,他实际上已经进了一步——开始接受这个改变了!现在他已经在思考在新的政策下会是怎样了。这个改变会导致问题吗?当然。但当他提出这种担忧时,实际上已经在告诉你,他已经迈入未来了。不仅如此,他已经准备帮助你去执行:他在告诉你需要应对什么问题。这样问你的人事实上已经在考虑新政策实施后是怎样的,而且在帮你想对策了。

不要等到在会议上去听取反对意见和问题。你了解你的属下,很可能你可以事先预料到他们对这个变更做些什么反应。花点时间想想他们会怎样反对,提出怎样的问题:通常会有一些非常合乎逻辑的答复。如果他们说:"这个变更会提高我们的成本,赶走我们的客户。"很显然的回答是关于安全的理由:"想想有没有什么业务目标值得我们去受伤,或者牺牲性命?"

落实使得变更成为现实

稍稍地准备——知道政策为什么会变,并对必然的阻力做好准备——可以很好地帮助我们获得认同并执行这个变更。那么怎样开始这个讨论呢?

在开始沟通变更时使用免责条款,"我们的领导又来那一套了"。这看起来好像是一个诚实的做法,但是,告诉你的员工你一点也不喜欢这个变更,并不会帮你获得支持。它往往会有反面作用,让你们去执行的工作变得更难。所以,不管你多么想批评这个政策,最好把这些想法留在你自己脑子里。

当然,如果你知道这个变更的原因,很可能你会支持它。在一开始解释这个改变的原因是聪明的策略:“上周城里发生了一起严重事故,一个货运公司的司机在开车时使用手机,手机滑落在驾驶室地面上,他低头去拿的时候没有注意到一个 5 岁的小孩正在过马路。因为这个惨剧,我们现在需要改变驾驶中使用手机的政策。”

另一个方式是用一个很棒的问题引出讨论。这类问题总是有一个目的,而这个目的不是为了获取信息,而是为了引导。对于新政策,这个目的就是获得大家对于政策变革的支持。以手机政策沟通为例,一个很棒的问题可以是:“当你在马路上走,看见别的司机在一边开车一边打电话,你会怎么想?”这样的问题是为了激发一个讨论,而大家分享的个人经验显然会突显这个变革的必要性。这类问题会自动帮你担起重荷。

最后,给出解释并说明了政策,了解了反对意见,并回答了主要问题,是时候结束推销了。记住:你的目标是执行,这意味着要求人们离开后都能理解要求是什么并且愿意去改变。那么你该说些什么呢?

在开会前就准备好你的结束语是个好办法。你可以以树桩演讲的形式给出一个提醒安全的结束语:“我知道我说过很多次,但没有什么比我们能平平安安下班更重要。类似这样的事故再一次提醒了我们这一点。”你可以提醒并要求大家遵守,并且你自己也会带头遵守,没有什么能代替以身作则。承认变更会给工作带来影响,这样可以帮助大家准备好应对那些未知的影响。

你个人对于变更的支持是关键。多年以来许多领导者在他们的个人观点上选择中性立场:众所周知变更的决定不是主管所做,如果他喜欢这个变更时要告诉大家的话,那么他不喜欢这个变更的时候也应该让大家知道,这样还不如把自己的倾向保持沉默,对吧?

这样做你会错过施加影响的机会。各项研究显示,在所有管理层级中,员工最信任的是直接的一线主管们。主管怎么想会在很大程度上影响他的员工。在安全政策的问题上,主管往往会认为变更是有益的。

那么,告诉你的员工你是怎么想的,发挥你的可信度和影响力:这样做可以将一些犹疑不定的人争取过来。在少数你不太认同的变更上,保留自己的意见,告诉你的员工:“我怎么想这个新政策真的不重要。现在的问题是,我们怎么让这个新政策发挥作用。”他们会感觉出你对于这个变更并不很积极,但是他们对你执行变更的承诺不会有任何怀疑。

要关注于新政策生效之后的未来。“我们能做些什么使这个新政策发挥作用?”问这个问题是突破阻力的一个好办法,可以让人们不再纠结于为什么改变,而是想着如何去让改变发生。向团队收集点子和问题,然后根据需要安排后续行动。需要填新的表格吗?需要得到更多的许可证批准吗?需要增加检查吗?需要哪些设备?谁需要被培训?什么时候培训?等等。

许多新政策会跟着一个样本文书:“对本政策的蓄意违反会导致纪律处分,最严重者可能被开除。”最好让人们知道真相:不遵守会有严重后果。有些后果是行政上的:口头警告,书面训诫,留职查看,或最严重的纪律后果——开除。当然,这些后果只有在管理层发现了,并且愿意强化这个纪律的时候起作用。

考虑一下如果没有遵守纪律还有另外一种潜在后果吧。假设不遵守纪律会导致一个严重伤害,或更糟——死亡:比如在刚才这个例子里,送货司机弯下腰拾起手机,然后抬头看见撞死了一个小孩。这种情况比一个行政处分后果严重得多。

有效沟通行政后果真的是一个关键的问题。是的，一个人如果违反政策被发现，他可能有麻烦。但你认为那个司机在他的余生将如何面对他所犯下的错误？难道你不认为他会宁愿在发生事故的前一天收到一个训诫书——以制止他开车时用手机？

如果你的团队认同了这个新政策，执行起来就容易得多。记住，如果没有必要，你不会希望花时间在强制遵守的模式。如果你采取以下这些符合常识的做法，合规的概率会大大提高。

- 解释变更的原因
  - ■ 找出变更的原因
  - ■ 先介绍原因再介绍变更
  - ■ 预期会有阻力
  - ■ 在沟通变更之前识别阻力的来源
- 决定如何去实现新要求的遵守
  - ■ 承认政策改变后工作会变
  - ■ 确定变更给工作带来的改变
  - ■ 解决问题以使改变发生
  - ■ 以言行促进合规，言——口头支持；行——以身作则。
- 最后，不要忘了管理层指望你去完全地成功地落实这个变更。这就是为什么你在变更管理中的角色比任何人都重要。

第 11 章

怎样管理责任

是的，裁判组要负全责，他们必须接受惩罚。

——竞赛委员会主席

在一次重要的大学橄榄球比赛中，在最后的关键几分钟里，裁判犯了不止一个关键性错误。于是，竞赛委员会主席愤怒地说出以上的话。管理安全绩效的人，经常会提到“负责任”。每个人都知道“负责任”有多么重要，但如果你问一个领导者：“负责任到底是什么意思?”或者：“你怎样让人们承担责任?”你会发现不是那么容易回答。

上午 10:40，经理会议室

鉴于事故的严重性——有可能造成伤亡——总经理从总部飞来参加事故调查。这个从十点开始的会议已接近尾声。而总经理在整个会议中一直没有吭声，现在准备说话了。

“我来看看我有没有没听错。这两位维修工在断开管线之前，知道他们应该怎样安全工作。负责现场监护的人员也知道这一点。这些要求都写在工作安全分析上了——他们收到了也签字确认了。但是，维修工和监护人没有遵守这些规定。而操作工检查工作的时候发现了这一点，但他什么也没说；技术员到现场也发现了这个问题，同样什么也没说。是这样吗?”

工厂管理团队成员都点了点头。

“所以你们告诉我有五个员工知道在做错事，但没有一个人在管线断开前说点什么或是做点什么？是吗？”

会议室里一片尴尬的沉默。总经理用残酷而平实的语句正确地总结了这个事故的性质。最后，承包商管理员说：“一点不错，先生，真的没有任何借口。”

总经理回答：“这事绝对可能是个灾难，要有人承担负责。”

没有人反对总经理的结论。但他还是问出了大家不希望听到的问题：“既然是这样，你们准备怎样来让他们承担责任呢？”

没有找到指纹？不要惊讶

一个大大小小的事故背后总能找到人为的因素，天灾除外。如果是人的错，总会牵涉到需要有人承担责任的问题。那些管理好安全责任的企业往往有着好的安全表现，这并不是偶然的。但责任到底意味着什么？或者说让某人负责任到底意味着什么？每一位负责管理安全的领导都应该好好回答这两个问题。

理解问责制

负责这个术语应用广泛：学生要对他们的分数负责；老师和学校要对学生考试的表现负责；政府要对纳税人的钱负责；橄榄球运动员比赛打得不好要承担责任；公司业绩不如预期，最高管理层要承担责任；员工需要对自己的安全负责。

出了事故人们谈论责任时带有恼恨是很正常的。在橄榄球比赛最后两分钟裁判做出一两个误判——错误地导致另一个队追上并反超——竞赛委员会主席在赛后会对记者说:“是的,裁判组要负全责,他们要受到惩罚。”误判的受害一方听到以后可能会得到安慰,但最终的比分不会改变。他们因为别人的错误而遭受损失。

而成功时,往往不提问责。“让我们去庆祝游行,向那些力挽狂澜赢了这场比赛的人致敬吧!”这也从另一方面解释了向某人问责往往意味着惩罚。大多数关于责任的公开强调实际上反映了后果的缺乏:学校培养出了通不过考试的学生,但老师和校长还照样加工资;一个官员没有尽职,但还是继续升迁;签约球员没有好好表现,但不能被裁也不能坐冷板凳。

“缺乏问责”描述的是:缺少应有的后果,那些不好好表现的人身上并没有发生什么不好的后果。事实上,这种不好的表现实际上得到的是奖励,而不是惩罚:学生翘课、不学习,但能毕业;老师不用心教,还能得到加薪;官员不尽职还能被升迁,难怪人们会生气。

再进一步看,责任和后果紧密联系,又各有区别。想想责任这个词吧,负有责任和被问责是一个意思吗?

在一本好的词典里,责任(Responsibility)这个词有一长串定义,其中有一条是被问责(Accountable)。但是,当谈到失败——事情出了差错——这并不是区分这两个术语定义的最好方法。当一个事故发生时,对于负有责任的人,更合适的定义是他是事件的“原因”或“动因”。如果一个事故背后有人的因素,那么那些导致这个事故发生的人是有责任的(Responsible)。

你不可能将做某项工作和对某项工作负有责任这两者彻底区分开来。于是主管们开始使用问责(Accountable)这个词——或者像竞赛委员会主席那样疯狂地用惩罚这个词。作为领导,当你要用这些词之前,最好确切地理解这个词的意思。

负责这个词谈的是原因和产生的后果。当有事情出错了,总会有个原因，也会产生影响。惩罚就是一个影响，目的是防止人们再次犯同样的错误，就像竞赛委员会主席那样，立即公开惩罚，领导者和追随者都随时关注着作为基本后果的惩罚。但惩罚往往是最不重要的一种后果。

想想那些球员以及观众、忠心的粉丝们。他们宣泄情绪，涕泪横流，接下来几年都会不停地说："那个黑哨偷走了我们的胜利。"对那些在激烈比赛中做出错误判断的裁判进行惩罚是合适的，也许是必须的，但是这无法改变一个更加根本性的后果：真正的优胜者没有赢。

你可以授权，但不能授予职责

不管怎样，比赛结束了，这仅仅是场橄榄球赛而已，比赛完了生活照常。但是，如果是安全上的问题呢？

让我们从后果开始往前推，一个事故发生时，最严重的后果涉及：人的性命，对家庭生计的影响，对于朋友、同事甚至主管的影响，也许会伤害设备、影响客户、损失收入。一起重大事故会对公司或者所在的城市产生长久深刻的影响。除非这个事故是天灾造成的，否则在这个事故背后总有些人的因素。事故调查会发现这个原因，也许会导致产生新的纪律措施。但是这个纪律措施与其他后果相比是苍白无力的。

责任和后果只是另一种描述原因结果的方法。一件事发生了——或好或坏——原因造成了结果。那么问责在哪里？问责有用吗？

绝对有用！请参考图 11.1。

问责意味着"让人对某事承担责任；有责任去报账或解释"。这个定义源自圣经：在最后审判日，每个人都需要交出记录这一生行为的账本。在商业上，账本显示了钱从哪里赚来，被花到了哪里，还剩下多少。会计不是花钱的人，他们只是跟踪钱去了哪里。

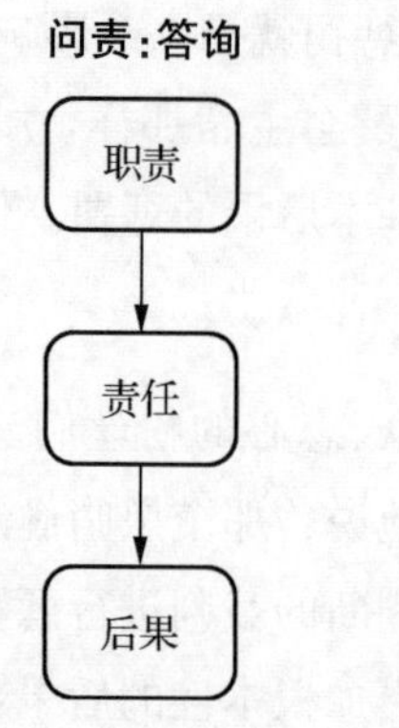

图 11.1 职责、责任和后果是三个不同的东西,重点在管理层要使人承担责任

而问责则是在提供答案。在任何事故发生后,总是有很多问题需要回答。最基本的一个问题是"这是怎么发生的?"如果没人问这种问题,就吸取不到任何教训。如果问责制意味着要提供答案,那么就需要去问一些问题。

谁去问这些问题?是主管。谁来回答这些问题?对这个后果有责任的人。这就是为什么问责制这个词前面要加上问这个字。要问责,就是要让人承担责任,所以管理问责就是老板的责任。如果主管不提问,有责任的人就不会被问责。

在新闻发布会之前,竞赛委员会主席还有一件事没做:他没有去更衣室向裁判组问一些应该问的问题。不是说问了问题后他就不会惩罚他们,而是因为他只是个人,容易因为冲动错误问责。

这又回到了后果的问题了。后果这个词有两个不同的含义。第一个:行动导致后果,或好或坏的后果。在本章开头案例的事故调查中,五个员工的行为导致了一个非常严重事故的潜在后果。不管管理层在事故后做了或没做什么,这个事故的后果已经存在了。

第二个,后果和纪律措施有关。问责的定义——"有义务提供解释"——把后果和责任承担一一对应起来。如果主管对员工的解释不满意，那么就要做些什么以防止再次发生。所以一个失败带来后果：比如有人受伤。而为了预防同样的事再次发生，需要给有责任的人员以某种形式的后果，例如，辅导和训诫。

“我承担全部责任”可能有很多不同含义

当某件事出错了（或是做对了），会用到三个术语：

责任：原因——谁的行为造成了这个状况？

问责：解释——要对哪些事情进行解释？

后果：结果——因为一个行为而随后发生了什么？

第一和第三个术语——谁有职责以及什么样的后果——大多是个事实。一些事发生了，后果是已知的，而且肯定是有可能找到原因的，所以他们是原因和结果。而管理问责——让某人承担责任——则与另两者不同，仅仅是问一些应该问的问题。

管理责任

企业中的大多数工作人员都希望把工作做对，而且尽他们所能把工作做到最好。但作为正常人，他们有时候会表现不佳。那么，在问题发生的时候，处理人和问题时最好都一直记住这一点。但你还是要处理他们。人们需要理解他们的行为是怎样导致问题出现的，这样，在未来就能有所不同。否则，你会看到同样的一幕反复上演。

这个问题可以很简单，例如，某人没有按要求佩戴个人防护装备。第 8 章“行为、后果和态度”给出了一个在现场与员工讨论不安全行为的流程。这个流程里的各个步骤，反映了对于管理问责很关键的一些要素：描述行为，与要求相比较，通过提问找出行为背后的动机，将后果展现在对方面前。

这个方法适用于这个情形：你亲眼看见了，这个行为不严重，而且这个行为适合被当场纠正。但日常工作中并不总是这些简单的事。有时候你在一个问题发生很久之后才知道。例如，一个审核当中发现了有张许可证没有按照程序要求签批，而你只能在几天之后才处理这起违反规则事件。有时候你无法立即去处理某些问题，就像竞赛委员会主席，在误判的时候他只能在看台上看着。或者有时你只有在这个问题产生后果，并在调查完成之后才知道真相。

处理这件事，否则同样的问题会反复发生

一次面对面谈话的效果是神奇的。请记住问责制意味着可答复——以你的问题为先，以问题为中心——并倾听答案。但这些问题的提出应该有合适的时间和场合——很可能不应该是在危机的过程中，或是全世界面前，或是在一个事故调查之中。

你可能要换种思路。毕竟调查是为了查出哪里出错了，一个好的调查基于那些基本的问题：何人，何时，何地，何事，为何，以及如何。如果问责是去提问，难道这些不都是好问题吗？

不一定。问责和理解出了什么错，都需要提出关于错误的问题。两者都需要理解问题的原因，认识并纠正后果。但一个典型的事故调查在发现了所有事实之后会停下。很多人认为这时就要有纪律措施了。有时是的，但是要向某人问责，需要在理解人员行为因素方面进一步挖掘。某种意义上，这是一个对良知的探寻。当所有事实都发现后，有的人要开始认真审视自己的良心了。

在我们的日常语言中，“你是怎么想的？”已经演变成了一个攻击性问

题:问的人已经有了成见,对于可能的回答并没有兴趣去听。这和问责的流程恰恰相反:真正要问的重要问题是“你当时怎么想?”“你从这个事里学到了什么?”以及“以后你打算怎么做?”

正是这些问题成为问责的核心——也就是说,让他们答复。要求给个解释——首先是对行为的解释;其次是对行为后面的原因的解释;再次要谈对后果的认知,实际后果和潜在后果;最后,解释采取哪些行动以确保今后的改变。问这些问题,让他们回答,这是“问责”的流程。

考虑到这些问题,事故调查是进行“问责”的合适场合吗?显然,在事故调查组面前要求他们坦率地回答所有这些问题可能要求太高,这可能会被对方看起来像种惩罚——尤其对于一个出发点良好的员工来说。这些问题最好是在你的办公室里私下地问。

有时候需要在公众面前就安全事件管理问责。一个例子是 2006 年西弗吉尼亚的萨格煤矿爆炸案,事故后召开了三天不同寻常的听证会。在事故中有 12 名矿工失去生命,其中 11 名是在等待营救的过程中死去的。在这个事件发展的过程中,持续的新闻报道引起了广泛的关注:连续 40 小时守望营救行动的进展;成功救出了一个幸存矿工;传出一个已经成功救出其他矿工的错误消息;又过了 45 分钟后真相揭晓,其他矿工都死了。

在公开听证会上,家属们到场提问。这是有史以来第一次,家属能在一个矿难调查中有机会向负责营救和管理事故信息的煤矿安全人员和调查团队提问。他们想要知道这起事故当初是否能够被预防,为什么主管没有把班前安全检查报告给接班的人看,以及为什么救援呼吸装备没有使用。他们问煤矿经理:“为什么矿上没有一个救援队?”毫无疑问这是一个非常情绪化的环节,有大量的问题以及在大家心中不断涌起的批评意见。

只有两个人没有受到责难,他们是进行营救的矿工,也是他们给出了营救成功的错误报告。“我们对我们犯的错和对于错误消息造成的痛心非常抱歉。我们不想犯错的。”他们得到了掌声。许多家属还走上去和他们拥抱。

萨格听证会展示了承担责任的流程在公众和情绪面前会怎样：在一起悲剧之后，人们要提问，并希望得到诚实的回答。其实并不一定是悲剧发生之后才需要这些。你可以依循一个包含以下关键要素的流程去管理责任：

1. 状况(Situation)：开始谈话时先谈状况。问题是什么，以及作为领导你是怎么被牵涉进来的。

2. 重要性(Significance)：解释这个状况的重要性，为什么这件事值得你花时间来了解发生了什么以及为什么发生。

3. 具体情节(Specifics)：在当时情景下的事实，那些可以真实展现的事实。

4. 故事的另一面(The other side of the Story)：涉事的人的故事。他们怎么看这个情形。这把我们引导到让某人承担责任的更重要的问题：他们是怎么想的？他们学到了什么？

5. 步骤(Steps)：要避免再次发生我们需要做什么？

开场：让他们谈谈发生了什么

你可以把这叫作管理责任的5个“S”。

例如，如果竞赛委员会主席真的让裁判组对他们的错误承担责任，他会对媒体说在“一些问题得到回答”之前他暂时无可奉告。然后在更衣室里，他和裁判组的谈话可能是这样的：

1. 状况：是什么把你牵涉进来的

"你们最后的两个裁决——错过一个出界,还有标错了罚球点——惹起了众怒。我当时在媒体区看球,已经能听见输的那个队教练和领导的吼叫声。"

2. 重要性:为什么这值得讨论

"这是场重要的比赛,对全国进行电视转播,结果会影响最后的冠军位置。电视前每个人都能看到,而且明天肯定会上报纸。而且,你们的表现代表了我们全联盟的裁判队伍水平。"

3. 具体情节:关于状况的事实

"我看见了这两个裁决,而且它们都是很简单的错误。边裁要负责判断出界,主裁要确定黄旗的位置。我从看台上看,还有从回放看,看起来都是明显的犯错。"

4. 故事的另一面:相关人员怎么看这个状况?接着问很棒的问题。在这个案例里,就是继续问裁判组:

"当时在场上发生了什么?"

问过了"发生了什么?"下一步就是倾听。不要急着问下一个问题,或给出一个意见,要让人说话。如果他们沉默,再问一遍。持续挖掘信息。

"呃,领导,我们不在正确的位置上。而且我正在跟他们教练在边线上争吵,分心了。"

"好吧,这部分解释了这个问题。那么另一个判罚呢?"

这听起来是不是有点像是个调查呢?是的,因为目前还没有采取什么行动去发现真相。但是在某个阶段之前,这件事暂时还是要停留在犯事者和老板之间。

"嗯,我不知道。也许是我累了吧。这场比赛时间太长了,对抗太激烈了。实话说，我们都有点筋疲力尽了。”

“作为联盟的裁判员，你们应该时刻保持在状态。所以我们才有每年的状态年检。咱们要好好谈谈这个。”

管理问责时你迟早会要看当初对员工的表现有何期望。这些期望可能是书面的——政策和程序——或者是你和他们口头说的。这些期望对于管理问责很关键。你不可能让人们去满足那些他们不知道的标准。如果在提问题的时候，他们还是第一次听到你的期望，那么这个问题出在你这个领导身上。

“但是领导，我是去年8月做的年检。而这个比赛是在感恩节第二天(11月)。别忘了，是你决定我们不需要赛季中检查的。”

有句老话:“你指责别人时，总有几个人在指责你。”

5. 行动:决定采取哪些行动去避免再次发生。

“看来比较清楚了，我们需要重建我们的适岗检查计划，再次规范定期体检了。但被教练分心这一点还是无法解释。这又是怎么回事?”

一个问题的产生很少只有一个原因:总是有很多原因可以去归咎。这个恢复赛季中体检的决定并不一定会让这个裁判脱罪，但它确实给我们一个不同的角度看待这个问题。他们的行为并不是那天场上误判事件的唯一原因，所以仅仅纠正他们的行为是不够的。

这就带来了关于管理责任的最后一点:通过问一些必须问的问题，你可能会了解到一些你之前不知道的事——而这些可能是预防再次发生的关键。

底线是做出改变，预防重复犯错

应用这五个“S”

还记得那个车间后面的废料堆场清理工作的案例吗？这个案例可以在第 5 章“走动管理”里找到。主管查理・菲普斯按照第 8 章“行为、后果和态度”中描述的“SORRY”模型的 5 个步骤干练地处理了那个状况。在这个案例里你可能会注意到一个有趣的细节并思考如何处理：那位主管心目中很好的老员工可能在误导和他一起工作的新员工。如果是真的，这个问题是否需要在现场纠正行为之外再采取一些行动？

当然需要。处理这个问题是问责的一个很好的例子。作为好领导，查理在第二天早上就做了这件事，他在办公室和员工进行了一对一的谈话。以下是他和彼得，那个“优秀的老员工”之间的对话。

早上 8:05，查理的办公室

查理示意彼得关上门坐下。彼得在想老板要说些什么。

“彼得，你知道，昨天我在检查清理工作的时候，你和罗恩在看见我之后才戴上你们的个人防护装备。当时我跟你们讲了我看见了什么，我也说了，如果不遵守一些基本的安全规定，有人可能会受伤，没人希望看到有人受伤。

“但是当时还有一个问题我没说，我想你也知道是什么问题：作为老员工，你有责任给新人做一个好榜样，你要帮助并确保他遵守规定，并且学习如何安全工作。这是我对像你这样的老员工的要求。

“但结果我看到的是这种情况，而且事实上这样可能会有严重后果。这是个严重的问题。我昨天看到的是：工作做完了，但是你们没有遵守安全规定。在这个问题上我还没听听你的解释。你能告诉我那天发生了什么，以及为什么会那样的吗？”

查理有技巧地遵循了问责的流程：首先描述情形，他的期望，发生事情的潜在后果，以及他所知道的细节。然后他问的第一个问题开始直击问责的核心：你的解释是什么？从这个问题直至后续延伸的问题，查理和彼得开始制订一个计划以避免问题再次发生。

知道怎样管理责任——从理解责任这个词的含义开始——让查理这样的主管在管理安全绩效方面有很大优势。同样的，知道如何提正确的问题并正确提问也非常有帮助。在接下来的5分钟里，查理问了彼得以下问题：

“你刚到这里工作时，你佩服的那些老员工在这种情形下是怎么做的？”

“如果跟着你工作的新员工受伤了，你会有什么感受？”

“你从这次事情上学到了什么经验？”

查理在这个让人承担责任的过程中拥有另一个优势：他和他们的关系不错，这样他讲的话员工愿意相信，而且员工愿意诚实回答。于是他得到了这样的回答：“查理，车间里每个人都知道你的习惯。我们都知道每天哪个时间你会出现在车间。”了解到真相是一个巨大的优势。

最终，在让彼得承担责任的过程中，查理学到了其他一些重要的事情——关于他自己的领导方式的问题。

第 12 章

值得召开的安全会

20 分钟之后就没有哪个灵魂被拯救了。

——教皇克莱门特(Pope Clement)

最近有没有参加过一个好的安全会,一个与会者愿意花时间去开的安全会?或者,你的安全会更像以下这一个?

周五上午 7:50 月度部门安全会

在走到会议室主席台前,即将进行他这部分的月度安全会环节之前,主管有个强烈的预感,他会看到听众对他要讲的完全不感兴趣。而当他面对他的听众——他团队的员工时,他的担心得到了验证。他的团队心思已经不在这个房间里了,很有可能是在前一个议程里大家已经开始走神了,在前面的环节里枯燥地回顾了安全统计数据。就像车间里的人们所说,大家都"死在 PPT 上了"。

他不能怪大家,他自己也没有认真听。"为什么我们要装模作样地过这个内容呢?"他问自己,"月月如此,年年如此。这里没有一个人不想着马上回到工作岗位,做一点有价值的工作。"当他点开自己的演示材料时,他又问了自己一个问题:"他们是怎么想的——非要我们在安全会上展示这样的材料?"

这真的是个好问题:他们是怎么想的?

一个主管的每日交接班安全会常常被大家认为是值得开的。但是,大多数其他会议,如每周,每月,或每季度的安全大会则常常被大家看成是在浪费时间。证据很显然:有人在克服无聊感,有人坐立不安,有人不停看表,有人交头接耳,有人似睡似醒,都在盼着会议尽快结束,大家好去做些有用的事,比如吃午饭或工作。

安全会议一开始并不是这样的。想象一下有史以来的第一个安全会议吧。它有可能是在19世纪的一个钢铁厂里召开的。工厂经理采取了一个前所未有的行动停下了生产,把大家召集在一起,谈论安全,这已经显示了他对于安全的承诺。但那已经是很久以前了。现在安全会议已经是日常工作的一部分,它的神圣性已经被大大淡化了。今天的现实是,大多安全会议变成了单向的沟通,带来很少的价值。

对一个高影响力时刻来说,这是多么大的浪费啊!

会议越大,越正式,就越不太可能有成果

事实上,比那还糟。想想这个例子里,这位领导这个样子出现在会议上,在这样一个高影响力时刻,会传递什么样的信息。这样的会议会发出一个强力的有害的信息:管理层对于安全不是认真的。如果他们认真的话,他们肯定不会把我们聚在这里无聊死。

当然管理层不是故意这样的。那么,为什么那么多安全会议效果不佳呢?答案显而易见。

首先,很多会议中宣讲的内容对与会者来说很无聊也似乎没有关系。有时确实如此,这些材料有可能来自公司总部,也许对眼下在会议室里的人们不适用;也许这个话题是定期复训的一部分,所有人在之前都已经听过很多次了。并且那些详细的技术信息——无论多么重要——可能是枯燥乏味的。

其次是展示本身的问题。无论多么有效的一个展示,通常都是一次单向沟通。即使是对于有经验的演讲者来说也是有难度的任务。那么对于一般的主管或经理们呢？站在一大群人面前进行一个展示通常不会是主管或经理们的强项。

再次，如果听众较多，听众本身对于话题的兴趣程度也会很不一样，越大规模的会议越会降低听众个体的参与程度。当然，如果好好准备，事先多练习，也许可以使得一个大型安全会议比较成功地举行。但是，大多数领导者太忙了，没有那么多时间和精力去打造一个趣味盎然的、令人印象深刻的安全会议。

最后，是会议的时间以及合理控制时间的问题。在一天工作的最后时间，或是晚班当中，并不是召开安全会议的理想时间。现实一些的做法是，顺应正常的工作日程去安排安全会议的时间。如果将会议时间定为一个小时会带来另一个问题：参加者的注意力时限。对于人类大脑的研究显示，一个成人的平均注意力集中的时长是 18 分钟。这还是比较好的情况。如果展示材料与人们不相干，或者展示者水平有限，可能不需要 18 分钟他们就会失去听众。而当你失去了一个听众，再要把他的心思拉回来就会困难得多。

召开一个有效的安全会议的难度如此之大，无怪乎现实中有那么多不成功的安全会。但是在放弃安全会议之前，还是想想一个好的安全会议带来的价值吧：可以花点时间回顾那些帮助大家平平安安下班的工作步骤，可以学习那些发生在别人身上的事故教训，提高对于安全政策和安全程序的理解、发现并解决问题，还可以解释安全政策的变化，这些可能都是非常有价值的。会议中的听众甚至可能发现某个话题很有趣。我们不难回想起过去那些值得开的安全会。

大多数安全会议的问题实际上是出在展示和传达环节，而不是它的内容。如果你要负责为安全会议选题并作展示，你能做些什么使得你的安全会值得开呢？

接下来是个好消息：有一个简单的流程可以去打造一个好的安全会议——而且不是世界级演说家的你也可以驾驭。

大挑战:平均注意力持续时间是 18 分钟

“询问而非告知”的安全会议

回想一下最近一次你参加过的很好的安全会议。很可能是参与者在进行大部分的讨论,那是因为他们投入在这个话题上——无疑是因为他们看见了这个话题的价值以及与他们工作的相关性。这个讨论事实上带来了收获,人们离开会议室时学到了一些重要的东西,或者更愿意做某件事,或是想到了解决某个安全问题的方案。

最好的安全会议带来这些结果。要持续得到这样的结果并没有乍看上去那么难。你所需要的只不过是合适的内容以及一个有效的方法。以下介绍如何获得这两者。

一个安全会议始于内容,即这个会议的主题。“要是他们给我一些更好的材料,我们的会议就不会那么糟糕”,这个遗憾常常有。为主持安全会议的主管们事先准备好会议材料可能看起来是个好主意,但是从行政楼那边提供过来的材料往往是非常宽泛的内容,不合使用。那么接下来有个好消息:在你面前有一大堆不受限制的很好的素材可以选用。这些材料在你的邮件中,在你的办公桌上,在安全手册里,甚至在公告栏上的月度安全报告里。你只需要换一种思路,进一步研究一下这些材料的来源。

分发事故调查报告的目的是分享学习到的经验。重大的安全事故,更多的一般安全事故,以及更多的险兆事故报告,所有这些都代表着从他人的不幸中学习的机会。有人从中受伤或可能受伤已经足够糟糕,但至少我们可以从所发生的事情中受益。这带来了一个基本的问题:如何避免这事发生在我们当中的某人身上呢?

现有的安全政策和安全程序——非常的多——也是非常好的安全会议材料。所有的程序都是由某个过去的事故写就的。这些政策适用的频率不尽相同。当然了，每个程序都有其定期的复习培训。但这些培训给大家留下的印象到底有多少，尤其是当这个程序很长时间不曾使用？从这个角度看，要在安全会议上有效讨论每一个安全程序，都需要问一系列问题：你是怎么理解这个程序的？当我们用这个程序时，工作执行得怎样？我们使用这个程序的时候有什么问题呢？

我们中的大多数人对安全绩效报告中的数据感到无聊。它们确实是干巴巴的数据。但当这些数据出现在报纸的体育版或商业版，涉及了你喜欢的球队或你买的股票的时候，那可就不是干巴巴的数据了。报社和电视台已经找到了诀窍：他们不会只给你最终比分和收盘价格，他们会给你提供这些数据背后的故事。那些才是吸引观众的东西。

吸引他们的注意力并保持

同样的逻辑适用于安全数据。安全工时、安全建议数量、险兆事故报告数量……这些都只是数字。但这些数据总是带着重要的问题：为什么我们的事故变少了？为什么我们收到的安全建议变少了？我们能做些什么去减少车辆事故数量？

在任何情况下，内容——事故教训，政策和程序，安全绩效报告——都可以变得有趣，只要用一些合适的问题去检视这些话题。

怎么去做呢？想象一下通过提问来主持安全会吧：这就是“询问而非告知”模型。

第一步:目的优先

尽管听上去简单,但很多人召开安全会议只是因为企业有要求每月要召开安全会议。开完安全会议,看上去满足了要求,但如何证明我们在会议上投入的时间和精力是值得的呢?

要给安全会议带来一些改变,首先就要明确你想要什么样的改变。会议结束后,你想实现什么?尽管这个问题如此简单,也如此重要,还是常常被人忽视。

要给出一个好的答案并不复杂。谈到目标时,要清晰简单,例如:"确保每个人都理解今天工作中会遇到的危害","提高在车辆上使用安全带的比率","每个人都理解关于手机使用的新政策并承诺遵守"。甚至在回顾安全统计数据时,也可以有一个实际的目标:"通过我们的绩效数据去理解我们哪里做得对,哪里需要改进。"

知道了要什么就确定了正确的方向,并给了你衡量会议有效性的手段。一旦你理解了话题背后的目的,接下来的事就顺理成章。

第二步:浓缩信息

多数主管和经理都会承认自己不是一个好的公众演说者。在主持安全会议时,他们是怎么做的?说,说,说;告知,告知,告知。这又叫作公众演讲,几乎没有发挥会议主持人的能力。当领导者在说,追随者在听,这种单向沟通使他们处在被动模式。即使是最优秀的演讲者也要克服人们 18 分钟的注意力极限。

站起来做有趣的演讲是一件困难的事,简单的解决方案就是不要这样做。尽可能以最简短的方式讲故事:给他们先讲个标题。"隔壁厂一位维修工在修理机器的时候被意外启动的机器轧死了。”

那么在这个故事剩下部分有哪些重要的细节呢?

活跃的讨论而不是冗长乏味的展示

故事其他部分并没有你想象的那么重要。多年以前报纸就已经掌握了这一点:任何好的记者都会把故事的关键部分集中在第一段里。所有那些看似重要的细节往往会使沟通陷入困境,相反,要抓住那些重大的要点。

以下是一个从报纸上摘取的例子,讲的是一起工亡悲剧。在一个小镇报纸上的最初版本是这样的:

一人在槽中死于硫化氢窒息

周一,艾斯沃公司的一个员工为了拯救一个 16 岁男孩而牺牲,被誉为英雄。

据州警察局透露,此人在周一下午死于发生在水文化中心的窒息事故。当时,此员工和 16 岁男孩正在清理一个 5 米深的水泥槽,淤泥中的硫化氢气体逸出使他们窒息。

当时那个男孩爬入池中用水管冲开淤泥,当他被气体熏倒时,该员工呼叫帮助并且立即爬入池内营救男孩。在他将男孩从水泥槽中救出后,他自己也被气体熏倒。

“他一刻也没有多想。”目击这起事故的同事说,“他马上爬下去救他。他是个英雄,他救了那个孩子。”

清理这个两米宽,低于地面一米的水泥槽不是一个常规工作。“这看起来像是个常规作业。”一位同事说,“我们一点都不知道底下有毒。”男孩和员工当时都没有佩戴安全保护用品。

报社的编辑给这位记者打多少分我们暂且不管。我要说的是:在这样一个故事里有足够多的信息可以供安全会议使用。

“今天的报纸上有一个悲剧事件,说的是一位主管在救一位16岁雇员的过程中死了。他是一个牺牲的英雄。”

“这个小伙子被派去清理槽底的淤泥,被泥里散发出的硫化氢熏倒了。他的头儿看见后的第一反应是跳进去救那个男孩。他救成了,但自己也被硫化氢熏倒了。”

你讲这个故事吸引大家注意力的目的也许是让大家更加当心危险物料;也许是要提醒他们没有经验的员工常常不能识别危害,而这些危害也有可能出现在常规工作中;也许是告诉大家在紧急情况下的合适反应。不论是哪个目的,这个小故事都足以发挥作用。

把这看作是个热身:接下来你要做的将是担起重荷。

第三步:建立联系

如果他们没有在这个话题中找到任何价值,人们在会议上马上会变得无聊起来。这能怪他们吗?解决这个问题的方法是不要把时间浪费在与他们无关的信息上。

接下来,在给出话题之后,不要任由你的听众来判断这个话题如何与自己相关:而是为他们建立联系,简单的一句话就足够了。

- 如果你们处理同样的危险物料,你可以说:“在这个案例中危险物料最终导致人员死亡,碰巧我们也处理同样的物料。”

- 如果你有新员工,你可以说:“在这个案例里一位没有经验的员工接触了非常危险的物料,我们当中也有很多新加入的员工。”

- 如果你担心的是危害识别,你可以说:“像他们一样,我们的老员工也可能会不知道识别暴露的危害。”

- 如果你有一个应急响应程序需要强调，你可以说：“我们这里也可能会发生类似的紧急情况——显然我们的应急响应不应该像他们这样糟糕。”

让参与者担起重荷

第四步：提问

安全会议是让你的问题来担起重任的理想场合。你的问题将听众的注意力聚集在话题上，在你提问时，你的团队成员将说得比你更多。当他们在说的时候，你知道他们在投入，在说你希望他们谈论的话题，而且——如果问题足够好——在问答的过程中能学到东西。提问是无聊的单向沟通的完美解药。

你所需要的只是几个很棒的问题：

- 在这种情况下按照我们的程序应该怎么做？
- 在这种状况下，你会怎样做以避免情绪影响你做正确判断？
- 新同事们的危害识别被培训到了什么程度了？
- 在我们这里会出什么样类似的状况呢？
- 对于这样的情况我们需要怎么做呢？

在一个话题上只需要几个好的问题，进行一个 15 分钟左右的讨论。这个时间对于一个话题已经足够：如果会议计划是一个小时，可以准备三个到四个不同的话题。这样可以保证你不超出注意力持续极限。在回答你的问题的过程中,你的团队在帮你分担这个讨论,而他们的答案又可以帮助你评估这个安全会议的有效性。

将这四个步骤结合起来就成为一个有效的“询问而非告知”的安全会议:

第一步　目的:清楚知道你的目标

第二步　浓缩:以标题和摘要形式提供信息

第三步　联系:为什么这个话题和他们相关

第四步　问题:问一些很棒的问题

参照图 12.1。

“询问而非告知” 安全会议纲要	
目的	强调为了减少分心驾驶而修改的手机政策的价值。
头条	手机又要为一起车祸负责。
摘要	昨天在城里,一个母亲一边开车一边打电话,闯了红灯。车祸造成她的孩子和另一车辆司机的死亡。
联系	一年之前我们就出台了一个政策,就是为了避免此类悲剧的发生。
问题	你觉得为什么人们会这样冒险?
问题	我们的政策执行得如何?
问题	我们能做些什么让我们的家属也遵守同样的政策?

图 12.1　一个“询问而非告知”的安全会议的纲要实例

我的安全会规模太大了,不可能这么做

你可能会认为这个模型适合于一个交接班安全会,确实如此。你也可能认为在一个参加人数很多的安全会议上不可能用这种方式——

比如说一个上百人的安全会。

不是的。

想象一下你在一个大会上提问的情景。一个明显的问题是通常台下只有少数几个人会回答你的问题,而这几个人通常不是你的目标回答者。但一个大的安全会议无非是由几个小一点的群体组成的。在一个大会议室里,听众通常围着桌子一群一群地坐着,通常与他们比较熟悉的人坐在一起。这种现象可以帮助你。当你提出了你的话题之后,让每一个小组对你的问题给出一个回答。可以把你的问题投在大屏幕上让大家都能看到。(这才是 PPT 可以帮到你的地方。)

如果话题是关于别处发生的事故,你的问题可以是:“要保证这种事不发生在我们身上,需要我们做些什么?”问好一个问题,交给各个小组去讨论,然后会议室就会变得嘈杂起来。这是个好现象:这时你就知道这一屋子都是很投入的参与者。给他们两分钟去讨论,然后再把他们带回到同一个会议。“哪个小组已经有了一个可以和大家分享的建议?”

做这样的讨论,最好的方法是站在会议室的当中。把这里想象成一个圆形舞台,作为领导者你要做的只是扮演交通警察的角色:确保同一时间只有一个人在说话,而且他的声音大家都能听见。

这个方法有效。而当它有效时,领导者不是在展示,也不是在讲话。是参与者们在说,他们在说的那些,都是你这个领导者希望他们说的东西。

那才是一个值得开的安全会议!

第 13 章

怎样管理安全建议

我一直在寻求想法。我们中大多数人不发明想法,而是采用别人的好想法。

——山姆·沃顿(Sam Walton)

一个安全建议,不管是突破性的想法,或者只是一个抱怨,它都代表了一个高影响力时刻。一个向老板提出建议的员工,处于一种随时接受影响的状态。但不能说这个建议和安全有关就一定是个好主意,否则忙碌的领导就得把所有其他事情都放下,全心扑在这些建议上了。

周五上午 7:10,交接班会议

周五一般都是乱糟糟的一天,这个周五也不例外。查理的一天比他的属下开始得早:在电话响起前的 10 分钟他就已经不在办公室了。在生产线上出了个大问题,而他答应在安全晨会结束后就去现场见工程师和计划员。查理不会因为生产问题而影响大家按照正确的方式开始新的一天。当然,在这种情况下,他还是希望能尽快去现场查看情况,所以这个安全会最好是简洁高效一点。

会议结束后,查理戴上安全帽朝门外走去。新员工罗恩挡住了他的去路,带着点憨笑,说:"头儿,我知道你今天早上很忙,但我有个点子。"

查理看了一下手表,生产线停了,大家都还等着他。"罗恩,我确实很忙,能等会儿再说吗?"

"嗯,只需要占用你一分钟。你知道因为工作时间调整了,现在我们来上班的时候天还是黑着的。就像今天早晨我刚上班,你看见我在施工现场,现场到处是工程车来来去去,再加上还有很多外来车辆。我有点担心他们看不见我,所以我有了一个点子。"

如果查理希望听到一个好点子,他可能要失望了。

罗恩继续说:"你觉得在我们的安全帽两边贴上蓝色的反光条怎么样?这样别人在黑暗中就能看见我了。而且,我们的安全帽看起来也很酷!"

查理不得不想:"在安全帽上贴东西是违反公司规定的,难道罗恩没有接受入厂安全教育吗?"

所幸这位主管只是心里这么想。但是他应该怎么说呢?又怎么做呢?

有时间去听一个"很棒的主意"吗?

前三个问题

无论你的安全建议是通过面对面谈话,通过邮件,还是通过一个正式的书面建议,作为领导你在收到建议的时候有三个问题要问:这个建议要解决的问题有多紧急?我应该跟这个人说什么?接下来应该做什么?接下来解释这些问题为什么重要,以及怎样解答这些问题。

第一个问题:这个问题有多么紧急?紧急性或优先次序决定了领导有多少时间对这个建议进行响应。不是说只要是安全建议就应该成为你的最高优先事项。每个领导手上都有一堆事情要处理,他需要聪明地分配自己的时间。

那么如果安全建议并不天然是最优先事项的话，你怎样决定它们的优先次序呢？一旦你理解了这个建议的实质就容易了。让我们这样来确定：每个安全建议有两个部分，问题和方案（见图 13.1）。当然，有时候一个问题可能更多的是一个机会，而且有时候建议的方案则远远不是最好的方案。

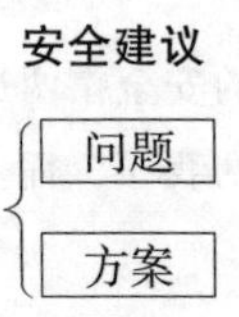

图 13.1　每个安全建议包括两部分：问题和方案。问题的性质和严重性总是决定着紧急性或优先次序

虽然一个建议应该包括问题和方案两个部分，但平时我们收到的很多安全建议则未必这样。一个主管常常收到了其中的一个：问题，通常是一种抱怨的表达（每次下雨，楼梯都变得很滑）；或者只有方案（我想我们应该在楼梯上贴上防滑材料）。查理这个时候很幸运，他收到了一个包括这两个部分的建议：为了解决能见度不高的问题，在安全帽上贴反光条。

尽可能地直接和个性化

当你得到建议的一个部分时，你可以向他们要另一部分。当某人在抱怨时你可以问很棒的问题："你建议我们做什么去解决这个问题呢？"而当你听到的是一个点子的时候，你可以问："这是为了解决什么问题呢？"

一个建议里问题的性质和严重性决定了一个主管可以有多少时间去答复它。一个严重迫切的危害需要即刻的注意。如果建议里指出的状况一年内不太可能发生，你不需要马上去想一个最佳解决办法。

这是个常识，但是情急之下你可能会忽视一个问题，就是这个建议中提出的方案也许不可操作。要避免落入这个陷阱，最好的办法是先跳过方案部分，抓住这个问题本身。

第二个问题是：我该和提建议者说什么呢？听到建议后的第一句话，最好不要做任何评判。等到你真的理解所谈的问题，以及这个问题的性质和严重性再说。

他们提出的可能是个好建议，但直接跟他说"这是个好主意"并不是好的做法，因为：他的建议方案可能是不好的。一个更好的说法可以是："谢谢你把安全放在心上。"这么说的时候，你作为领导表达出对他花时间识别问题，思考问题，并提出方案的认可。至于这个问题严重与否，他建议的方案可行与否并不重要。安全建议重在心意。

如实告知

第三个问题：我接下来应该做什么？接下来要做的并不一定是建议里给出的解决方案。一个安全建议的好处是对于下一步总有很多选择，每种选择都有其优势。当然很多选择也有其局限性，所以要三思而行。

- 解决问题：行胜于言。不管是用他们建议的方式，还是用其他什么方法，只要真正解决了一个问题或一个抱怨，这总是最好的结果。看见一个问题被解决，其他员工也会踊跃地找出问题提出方案。这肯定是最好的结果了。

这种做法有个不足，有些很好的解决方案可能不容易被组织中其他成员注意到。所以，如果收到了一个很好的点子，一定要和其他人分享。

- 让安全部门介入：这是一种授权，每个好领导都会做的事。安全人员很可能会有不同的解决方案,也许有现成的资源可以解决你的问题。

指派这位提出建议的员工作为这个点子的执行负责人,让他去和组织里其他部门打交道,这常常不是个好的办法。虽然看起来是不干涉,放手让员工做,但这可能会让一个追随者觉得很难,他在下一次提建议的时候也许会犹豫。

• 提交到安全建议系统:正式的安全建议评审系统专门用来有效评估各种点子。这些系统把问题和方案转给独立的评估者,而当一个建议提出之后,这个建议评审系统可以将这个点子传播到整个组织。

但似乎每个人对这种正式的建议评审系统都有些不满意。它们可能缓慢冗长。一次不好的经历有可能会让一个员工永远不愿意提建议。

• 提交到安全委员会:就像建议评审系统一样,安全委员会也可以扮演独立评估者的角色。安全委员会也可以将一个新的点子传播到整个组织。

同样道理,好建议也许会被扼杀在委员会的讨论里。所以如果你把建议转给了委员会,一定要跟踪这个建议的评审,并且定期给提建议者反馈讨论的进展。

• 拿给其他团队成员讨论:把一个新点子带给团队其他成员可能是一个很好的办法,可以寻求支持,改进方案,以及帮助推行。团队关于这个问题的性质也许还有些其他信息("这问题老是发生")。他们可能会给出一个不同的方案,也许会改进这个方案。

1. 问题
2. 解决方案

大家都有种倾向去否定别人的点子。所以当你把建议拿到团队面前的时候一开始就要告诉大家你喜欢这个建议的哪个方面,并设立一些讨论的规矩，比如怎样做头脑风暴，这个我们在后面章节会谈到。

• 走动管理：到现场去，亲眼看看这个问题是怎么回事，这是走动管理的完美应用。如果说这个做法有什么不足的话，只是需要花费你这个领导者的时间和精力。如果你想交个朋友，带上这个提建议的人一起去。

作为一个好主管，查理·菲普斯理解这三个问题，并且根据经验他知道正确的答案。以下是接下来发生的事：

想了一下，查理回答说："罗恩，谢谢你心系安全。我真的很欣赏你在动脑筋想问题，能够发现潜在的危害。

"这样吧，大概 8 点钟天就要亮了。你就在办公室里先等着，用这个时间先读读你们培训课程里的安全程序。我现在还有个会，8 点回来。到时我们一起到现场去，看看情况，决定我们能做些什么确保你的安全。"

罗恩笑了："好的，头儿。谢谢你。"

查理看了一下表：现在是 7:12。这个谈话正好用了两分钟。

有时候领导就是这么简单。

管理安全建议的 8 项规则

在听到或看到一个问题或一个方案时，最好的做法是从问这三个问题开始：这个问题有多紧急？我该说什么？接下来我该做什么？这些问题为管理安全建议提供了一套简单规则。

规则一：是这个问题的性质和严重程度决定了这个建议的优先次序，而不是建议方案的难易程度。在现场忙碌的时候，千万别忘了专注于问题。

规则二:要记得给提出建议的人感谢。说谢谢没什么成本,而且不用谈起这个问题的性质或是这个方案的可行性,表达感谢是利用这个高影响力时刻的最好方式。

规则三:迅速给予反馈。当你听到或看到一个安全建议时,认可它。然后答复:你会采取行动。如果你授权某人去跟进调查和答复,记得你还是要负责到底,有责任确保他得到及时的答复。

规则四:有话直说。如果你不认为这是个好主意,就别告诉对方"这是个好主意"。他们能看得出来,那样你就失去了可信度。但是有话直说和说扫兴话还是有巨大区别的。"如果当初你在安全培训的时候没有打瞌睡的话,你就应该知道这个建议是违反公司政策的。"这可能是真话,但这肯定会拒人于千里之外,使他们不愿再提建议。

规则五:如果这个建议不可行,给出一些改进的忠告。不一定是要去重新设计他的点子。如果他的方案会花费大量的投资,需要很长的施工时间,或者会违反某个标准,告诉他,并且告诉他一个可行的方案应该符合什么条件,并问他:"还有什么办法可以解决这个问题呢?"任何问题都有不止一个解决方案。

不要误以为所有点子都必须完美。学者们研究了很多成功的创新,在关于如何把新想法转化为成熟技术方面,得到了一些有用的启示。在早期,基本上每个突破性创新都有一些明显的瑕疵,并不好用。但那些带有革命性技术的点子——比如从电灯泡到计算机——经历了一个问题不断解决的演进过程,一直到产品最终可以使用。即使到最后那个产品还不能算完美,只是好到足以让人愿意购买。

接下来的可行选项

规则六:如果建议涉及你的职责范围,就对这个建议采取行动,如果不采取行动要解释为什么。如果一个建议不可行,直接把它转到安全部的话会是对组织宝贵时间的浪费。人们可以接受被拒绝,但是如果知道原因的话,他们会更好地接受被说“不”。当然这会把你的想法公之于众,所以在拒绝前想好你的理由。

规则七:面对面沟通。即使建议系统提供了一个书面回复的方式,面对面沟通还是有好几个重要优势。愿意花时间找提建议的人谈话,发出了一个表现你对安全的承诺的重要信号,也展现了你对提建议者的真诚的兴趣。这种方法提供了听取他们关于问题和方案的想法的机会。正式的建议系统有点碍手碍脚,不能提供这样的机会。他们所抱怨的很有可能并不是真正的问题,或者还有比他们的建议更好的解决方案。

面对面沟通有着现实的局限:不是每个领导者都有那么多时间可以和下属进行每日沟通。如果问题比较小,可以约在“下次去现场的时候”一起看一下这个建议,只是要记得这个承诺。

规则八:认可成功的建议。很多企业为了鼓励安全建议都有一些不同的奖励措施,从皮带扣到礼品卡。原则上使用物质奖励鼓励并认可期望的行为没什么错。但在安全奖励上,这是不必要的,而且这也完全错过了重点。人们提出安全建议有两个基本动机:他们想看到问题被解决,或者看到他们的点子被实现!

理解了建议的动机,就使得选择合适的奖励变得很容易了:对于那些提出了问题的人,把问题解决掉已经是对他们的奖励了;对于那些希望世界变得更美好的创新者们,按照他们的点子实施则是他们需要的奖励。而对于两者来说,把这些成功的建议公示出来肯定是一个更好的办法,给这些提建议的人加些分没什么问题。

继续发动进攻

我在全世界各行业的一线主管中进行过调查，询问他们大概平均多长时间会收到下属的安全建议。他们的情况差别很大：有的主管每天会收到安全建议。全球平均来看，大家大约每个月会收到一个安全建议。当然其中很多建议实际上是关于安全的抱怨，尽管每次员工的抱怨也都是一个高影响力时刻。总的来说，人们向主管提出自己安全想法的次数还是越多越好。

如果你觉得安全建议越多越好，你不用祈求好运希望建议自己会多起来。你可以给员工热热身，让他们针对你关心的问题或状况想想有什么解决方案。以下是一个简单的流程供参考：

- 读一份事故报告或是审核报告，从中学习在此类问题上学到的教训。这里蕴藏着一些潜在问题，它们正在等待创新性方案。

- 在你的安全沟通（安全会，交接班会，信息讨论）中解释这些问题，告诉员工你在期待有人能够解决它们。

- 鼓励人们提出关于这些问题的建议。

- 在安全会上采用头脑风暴的形式，激发点子去解决问题。从一个问题开始，例如“关于解决……的问题谁有什么点子？”把每个点子写下来。在头脑风暴环节正式结束之前不对任何一个点子进行评价。全部罗列完成后，选出最好的建议，提炼它们，然后把它们转化成安全建议。

当你在应对管理安全绩效的艰巨挑战时，你可以用上所有你能得到的帮助，而安全建议可以让你得到更多的帮助。

第 14 章

创造你想要的文化

在恰当的位置上，你只需要轻轻地一推，就可以让这个世界翻转。

——马尔科姆·格拉德威尔(Malcolm Gladwell)

正常情况

上午 8:00，控制室

这是一个新维修员工上班的第一天，他在这一行有多年的经验。在前一天的安全培训上，他了解到这个公司的管理层非常重视安全：目标是建设无伤害工厂，而且人们完全遵守每个安全规定。在安全培训结束时他接受了一个测验，得了 100 分。现在，已经合格上岗的他接受了第一项任务，加入了一个修理工作小组。

负责确认许可证上安全事项的操作工把许可证拿给他看，并说："在这里签个字，你就可以去干活了。"

除了这个新员工，小组里的其他人都签了。心里想着昨天安全培训的教育，他害羞地说了："是这样要求的吗？你不觉得我们应该到现场去确认一下吗？在安全培训上他们是这么要求我的。"

大家都笑了——除了他。

那个操作工皱着眉头说："你要干吗？想让工作慢下来吗？"

其他人也跟着说:“嘿,你是新来的吧? 没人那么干。我们一直以来都是只签个字就好了。要不然,什么活也干不了。”

愣了好长一会儿,新员工照着其他人的做法做了:他签了字去开始工作了。为什么要捣乱呢? 他想。再者说,如果每个人都这么做,应该是管理层所希望的吧。

第二天,当再一次遇到这种情形的时候,这个新员工想也没想直接在许可证上签字了。

这就是所谓的“任何时候都遵守所有规定”。

在世界各地,这一幕以不同的形式每天都在上演。管理层写下规定,他们告诉每个人要遵守这些规定。但是不论经理们多么努力,也不管这些规定表述得多么清楚,这些规定是否被遵守,主要取决于追随者,而不是领导者。

这叫作文化。从一线主管到执行总裁,和工作现场的文化打交道是领导们每天要面对的巨大挑战之一。它常常使领导们很恼火,无法创造他们想要的文化,而只能顺应他们现有的文化。当谈到安全文化时,情况很不乐观:改变文化的努力总是以失败告终。看到这种情况,《人为差错》的作者詹姆士·瑞森(James Reason)说:“就像一种优雅的状态,安全文化是一种追求,但从来没有真正达到。”事实上,每个组织都有一个安全文化,只不过通常不是他们的总裁想要的那种安全文化而已。

让文化走下神坛

在过去半个世纪集中出现了很多关于商业管理的研究和教育,而此前对管理的研究主要在军界。新的管理风潮层出不穷,从 1950 年代的人际关系理论,到 1970 年代的目标管理,以及 1980 年代到 1990

年代的质量管理运动。如果你是一个对历史感兴趣的领导者，你会记得企业文化也是来来去去的管理风潮之一。别误会，对文化的研究兴趣是非常重要的——而且值得长期关注。半个世纪前，彼得·德鲁克在《管理的实践》一书里使用了“组织的精神”这个术语来描述我们今天称为文化的东西：“一个有组织的团体总是有一个明显的特质。它塑造新加入者的行为和态度……因此对于管理者的一个主要要求就是创造一个正确的组织精神。”

对于有兴趣改进安全绩效的领导者来说，创造一个“正确的组织精神”是今天需要花费时间和精力的重点。有了正确的精神，领导者的工作会变得容易很多，组织的绩效会有戏剧性的提升。这告诉我们为什么需要正确的精神。描述一种正确的精神是容易的，但是要使得它出现则完全是另一回事了。坦白地说，对每个领导者来说都是很难的：要成功地转变文化比让大家都遵守规定还难。

问题首先是缺乏清晰的重点。虽然大部分领导者能够滔滔不绝地谈论他所希望的“组织的精神”，但是很少人能够准确地描绘出他真的希望看到的组织里的各种行为。如果他们真的能做到精确描绘，他们就不会总是这样表达：“我们的员工认同安全……相信事故可以预防……把安全作为一个核心价值观……而且安全是大家共享的价值观。”这些表达当然都没有错，它描述的是每个领导都想要的。但问题是在这些模糊不清的描述指引下，领导们采取的行动在执行时往往不能够对组织行为产生什么影响。因而文化也没有真正改变。

文化挑战之一：定义文化

我们先来对“文化”这个术语进行解密。《韦氏大词典》给文化的定义是“人类行为的综合的模式”。在学者和研究界当中，你会找到更多详尽而复杂的对于这个现象的解释。

组织行为学家及管理顾问艾德·霞恩曾经做过一个项目，在核工业企业里改善安全文化。他认为："文化这个术语用于形容那些组织成员共享的基本假设和信念，它会无意识地起作用，它定义了组织如何想当然地看待自己和周围的环境。"这些下意识的、想当然的假设驱动了行为和决策，而这些行为和决定定义了安全文化。例如，为了紧急业务的需要取消某一条安全规定，这也表现了一种安全文化。

在哥伦比亚航天飞机事故调查当中，NASA（美国国家航空航天局）发现了其文化是根本原因之一，他们认为文化是"带有一个特定组织特征的基本规范、信念和做法……员工在工作时所带有的基本假设"。当然，这个定义促使领导们尝试去改变信念和假设之类的东西。如果你是这样的经理人，你觉得成功的把握有多大呢？

NASA 的成功概率也不高。20 年前挑战者号爆炸事故报告里把原因指向了在各级管理层之间的信息流失，组织当中的盲目乐观的态度，以及在做出 1986 年 1 月 28 日发射决定中的一些关键因素。这个调查报告推动管理层着手进行文化改变，目标是改进沟通和管理层决策。但是，如果这个努力真的改变了他们的安全文化的话，哥伦比亚号也许就不会出事了。

但是正如瑞森所说："就像优雅的状态一样，安全文化需要一直努力追寻，但无法真正达到。"

让我们跳过那些学术界难懂的定义术语吧。文化是复杂的，要改变它看起来是不可能的，但定义可以是很简单的。三十年前，诺尔·提切给文化的定义是"我们这儿的方式"。

这个定义太简单了，专家们都希望能改进它。他们把氛围、假设、信念以及规范等都一股脑地加进去。虽然他们的补充各有其道理，但实际上把一个已经足够复杂的概念继续复杂化……就像我们很多企业领导者们做的一样。让我们还是回到简单的定义吧：文化就是我们在组织里真实的行事方式。它就像流沙一样细微，看起来无害。

在这个新维修员工的案例里，当他发现"这是这里真实的做事方式"时，不难想象这个文化对他的印象和影响。一个组织中的新来者不需要很长时间就可以理解组织中真实的行事方式而且很快地去适应它。第一次出现这个状况的时候，新来者就会学习。第二次发生的时候，他就会闭嘴。几次之后，他想都不会多想……他已经知道了这里的行事方式。这恰恰是一个文化常常发挥的作用：破坏领导者良好的初衷。而当文化已经成形，领导要改变它就难于登天。

如果你是一个领导者，你不能对文化置之不理，留给你的继任者去解决。这样带来的代价太大了，这将影响到我们安全的理由。

你的安全文化

依照以上定义，每个组织都有文化，而且都有安全文化。所以，詹姆士·瑞森是错的：安全文化不是那种少见的优雅状态，而是关于安全的文化（见图 14.1）。既然你管理的只是你的部门，对于你来说，重要的问题只是：你的安全文化距离安全的文化有多远？

你们本来就有自己的安全文化。如果你想知道那是种什么样的文化，你只需要停下来看看周遭，你触目所见的就是一种文化。涉及安全的文化是很容易看见的：组织里有多少人会在停车标志牌前停车，检查表格填写有多么的认真，安全会议进行得怎么样，安全培训怎么样。但是请注意，不要从一个数据点就跳到结论，任何变量都有波动。文化是组织中众多成员每天的数以百计细小的行为和互动形成的集合。

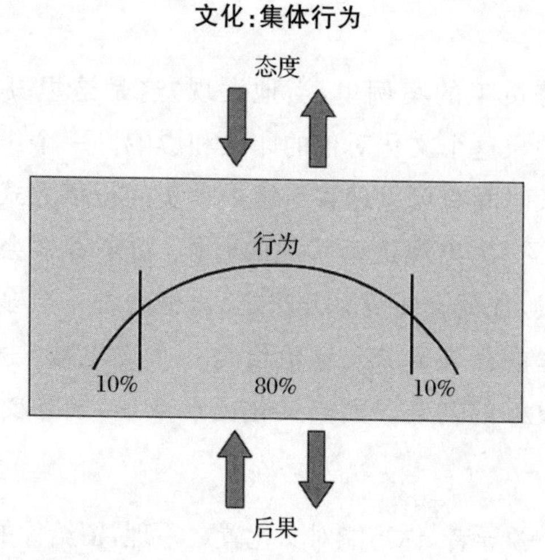

图 14.1　中央部分的人群定义了集体行为

考虑到安全的极端重要性,为你自己和你的组织负责的话,你需要准确理解文化是什么。你的安全文化可能有好的一面:每个人上下楼梯都抓扶手。你的安全文化也可能有不好的一面:大家在工作安全分析表格上打钩时,没有认真想想它问的是什么。好也好,坏也好,它们都是现实,而没有达到你希望的样子。指望你的安全文化有所不同,或者更糟的是,认为你的安全文化有所不同,这可能是很危险的。

商业文化的诸多要素

认识一种文化看起来很简单,也确实可以很简单,但说来容易做起来难。如果你像很多一线主管们一样,一直以来在一种文化当中工作,你日复一日,月复一月,年复一年看到一切,对你来说都是很正常的。你的常态就是文化。

如果你没有比较基准的话,很容易假设这些事在哪里都一样,而不再按照事物真实的样子去想它。以下是我真实的个人经历。我小的时候,父亲在杜邦公司工作。你们知道这个公司,有着两百年傲人的安全文化。当然,在 1950 年代到 1960 年代成长起来的孩子当时并不知道。但我知道,我们家那辆 1961 年款的雪佛兰考威尔(Corvair)装了安全带,是杜邦公司发的工作外安全奖。我一直认为那种安全文化是理所应当的。直到多年之后,我为另一家化学公司工作时我才意识到杜邦的文化是多么不寻常。

当你审视你的文化时,一些客观判断力会很有帮助。一个一线领导也许离文化太近看不清它真实的模样。而一位并不常常浸淫于其中的高级领导往往比较有优势——当然他的目的应该是看看这个文化的真实面貌。高级领导者怎样做呢?现场参观,员工调查问卷,还是通过员工在公司论坛上提出的问题呢?这些信息有多可靠呢?

人们并不总会告诉他们的领导"真相,全部真相而且只有真相"。而原因有时非常复杂。发现了真相可能让人痛苦。这个现实让员工和组织都很丢脸。领导者们并不总是想要知道真相,真相会让他们的工作复杂化。在一个重大事故之后,你什么时候听到过一个高级领导说过:"我早就知道,如果我们不做出点改变,这事迟早会发生。"

从没有过,因为大多数高层领导都是不那么精确的现实图景的受害者。这没什么新鲜的:在 1954 年,彼得·德鲁克描述了"高级执行官的隔绝状态。所有送到他面前的……都是事先被消化过的。这些信息都是被提炼过的而不是真实面貌"。

文化,相比之下,是真实面貌。

看法的差距是巨大的。在那些重大的事故(如三英里岛,挑战者,博帕尔,德州城事故)的核心是对于文化看法上的巨大差距。每次重大事故后跟随的是一次改变文化的重大努力。以我前公司为例,联合碳化物公司，认识到只有把人定期派到现场去才能够得到现场真实的面貌。这些人的角色是去审核安全执行。这是一个很大的工作，遍布全球，但这是工业界最大惨剧造成的合理后果。给这些审核员们的任务是“踹踹轮胎”：检查记录，报告，看看设备，看看工作如何进行。评估安全文化，然后他们要把发现报告给董事会。

任何改变文化的策略都需要从一开始就对文化真实的面貌有一个清楚的图景。有了真实的数据，认真的解读，接下来就到了执行阶段：将文化转型到你希望的样子。

文化转型

文化会变吗？

当然会变。要看到改变的话，你只需要比较“当时”的图景和“现在”的图景。看看当年你读书的时候的老照片，再看看现在学校里孩子们的样子和所作所为。时间带来的改变是令人难以置信的。看看40年前一场体育比赛的照片，再比较一下现在的比赛。就算体育馆本身没有变，粉丝们的穿戴和举止也和以往的截然不同。这种群体行为的巨大改变并不是一个刻意为之的结果。在脸上涂油彩和观众一起掀人浪并不是比赛主办方要求的做法。

组织如何看自己和所在的环境

对于安全也是如此：工作如何完成——人们如何行事——随着时间已经大大地改变了。所以文化确实会改变，而对于大多数组织里的安全文化来说，这种改变是积极的。

但如果你是一位领导者——主管或经理——你不可能有时间等上几

年让文化自己改变。而且,你也不能确定文化自己演变的话会走到哪个方向。你希望文化变化成你想要的样子,你希望它在你的看护下转变。

这就是转型:按照设计快速地转变。文化转型对于领导来说是很难的。在体育比赛上的文化转变,是在多年的时间里完成的。这是演进和转型的不同。在演进的情况下,你会随机发展到一个也许你并不喜欢的状态,而转型是快速地达到你预先想要的结果。

创造你想要的文化

组织的精神——文化——可能是由管理层创造,但一旦建立,它会通过组织中的每个人的行为保持下去。改变文化需要每个人改变他们的行为。

文化改变的第一个挑战是多数想要改变的领导甚至都说不清这个词的意思。一个要管理一件事的人无法解释更不要说理解这件事,这怎么能成功呢?

成功改变文化的第一步是理解文化的含义——用直白的语言。现在你已经对文化事实上是什么有了一个认识。它是在一个系统中工作的人们的集体行为:在一个橄榄球场上的粉丝们,你孩子所去的学校,……你组织里的人,在做一些简单事情的共同表现,比如上下楼梯时怎样抓扶手。

成功改变文化的第二步是理解改变文化意味着改变行为。不是一个人的行为,而是群体的行为。这个群体可以是一个工作小组,也可以是整个组织。

“我们这里的做事方式”:对安全的潜在威胁

领导们在工作中往往对文化感到非常恼火,这常常不是误判。这些文化的痛点常常与安全有关:不遵守规定,不报告险兆事故,在工作安全分析表格上漫不经心地打钩,或者有时和社会问题有关——乱扔杂物,低参与度,或犯罪行为。无论是哪个,都促使我们改变文化。

但是接下来那些想要对文化进行转型的人常常犯一个战术错误:给这个问题贴标签然后用这个标签指引文化转变。标签是表达一个想法的简洁方式。在文化这个问题上,标签会误导甚至破坏转型的努力。以下是一个例子。

在NASA挑战者号事故之后,管理链上糟糕的上下沟通被识别为一个根本原因。工程师和科学家们知道设备的表现问题,比如泄漏的“O”形圈,但高级管理层不知道这个问题。

于是NASA把这个不足描述为沟通问题。这个标签给NASA文化变革工作提供了一个关键要素:使人们能够更好地相互听到。而对于一个外人来看,这个真正的文化问题更应该这样描述:“高级管理层的人们不愿意听到那些有可能耽误发射任务的坏消息。如果你是带来坏消息的那个人,准备好被枪毙!”该组织文化的一个特点是避免报告一个坏消息,要随时表现出一种“我能行”的态度。NASA并不是唯一一个在安全文化上使用“我能行”这个口号的组织。

接下来的对于共情倾听技巧的培训对于这部分的安全文化没有带来什么改变。当2003年哥伦比亚号发射的时候,一些科学家和工程师怀疑航天飞机的机翼上有点问题,但是当他们把担心报告给他们的经理们的时候只得到了同情的倾听。

贴标签从根本上是行不通的。人们总是倾向于把想要的文化精简成几个简单的词汇，比如“合规的文化”，或是“我能行的文化”，或是“以安全为核心价值的文化”。用这些词语来开头是不错的，但是，只有那些详细的描述才能指导文化转型。要创建一个安全文化，远远不是用一个吸引眼球的词或是流行语就可以完成的。要实现你想要的文化，你必须把每一个想要的细节都描述清楚。否则，你就是在让组织里的人——现有的文化——去决定需要怎样去调整行为。他们常常是不靠谱的。

更加重要：这里人们的真实行为表现

在一个有着很强的积极文化的组织里，你会发现管理层清楚地知道他们要什么，并将其设为自己的关键目标。对于要将飞机安全降落在航母上是这样，对于在麦当劳提供服务是这样，是的，对于 NASA 抢救翻滚落下的航天飞机时也是这样。

很多成功创建企业文化的领导者，其实并没有太多投资在对文化的研究上，他们一没有请管理顾问，二没有进行调研，三没有在外面开会研究公司的使命、愿景和价值观。沃尔特·迪斯尼（Walt Disney）、戴维·帕卡德（Dave Packard）与比尔·修略特（Bill Hewlett），以及伊雷·杜邦（Irenee DuPont）创建了强大的文化。他们很清楚他们想在他们管理的组织里看到什么样的情景。通过一系列正确的行动制造他们想要的结果，他们成功地将这种愿望转化成了实际。

他们是从说清楚他们想要什么开始做起的。

沃尔特·迪斯尼公司是个好例子。感谢电视，每个孩子都梦想着去迪斯尼乐园。当他们最后终于去成了迪斯尼乐园（通常是长大以后），那地方真的是不负众望。是什么让迪斯尼乐园这么与众不同呢？每一个去过的人都可以描述迪斯尼文化的一些细节：友好的服务，精心护理的草地，整洁的环境卫生，以及高质量的表演和效果。

你可以肯定这些就是沃尔特·迪斯尼当年在头脑里想要的，而且肯定是他当年极力描绘出来交给那些建设和运营迪斯尼乐园的人的图景。他去世之后这么多年，这个文化还持续繁荣。

如果你是个高级领导者，对于你希望创建的安全文化，你也需要能做同样的事。向那些深度参与的人描述这个文化是怎样的。那些人包括顾客、新员工、关键工作的协作单位，等等。如果你觉得困难——对于一些领导者来说确实如此——试着问自己，如果你去车间里，你希望在以下重要维度上看见什么样的行为：

- 安全规定和程序的执行纪律如何
- 当看见有人不安全工作后会怎样
- 多长时间有一起险兆事故的报告
- 工具和设备的状况
- 多长时间会收到一个员工的安全建议，对于建议怎么处理
- 安全会议进行得如何
- 领导和他们的团队成员在一起的时间有多长
- 领导和下属谈话时怎么谈论安全

写下你想要的，然后向不明白的人解释。如果你听到就是你希望看到的，说明你正在取得进展。如果你不能以一种易懂的清楚的方式描述你想要的，那么，那些负责具体工作的人就会来替你建设和管理你的文化。

从想法到转型

安全文化的转型始于对文化本质的理解。而这就要求澄清对于期望的改变的愿景：一个关于领导者想要的文化的清楚和详尽的图景，定义使用的术语不但要让组织成员能够看懂而且可能采取实际行动去实现它。那么接下来就是真正难的一部分了：真的让文化向着期望的方向转变，而且越快越好。想想这个事怎么做，你就开始意识到那些组织里的群体行为真的很少会因为某些公司总部下达的战略而发生快速的改变。

理解这个旅程——从现况到目标

哪怕是高级领导者也在积极推动，领导者们还是会发现要改变文化真的太难了。如果你是中层领导者，反过来你也会发现，如果没有高级管理层的领导，文化是无法改变的，更不要说转型了。

所以，我们相信转变始于高级管理层，改变文化的努力通常也始于那里。但是往往高级管理层不愿意改变，甚至都不支持转变文化这个工作。在这种情况下，转变不会发生。同时，在一线的领导者们天天和文化打交道。他们很少会相信自己有权力去改变文化。他们在等待观望，希望他们的领导们来做这个事情。

结果是，没有人觉得自己有任何力量去改变文化。这是文化转变的一个很大的悖论。每个层级的领导者都很沮丧，但是没有哪个领导觉得自己能够影响变革。但是如果这个文化，尤其是在工业企业里的安全文化，需要向着期望的方向迅速地转型，一线主管们是可以发起行动的。

所以我们又讲回到领导力和领导者。一个基本的问题是：如果你是一个领导者，而且你清楚地知道你希望的安全文化的样子，你能做些什么让这个转型发生呢？

答案就在杠杆效应里，找到撬动的支点，就是那些只要用少量努力就可以制造戏剧化效果的地方。这不容易做，部分是因为一个真正的支点不会那么明显让你找到，而且它有时候甚至反直觉。但是常常有三个地点或是时点，提供了支点给那些想要看到文化改变的领导者。

别老盯着上面

谈到转变，组织里的人的第一反应就是看着组织里的高层。这个做法更可能造成大家的失望，而不是真正的改变，但是大家还是总这么做。是董事会指派的CEO，是那些投票的人做出的选择。如果你停下来想一想那些产生可观影响的彻底的文化改变，它们通常不是由最高管理层从上而下进行的。革命通常是从基层发生从下而上，或是由外部触发自外而内完成的。席卷全国的时装潮流不是依靠一个组织的权力对大家产生影响的。

马尔科姆·格拉德威尔在它的《引爆点》一书里承认了一个重大变革的流程往往是反直觉的。传统的关于变革的智慧思路是“从组织最高层开始自上而下”，或者“解决了问题的根本原因，相关的症状自然就会消失”，一些相对较小的改变会带来不成比例的巨大影响。所以格拉德威尔描述了所谓的“少数派定律”：有少数人处在变革的中心成为摇旗呐喊者或推波助澜者。

在商业和工业的世界里，那些产生巨大影响的少数人不一定坐在那些大办公室里。事实有可能相反，就像我们从小在操场上玩的时候就知道的那样，在每个群体里都有一些天然领袖，他们对其他成员产生巨大影响。

当我们长大后参加工作，这些天然领袖们很多并不会上升到高级领导岗位。但这并不意味着他们没有领导的能力，只不过意味着他们没有那么高调的领导岗位而已。如果你是领导者，你知道你该去哪里找他们——以某种具体的方式改变文化——这些领导者们能够帮助到你。你知道他们是谁：他们通常在一群人里很突出。他们能帮你承担重任，去为变革争取认同和支持，这对于他们来说并不是什么难事。天然领袖就是这么能干。

不只是些亮眼的词汇和流行语

在企业里这些天然领袖通常出现在一线。他们可能对上学没有兴趣，没有能进入某个工程师学校，而是作为学徒或实习操作工参加了工作。在工作中他们的领导力被发现了，逐渐成为一线领导者。这些一线领导者们大多在他领导的人们心中有很高的威望。在文化转型中，这些一线领导者们代表着一股强大的杠杆力量。

如果你要借助这些天然领袖的帮助，记住遵循以下两条基本的变革原则。

原则一：当人们理解了变革的原因之后，他们的认同度会大大提升。花点时间向人们推销你希望的变革，将安全文化变得更好最终会把你带回安全的理由。

原则二：改变文化意味着改变行为，从而改变工作方式。如果以前的工作方式意味着承担太多风险，那么新的方式具体是怎样把风险降低的？而这种改变对于工作如何完成有什么影响？

这两个原则也暗示了测试文化变革成功与否的一个方法：如果行为和工作方式没有真的改变，文化实际上没有改变。

小事情—大变化

谈到文化变革,通常逻辑告诉我们有必要先找到并分析其基本原因。这个逻辑有问题,没有人能说得出一个文化的根本原因是什么。如果你真的知道原因,很可能它已经非常显著了,已经不是你能解决的问题了。

纽约市的犯罪问题就曾经是这样一个问题。想想在一个大城市中的犯罪可能有什么原因:经济,贫困,教育落后,家庭破裂,吸毒,等等。人们努力解决这些巨大的问题已经多年了,但见效甚微。如果你负责运行这个城市的地铁系统,想要解决这些根本原因,你也会想要放弃。为什么要浪费时间去改变那个文化呢?

根据格拉德威尔介绍,当时的地铁当局的主管戴维·冈恩(David Gunn)用了一个不同的办法。他聘请了威廉·布莱顿(William Bratton)做他的警长。毫不意外,布莱顿是那种有着天然领袖气质的人。他们两人决定对问题的另外一头采取行动:对那些他们可以产生显著影响的一些小的犯罪行为。无疑这个方法在某些人看来是治标不治本,不会有什么效果。布莱顿和冈恩采用的是一个不同的逻辑,又被称作"破窗理论"。这个理论认为犯罪者——无论有意还是无意——会评估环境条件来决定在哪里,或者是否去进行一次偷抢之类的街头犯罪。去掉导致犯罪的条件——"破窗"——犯罪率就下降了。

在20世纪90年代纽约地铁系统里是这样应用破窗理论的:抓住那些跳杆逃票的人,阻止那些在车厢外喷涂鸦的小孩。都是些小问题,看上去不至于转变地铁里的犯罪文化。

但是他们做到了。10年后,地铁内的犯罪率下降了75%。文化确实变得更好了,破窗理论能够很好地解释这个变化。

以上都说明了，当谈到文化变革，不但少数一些人可以产生巨大的影响，而且一些小的改变也可以带来巨大的效果。线性关系——投入越多产出越多——看上去不适用。秘诀是选用对的人，找到对的改变以产生好的效果。

演习指挥官是行为科学家

在冈恩和布莱顿努力改变纽约地铁文化的同时，另一位天生的领导者，查理·黑尔正在改变曼哈顿以西 40 公里一个化工厂里的安全文化。这是个老厂，1930 年代建厂，当时塑料工业从那里发端。但那已是很久以前了，而那里的安全文化似乎还停留在 30 年代。查理被任命为工厂经理。

每个曾和查理共事过的人——包括我自己——都会告诉你他对安全的热情。他从停车标识牌开始努力尝试改变文化。他曾经在厂里截住一个在停车标识牌前没停车就直接开过去的员工，问他："'停'这个字你有哪一部分不理解？"像查理这样的一个很棒的天然领袖可以做到。更有帮助的是，当他发现人们做得对的时候他会毫不吝惜他的表扬，而且都是那么真诚。

虽然查理没有管那个叫作破窗理论，他实际上也是遵循了同样的逻辑。从一些小的但是显著的事做起：一个稳赢的策略。一旦成功再继续延伸到其他事情。没过多久，这个工厂的安全文化就改变了。

当查理离开的时候，人们送给他一个礼物：一个闪亮的停车标志牌，上面签满了工厂每个人的名字。他后来把这个牌子挂在他在公司总部的办公室里。

抓住机会

让领导者们很恼火的一点是文化对人的影响如此之快。招了一个新员工,只消几个星期他就像那些工作多年的员工一样行事。新建立一个部门,不需要很久,他们的环境卫生就变得和工厂其他部门一样糟糕。在地铁这个案例里,你可以肯定那个最新的地铁车厢会成为涂鸦艺术家们最喜欢的目标。

这是真的。但同时别忘了有些时点和地点上追随者们会随时准备好受到他们领导者的影响。这些是高影响力时刻。在那些时刻里,旧的文化可能还不会马上投降,但它给了领导者一个缺口,一个地方可以施加影响。

新员工加入公司,进入部门,进入团队。领导变化,一个领导升职或调离。一次危机,在危机里人们有机会看到对领导最重要的是什么——照顾业务还是安全第一。一起事故,事故过后人们被迫认真思考安全在生活中到底意味着什么。

在这些时刻对于一个领导者的挑战是坚持推进他的理念。如果目标是创建合规文化,那么在一个生产线危机下,哪怕耽误生产也要坚持遵守规则,将发出一个非常强有力的信号。

在一个高影响力时刻发挥好领导作用是领导者的第二个挑战。而第一个挑战是识别哪个是高影响力时刻。

结论

文化,按照其定义,渗透在企业的每一寸肌理之中,因而难以改变。但这个内在特质同样也意味着一个强而积极的文化将会是一股强大的力量。它可以缓冲一个组织发展中的起起落落。文化像一个巨大的飞轮，我们不断施加影响使其持续转动，它转动的巨大能量可以稳定和规范群体的行为。它可以帮助改进——而不是降低——绩效。

那些成功的改变文化的方法有些反常识。正常逻辑——原因/结果以及线性关系——在这里并不适用。因循传统经验更可能会失败。所以，要到基层去寻找领导者，找到那些“小的但显著的”事情，而且别忘了利用高影响力时刻。

最后，关于文化转型的讨论不能忽略一个最基本和最简单的变革动力——领导如何做。没有哪个领导者可以自己不做，而指望其他人都能改变行为，从而改变文化。

这需要的是以身作则。

第 15 章

投资于培训

培训可能是在企业里被使用效率最低的管理工具了。

——威廉·麦格希(William McGehee)与保罗·塞耶(Paul Thayer)

每年那些大公司花费数以十亿计的金钱来培训他们的员工，而安全培训又占用了其中的很大一部分。在实践中，以下则是这个关键而重要的投资常常看到的结果。

下午 1:10，部门培训室

公司的安全保命程序的复习培训进行了一个小时。区域主管查理·菲普斯从教室后面观察，看到了不是很好的场面。

灯光昏暗，屏幕上是一页页的 PPT 投影，讲师面对着屏幕自顾自在说。

听众的样子你可以想象——也许比你想得更糟。

清晰无误地显示大家都很无聊：比利和卡尔在聊着接下来的狩猎季，杜恩忙着做填字游戏，戴安则用手机发消息。起码这四个人还醒着。其他人呢，说他们在做白日梦已经算是客气的。

能怪他们吗？查理心想。

他对这个年轻的安全部讲师感到抱歉，他接受了这样一个不讨喜的培训任务。他们总是把这种任务安排给新人：尽管他有安全管理方面的文凭，但是并不能保证他就适合承担这种责任。也许他们只是把培训材料交给他，让他来这个教室讲课。

查理深呼吸一下放松自己：这不是他的问题。但这难道不是浪费时间吗？只是为了管理层能够在“已培训”上打个钩。

但是已培训了些什么呢？

知识和技能在保护人们安全方面发挥的重要作用是前所未有的。但是如果人们不知道怎样去安全工作，你是无法指望他们能够安全工作的。全世界企业里的领导者们都理解这一点。而且，如果你请领导者们列出让员工安全工作的挑战时，“应对变化”这个挑战总是榜上有名。

工作安全的第一步：知道怎样安全工作

这是有原因的，因为管理变更是巨大的挑战。这些挑战包括人员的变化，婴儿潮（在第二次世界大战后二十年期间出生的人）时间出生的一代被新一代逐渐取代；也包括信息技术的变化，企业信息系统被导入、修改或升级；也包括政策、程序、计划和标准的改变——或是为了提高绩效表现标准，或是为了遵从外部要求，或是从一个严重事件中得到了教训——从而改变了工作实际完成的方式。见图 15.1。

领导者们面临的变化是如此剧烈，对于学习的需求从未如此迫切。新的人员、新的系统、新的程序，以及新的工作方式，需要把知识成功地进行传递。而矛盾的是，作为传递手段的“培训”变得更糟了，而不是更好了。以上描述的培训教室里的一幕每天都在世界各地上演。

你可能会认为，对于培训投资的低回报，最失望的是为培训买单的那些人：高级管理层。实际上是他们很少会抱怨培训，通常是被培训的人在抱怨。

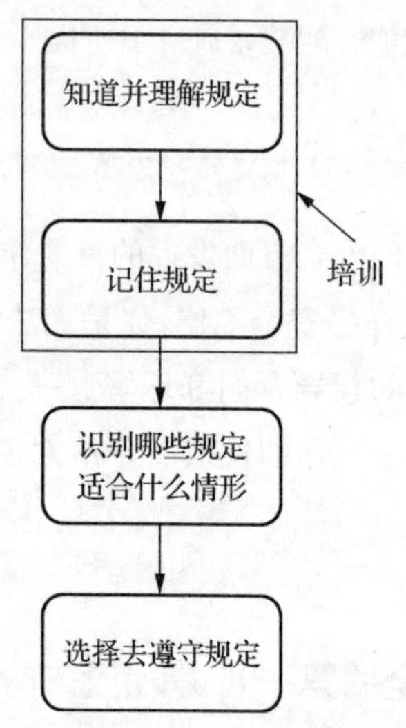

图 15.1　有效的培训对于满足完全合规的前两个条件很重要

《工商业培训》一书的作者威廉·麦格希与保罗·塞耶理解这个问题。高级管理层很少能知道他们花在培训上的钱得到了怎样的回报。因此,培训可能是工商业里最没有被有效利用的管理工具。

他们是在 1961 年写下这段文字的。

麦格希与塞耶总结了培训投资能够得到的潜在回报:“员工是否能达到组织的目标,在很大程度上依赖于员工接受的培训的性质和效率。”在 21 世纪初,培训的“性质和效率”是什么?对于用电脑和幻灯片讲授的培训,从这种培训中能得到什么回报呢?

《工商业培训》里解释了一个术语“培训需求分析”。培训需要建立在管理层确立的一些具体目标上,因此就有了这个术语。

半个世纪之后这个术语有了新的含义:需要对企业里的培训进行分析,而这个分析应该始于一个最简单也最重要的目标:让每个人都能平平安安回家。

无处不在的变化带来了对于学习的迅速增长的需求

培训代表着一个组织用宝贵的时间和人力资源所做的可观投资，而同时这个投资的重要性又在业务的运行中褪了色。不同于销售额和折旧值，培训课程的直接成本并不总会在收入报表中带来回报。那些授课和管理所花的间接成本，以及因为参加培训产生的机会成本则隐蔽性更强。除非高级管理者们找人计算，他们自己是不会发现组织内部在培训上花了多么大的投资的。

当然，麦格希与塞耶也提到了培训的好处——以及没有接受良好培训的员工带来的成本——这些也是没有被管理层清楚认识的。

1990 年代我在公司内部做过一个接下来十年全球范围内人员流失率的预测。采用保守假设估计，对于一个像我们公司这样的传统行业的企业来说，这个结果很可观。考虑那些填补人员流失造成的空缺，加上把新招聘员工培训到有能力的地步所花的时间和精力，估算出新操作人员所需的投资。

当你知道估算的结果是 1 亿美元时你会不会惊讶？同样的价钱大概可以新建一座工厂。像这样规模的大型投资项目可能需要公司的最高领导层批准。那些负责批准的人可能需要看到详细的业务计划和认真估算的投资回报率，而当这个项目被批准之后，会指派一个项目经理负责监督设计和建造。同样重要的，负责建设项目的人最终要对项目达到设计要求负责。

而对于花在培训上的相同的投资，以上这些居然都不需要！

知识对于安全很重要

那些人们不知道的有可能而且常常会伤害人。大家都知道这一点。在或大或小的事故的根本原因中，很容易找到那些缺乏知识作为重要因素的案例。

在三英里岛核电站反应堆事故的根本原因中，一项很重要的因素就是控制室操作工不理解反应堆工艺。这个事故造成的损失达到 120 亿美元。现在，核安全监管委员会要求反应堆操作工接受培训并得到认证。

当时是 1977 年。所幸的是，在三英里岛事件里没有人受伤。

但 2005 年 BP 得克萨斯城工厂的事故就没那么幸运了。那次有 15 人在一个运行装置的爆炸中丧生。进行独立调查的美国化学安全委员会认为“对人员，尤其是控制室操作工的培训不足，导致了这次事件的发生。装置开车时的危害等并没有在操作工的培训中充分体现出来”。

少一点点的知识会导致一大堆的麻烦

如果知道要做的工作所需的知识会有助于安全，那么培训当然重要。

遵守安全规定也有助于安全。至于安全规定，都是由鲜血写成的。对于我们这个物种来说，还没有能力把没有在这个世界上发生过的问题写在程序上。我们写程序的时候知道这一点，但是仅仅知道这一点并不能帮助我们解决人们不遵守规定的问题。在 2006 年，BP 的竞争对手，皇家荷兰壳牌遇到了全世界油气行业企业迄今为止死亡人数最多的一年：在一年内共发生了 37 起工亡事故。按照公司自己的计算，只要人们遵守规定，这些死亡事故中的 80%都不会发生。一个公司一年就失去 30 多条生命，仅仅是因为没有遵守程序，这促使了很多公司都致力于创建所谓的“合规文化”，或者用更加容易理解的表达方式，正如我在和一个工厂的管理层会议上所说的：“让每个人任何时间都遵守所有规定。”

人们不遵守规定时总有非常充分的理由——最简单的一个就是“我忘记了”。但是我们早就开始强调遵守纪律，这已经没法成为一个借口了。要大家完全遵守，首先要让需要遵守规定的人理解那些规定。你怎么可能指望人们去遵守那些他们既不知道也不理解的要求呢？

这听起来都很简单，理论上是这样的。但是你想一下在培训教室里进行安全教育时的情景，你就会知道理论和现实之间的差距有多大了。

考虑一下，一个员工要安全地完成他的工作需要知道哪些知识。首先，他要知道关于操作、维护，或者运送产品的相关技术细节。其次，他要知道在做这些工作的同时满足安全要求所需要的信息。这包括从基本的劳保用品到是否要遵守某些保命条例，例如受限空间进入。这之间还包括如何检查、评估、报告、调查和记录。

尝试列出你的下属安全工作所需要知道并理解的知识清单。这是每一个主管应该知道的，但事实上他们很多人不知道要去做的事。当然，你可以在需要用到时再去查找——这些很可能都写在某些地方——但是你可能要到很多不同的地方去找这些信息，需要花很多时间。

信息太多，时间太少。

还有一个容易的办法，是在以下时机安排他们的培训：当有新的安全政策或安全程序下发的时候；公司开展某项活动或是要上某个新系统的时候；到了定期复训的时候；有了客户程序和要求的时候。

培训问题是谁的问题?

培训的问题可能真的不是你的问题。你在你的部门真的有太多事情要处理,也许你觉得就算你想解决这个问题你也无能为力。培训难道不是高级管理层的问题吗?或是培训部门的问题?

不仅要知其然,还要知其所以然

这是一种观点,并不一定是最佳的观点。是的,也许是高级管理层决定要做培训的。培训部确实是负责设计和讲授课程的。而且他们可能都没有问过你对你的下属有什么培训要求。

另一方面,那些在教室里睡觉的是你的下属。你对于他们应该知道什么和不知道什么负责。你将对发生的错误承担责任。如果发生了一起严重事故,虽然你不是那个提供糟糕培训的人,这并不会给你带来多大安慰。所以另外一个观察你自身角色的视角是:你是这个培训流程的重要客户,而客户怎么想真的很重要。

我们是在 1980 年代得到这个教训的。例如,那时候作为消费者我们认识到,我们不需要成为生产汽车的人,也能够对汽车的质量产生深远影响。当我们喊出“我们受够了劣质车!”就带动了汽车业的质量革命,那些诸如爱德华·戴明(Edwards Deming),菲利普·克罗斯比(Phillip Crosby),和约瑟夫·杜兰(Joseph Juran)等管理大师于是横空出世。

在 1980 年代,质量改进流程在很多制造业企业管理中占据了中心舞台。主管和经理们都在忙着参加各种培训课程,致力于改进他们的产品和服务的质量。我也是其中一员,从一个知名咨询机构的质量学院毕业，并参加了我们工厂的质量培训课程。

鉴于你们当时不在场，我来介绍一下这些关于质量的培训课程——不是有质量的培训课程。内容一般般。坦率地说，我不认为学习如何烤饼干的案例能够帮我生产优质产品。那么那时我知道些什么？我只是个学生。还有课堂的讲授：昏暗的灯光，屏幕上的 PPT，无聊的演讲。不止是我一个人昏昏欲睡，很多人都和我一样。

站在培训讲师的立场来说，他们只是被指派了这个工作去照本宣科。质量管理流程就是这样，严格符合要求，没有创新和个性化的余地。所以我们的培训师负责地照着他的讲稿，做了糟糕的培训。

但是 1980 年代的质量革命给我们留下了一些非常有用的思想。比如，所有的工作都是一个流程，每个流程都有所有者和客户。这个概念非常契合 21 世纪的培训质量问题。

把灯光调暗带来厌倦

所以，培训流程的客户：学习一点培训流程有好处。如果知道了培训的流程使你变得不满，别忘了对现状的不满是改变的最大动力！

知识不是问题

如果你是企业的主管或经理，你每天都在解决有效传递知识的问题。“彼得有没有资质签工作票呢？”“乔知不知道怎样正确地佩戴呼吸器啊？”“谁知道怎样把事故信息输入计算机系统？”要解决培训问题并不需要很高的学历：只需要有点常识和清醒的头脑就可以了。你首先要问：“这个培训对于我们业务的成功有多重要？”现在你已经知道这个问题的答案了。

接下来你要问题的是:“我们知道怎么培训员工吗?”

我们遇到过类似的状况:作为集体我们知道怎样去传授最好。但是由于种种原因,我们选择在实践中不照我们理想的做法去做。这样看来,培训的问题可能根本不是出在培训本身。

最近的对于大脑功能的科学研究给了我们一些关于人类学习的新的洞见。讽刺的是,这个发现再次强调了苏格拉底式的教学做法的好处。2500 多年前,他已经发现了通过问题来教学的力量。这还是目前已知的最好的教学方法。

现在的学习专家们都能给你详细地解释这个方法为什么如此有效。但是你并不需要得到一个神经心理学博士学位也能够体会这个技术的威力。只需要问一些真正好的问题,你就会得到第一手经验了。

在 1960 年代早期,诺贝尔奖得主物理学家理查德·费曼(Richard Feynman)自愿给加州理工学院的本科新生教物理课。他的动机是:他觉得他的同僚们把一门本来令人激动的课程教得糟糕透了。费曼的讲课被拍摄制作出来了,被称作“简单六条”。这些录影被认为是迄今为止在这个课程上最好的讲座。

40 年之后再看这些录像,你就会见证费曼那无与伦比的用易懂的语言解释复杂知识的能力。而且,他对于这个课程的激情极具传染性。他的讲座再次证明了没有没意思的课程,只有没意思的讲师。

但那些在课堂上开小差的人是你的责任

在竞技体育领域有很多好的老师。1950 年代,哈利·霍普曼教出了一众出色的澳大利亚网球选手,包括莱佛(Laver)、纽康比(Newcombe)、洛斯瓦(Rosewall),以及之后的约翰·麦克恩罗(John McEnroe)。作为巴尔的摩金莺队的资深捕手,查理·刘(Charley Lau)找到了一个击球的好方法。于是他在 1970 年代成为一个击球教练,成就了乔治·布莱特(George Brett)进入职业棒球名人堂。在 1980 年代,另一位热爱高尔夫球的物理学家戴夫·佩尔茨(Dave Pelz)研究出了新的打法,于是在过去二十年里培养出了几位顶尖的高尔夫球选手。

有一句关于培训的老话:"如果你拿枪顶着他脑袋他就能做好,那就不是培训的问题。"充分的证据表明我们在能想到的所有课题上都已经准备好了如何培训。从哲学家到物理学家,到运动健将们,都已经想清楚了如何去培训。

所以培训问题实际上并不是培训的问题。把枪口顶在我们头上的时候我们是能够教好的。但很多时候我们没有做到。这实际上是一个绩效表现的问题。

你们一直都在处理绩效表现问题。乔知道怎样正确地穿戴他的个人防护装备。他在车间工作时是一个好榜样。那是因为他知道你会看见他——而且知道如果你看见他没戴的话会要求他戴上。但是当他到废料堆场时就完全不一样了,他知道你不在那里督促他遵守规定,所以他利用了这个机会,没有去遵守纪律。

这是绩效问题很恼人的一个方面:那些懂得更多的人会做错事。把绩效表现差的人送去再培训不是解决问题的方法,只能是浪费那个人的时间和你的成本。既然他们其实已经知道工作应该怎么做,处理绩效问题的方法应该是从动机或是后果着手。

低效的培训本质上是同样的现象:人们知道,有效培训需要实现知识的传递,但就是没有采用应有的行动去实现这个目标。每个人都知道,在电脑上用 PPT,或者把一个不胜任的培训师放在课堂上,是不能有效地实现培训目的的。

培训的三个"T"

我作为一个顾问,花了大量的时间在我以前从不愿意做的事情上:教育成年人。当我刚进入这一行的时候,我以为顾问的工作包括解决问题和提出建议,这两件事我都乐于从命。结果没过多久我就发现那些最多要接受我的建议的听众都坐在课堂里,在我的教室里。我不情愿地开始了授课,而我的关于传授的教育也就开始了。

七年之后,我学到了,好的传授或好的培训需要三样东西:时间(Timing),技巧(Technique),和老师(Teacher)。这都是很明显的,你不需要是教育理论博士也可以理解。

时间:任何科目都有合适的时间去传授。那就是学生们正准备好学习而且很快就能学以致用的时候。

技巧:要传授一种知识或技能,总有无穷种技巧可以使用。从讲授,到实验,其中有些技巧会更加有效。

老师:虽然学习是学生的责任,但是一个好的老师可以识别真正理解和仅仅通过考试之间的不同。做过学生的人都知道这一点。

在培训上,这三个因素都产生作用。它们很基本也很简单,和常识差不多。是的,常识,但不是常见的做法。

原因不难理解:简单归简单,但简单不是容易。在正好需要这个知识的时候进行培训;使用对学习者最有效的传授方法;找到真正好的老师,这些都是极其艰难的。相比之下,在检查单上打个钩是容易的。

面临在"把这件事做对"和只是"打个钩"之间的选择,许多组织不约而同地选择了回避挑战。在培训这件事上,已经被理解成把人们关到一个房间里,给他们几页 PPT,然后问:"有什么问题吗?"在高科技模式下,这些 PPT 被放在网上,每个人在电脑前做个测试,以"证明”他们理解了培训材料。而这些练习完成之后，管理层会说：“他们经过了培训，已具备资质。”

但经过培训，具备资质做什么呢？

第一个“T”：时间

关于时间有很多要注意的点。要学习一样东西有最好的时间点——当人们需要而且愿意学的时候。但在一个企业里，进行培训的同时还有很多运营活动在进行：要服务客户，要生产产品，要完成这样那样的工作。有鉴于此，在选择培训时间上总是要有所取舍。

> 如果把枪顶着他脑袋他可以做的话……

把人们从生产岗位上调下来放在教室里的成本又叫机会成本，是巨大的。如果他们的工作有人去替补，通常意味着要加班工资。这通常是培训中最大的一部分成本。然后还有讲师、教室，以及各种教室后勤的成本。对一个培训课程进行一次真实的成本统计，你会发现它比通常想象的要昂贵得多。

培训的高成本解释了为什么现在那些不需要课堂、教室，甚至讲师的网络培训变得这么时髦。如果学员可以在进行正常工作的同时接受一个要求的课程培训，比如说，坐在控制室里，一边控制工艺流程，一边在网络培训课程上翻页学习。这种培训的机会成本可以说是零。(但是操作室里的员工盯着 PPT 看而不是盯着工艺，也有点让人不放心，是吧。)

网络培训也“解决”了另一个关于时间的大问题：在真正需要用到这个知识的时候进行培训。

在需要学以致用时进行传授的好处是不需要非常天才的头脑就可以理解的。成年人只有在愿意学习时才学习，而他们只有在需要这个知识的时候才愿意学习。在需要时传授也解决了知识留存的问题：人们会很快地忘记不常用的知识。关于知识留存的研究显示，通常在学习之后两到三周，关于这些知识的回忆和应用信息就很快地消失了。

理论上，网络培训可以解决时间问题。当然，这是建立在网络培训是一种有效的学习方式的假设条件上的。很多需要传授的安全知识无法通过计算机有效地教授：比如如何灭火，没有什么教学方法能够代替拿一个真实的灭火器去练习。

最好的学习如何使用灭火器的时点是一场火灾将要发生的时候。既然没有人能够预测什么时候会发生，关于时间的决定——何时培训——通常就不是给予学习效果本身而是更多地基于管理成本和方便程度。

什么时候有足够的人数可以开一个班？上次培训到现在有多久了？根据法规要求我们最晚什么时候要完成复训？学员什么时候有空？老师什么时候有空？什么时候有合适的培训教室？

当然，这些都是很合理的关于培训时间的问题。但它们和人们的最佳的学习时点毫无关系。

总结一下，时间问题在概念上很简单：基于学员和学习材料之间的关系，有一个最佳的培训时间点。但经济问题和后勤问题带来了很大的阻碍，因此，实际上培训时间是按照那些提供培训的人的需要来安排的。

我们的教育系统也是这样。当你准备去法国度假时你会发现，要是过去三年上过法语课就好了，而不是当初在高中上的法语课。在看你买了股票的那家公司的年报时，你会希望去年你上过财务会计课程。

这都很好理解。但是这种需求和传授之间时点上的错配会带来低效的培训。

第二个“T”：技巧

成年人各自有自己喜欢的学习方式，但最终我们是在实干中学习的。不管是我们学怎么系鞋带，学习怎么开手动挡汽车，学习怎么交易股票，学习怎么灭火，或是怎么填写事故报告，只有当学生成功地完成了这项任务，这个学习才算达成了目的。

每个运动教练都很清楚这个道理，这就是为什么练习在体育运动中如此重要。在棒球中有春训，在橄榄球里有季前练习赛，高尔夫球里有发球练习场，对于更多的团队运动项目，如篮球，足球，水球，等等，只要不是比赛日，那就是练习日。

理论上说，最好的培训时间是“在要着火之前”

重复是学习之母，在练习中很重要的一部分就是重复。当然除了重复还有很多需要练习：有传授，还有学习。在过程中发现薄弱环节并进行加强：“这个动作要继续练，直到每次都做正确。”同时进行的还有改进和技能提升：高尔夫球手本·霍根说过，高尔夫是一种必须在发球场上的尘土之中才能学会的运动。

至于传授，最好的运动教练们都是些天生的创新者，总是在不停地找一些新工具来改进他们的教学。曾经，看比赛录像只是橄榄球教练们的秘密武器，现在，基本上每个竞技体育的教练都在用逐帧回放的视频进行教学。教学工具能够尽其所能地把学员应该掌握的传授给他。好的工具会提供更多的感官体验——触觉、视觉，甚至听觉。它们可以提供及时反馈。这些都能够帮助学员记住培训体验，难道记忆不是学习所追求的吗？

这个趋势的影响超出了体育界。消防局有他们的消防培训;公用事业也有他们的培训。在核电站人们使用高仿真度的模拟机对反应堆操作工进行培训;太空飞行任务早就开始采用硬件模拟进行训练。也许迄今为止最好的一个培训创新是在1920年代的林克训练飞行模拟机。这个当时又被称作“蓝盒子”的飞行控制模拟机器,是由一家对飞行感兴趣的乐器制造商开发的。

自那以后,这个装置变得越来越精密,专门用于培训飞行员。

这里只是很少的一些例子。在他们中的共通之处是:负责传递知识的那些人找到了怎样传递知识的好办法。

重复是学习之母

技巧在有效培训中扮演着重要的角色。一个老师不是只能被束缚在用PPT讲授这一种传统方法上,他们有足够多的选择:

- 展示,示范具体做法
- 实验室试验,可以让学员习得第一手经验并得到反馈
- 阅读材料,可以是课本,也可以是案例研究
- 书面答题
- 现场参观,见识真实世界里知识如何应用
- 模拟
- 课堂讨论

但是教学方法是由老师来选择的,而一个好的老师总是会选出特殊的方法,而不会千篇一律。

第三个“T”:老师

当学员给予我最高的表扬:“很棒的一堂课,我一下都没有犯瞌睡。”我不由得想起高中历史老师说过的话:“没有不让人感兴趣的课程,只有不感兴趣的学生。”他是在当我们课堂上有人开始打瞌睡的时候说这话的。今天,如果坐在企业的培训教室里,他也许会说另一个版本:“没有不让人感兴趣的课程,只有不让人感兴趣的老师。”

不让人感兴趣的课程还是不让人感兴趣的老师?

好的老师不常见,但是在我们的生活中,总会在某个时点有幸被某个好老师教育过。这些好老师教的课程各不相同:从历史到物理,从高尔夫到投资。课程千差万别,老师也风格迥异,但是有三点是好老师都有的特点。

第一,他们都对所教的课程充满热情。毫不夸张地说,看见他们的表现,你会确信世界上没有什么比他们所教的课程更重要的了。作为学生,你会不由自主地接受。

第二,他们都有能力把需要掌握的内容传授给学生。学生学到了,而且很长一段时间内,他们会记牢这些内容。

第三,他们很认真地对待帮助学生学习这件事。作为老师,他们的目标就是让学生有所学。他们用的方法各不相同,个性也各不相同,但课堂不是为了他们而存在,是为了学生而存在。

像理查德·费曼这样的好老师使教学看起来很容易。但如果你自己试试,就会发现不是这样的。这是我尝试教学以来学到的第一点。如果教学容易,那么你遇到的大部分老师——从幼儿园到大学老师——都将会是好老师。实际上在我们接触过的所有老师中，从幼儿园到小学，从体育运动到业余爱好，从新兵营到企业内训，好的老师总是凤毛麟角。这解释了为什么我们总感觉大部分的培训……以及老师们，有些根本的问题。大部分老师，包括一些做了一辈子老师的人，教得并不好。这不是挑毛病，这只是就事论事。

几年前，我开始教别人怎么教学。要想出一个可以很好地传授的流程，这本身就是一个独一无二的挑战。把这个流程传授给别人是一个很引人入胜的过程。一些学生——培训师——会说："我知道怎么去培训，已经被培训多年了。我参加过对培训师的培训。"如果他们愿意听，我会和他们这样解释传授的定义："使得别人知道一个课程内容。"这里有两个动词"使得"和"知道"，只有一个名词"课程内容"。这是个老派的理解，包含了不同结果在心中，而不是只有一个写着"培训"的标签。很多时候，我讲到这里他们就懂了。

在课堂上睡觉可能还只是最小的一个麻烦

彼得·德鲁克曾经认为你不可能教别人怎样很好地传授。也许这个结论是来自他对于好老师这三个特质的良好直觉。对于课程的热情，良好的沟通能力，以及对于学生的关注实际上都取决于老师的动机。

三个"T"结合起来

时间、技巧和老师是培训的三个"T"，使用得当的话，它们可以带来令人难忘的更重要的是有效的培训。这三者中只要有一个短板——例如，用一个差的培训流程束缚培训师的手脚，在学员没有准备好的时候进行培训，把好材料给一个差老师——培训的效果自然不会令人满意。

知道了这个三个“T”是如此之难，我们就能够理解为什么多数组织都干脆缴枪投降，只是走走培训的过场，在记录表上打打钩以告诉别人已经做过培训了。

另一方面，考虑一下如果培训质量不好会带来的后果。和学员在课堂上打瞌睡相比，某些组织不能学习和改进会带来大得多的麻烦，同样的错误一而再，以及人们不能按照正确的方法去操作。如果你是在学习烘焙，这些后果不是那么严重。但我怀疑你的企业业务不像烘焙这么简单。也许是时候直面培训的艰难挑战并采取些行动了。

就算不是高级管理层或是领导培训的人，你也能够改进培训。第一步就是成为一个懂行的培训客户。阅读，并理解本章将帮助你满足这项要求。

第二步就是识别在这个所谓的培训过程中你能够影响和控制的情景。如果你能选择谁来做培训，或是什么时候做培训，你就有了某种控制手段——决定输出的能力。如果你能选培训师，你怎么会不找那些有动力有天赋去做培训的人呢？这个人也许没有毛遂自荐。对于很多好老师来说，教学其实是一种隐藏的天赋。你需要花心思去分析才能评估出谁有这些特质——热情，专注，沟通能力——能够教好。

至于时间，你自然应该可以避免贪图省事的倾向，依照如何有效而不是依照方便来安排培训的日程。这可能会导致成本上升，或是让某些人感到不便。但难道培训带来的收益——投资回报——不值得我们做一些额外的努力吗？

当然还有一些你不能控制的方面：法令规定你必须以某种方式教学；预先统一准备好的培训材料；网络培训；一些在家办公的人来做培训，缺乏准备且不胜任。你不必全盘接受。毕竟，你才是客户。如果接受的产品和服务质量不好，每个客户都有权力抱怨。当这些抱怨的声音足够大，并且传播得足够远时，改变会发生的。

第 16 章

理解出了什么问题

我知道今天发生了点事，我只是不确定到底是怎么回事。

——约翰·麦克恩罗(John McEnroe)

每一天的生活并不都是完全按照计划进行的。设备会有故障，生产会延迟，交货日程可能无法满足，成本会超出预算，客户会打电话来投诉。每天在公司里有大量的活动，加上人员犯错和设备故障的可能性，使得我们有很大可能会遇到问题。从这个角度看，作为一个领导如果不遇到很多问题，会是件很奇怪的事。

有时候这些问题有关安全。以下是一个例子。

上午 7:15，交接班安全会

车间主管查理·菲普斯正在结束他的晨会发言："好的。大伙儿关于安全还有什么要分享的吗?"

团队成员吉姆于是主动出来做一个"安全时刻"的发言："我不得不承认，昨天我遇到了一个险兆事件。我借了辆自行车去实验室运样品。快回到我们楼的时候，我骑出了车道的边。那里车道很窄，边上也没有护栏。我建议大家今后骑车到那里的时候一定要小心。"

查理首先对吉姆的安全表示关心："吉姆，谢谢你分享这个事件。我们大家多少都遇到过自行车相关的事故。你没事吧?"

吉姆略带遗憾地笑了笑说："哦，还好，我没事，不过样品都洒到泥土地里了。自行车胎也爆了。我只好借了另外一辆车骑回实验室再拿了一套样品。"

这位主管做出总结:"正如吉姆所分享的,哪怕是一些像骑自行车这么简单的事也会发生事故,所以我们要对日常工作非常认真。大家开始工作吧,注意安全!"

散会之后,查理自己在想:"这种事情总是发生。我对于刚才听到的应该做些什么呢?"

这看起来是那样小的一个问题,只是领导者的日常中又一个小时刻。现实地说,对于这样的事件去启动一个正式的根本原因调查是不太可能的。但是就像很多其他看起来很小的事件一样,背后的故事远比看上去的多。

面对问题

幸运的是,大多数时候的问题都是小问题,只需要主管的一点点精力就可以解决。多亏了他们在这方面的丰富历练,领导者们通常都很善于解决问题。

好消息是大多数问题是小问题,但是……

有时问题会变大,可能引起高层管理领导的注意。到了那个时候——重伤,生产中断,重要客户的不满——通常需要做一个正式的调查。正式调查需要时间也需要技能,关系重大,因而往往由一个掌握特定调查方法的人来领导。正式调查流程有助于找到一个重大事故的根本原因。但是,无论问题的大小,背后都有原因。那么你对于每天遇到的那些相对较小的问题应该怎么做呢?只是处理后果——

解决损害而忽略原因——是不是足够呢?

这是不够的。

很多问题,看起来是很小的问题,那只是因为它的后果看起来很小。情况稍稍改变的话,后果也许会很不相同:那个从 10 厘米处落下的重物有可能从 10 米高处落下;送错的样品可能被送到一个很重要的客户那里;管子上有一个小孔泄漏,也许可能是爆裂。我们经常会发现一个小事件和一个重大灾难之间的区别只是发生的时间和地点的不同。

换句话说,纯粹是运气问题。

当然,你毕竟是世界上最忙的人,花费宝贵的时间去分析每个日常问题看起来是分散了你的注意力。而且,有那么多问题要求分析,你可能都没时间做别的事了。

但试着这样想:所有这些小问题都代表着一些帮你了解你的运营状态的机会,解决掉其中一些,你的日子会变得好过些。如果你不找出是哪里出毛病了,或者不采取些预防措施,你不能保证这种事不会在哪一天又冒出来,而且很可能下次发生时会有更大的后果。

这就是说你要对每个小问题都进行全面调查吗?

在一个完美世界里对这个问题的答案是“是的”。但我们的世界不完美,所以你要有所取舍。首先你要选择那些值得你花时间和精力去跟进的问题——不只是对问题进行善后。然后你需要一个简单快速的方法去找出导致问题发生的原因。最后,你需要采取能够真正纠正问题的措施。我会提供一些有效的,而且效果不错的方案。

关于调查的真相

关于问题，首先我们要了解，每次出了问题，都出现了一个高影响力时刻。一次失败，无论大小，都会造成追随者进入被影响状态，关注他们的领导者在失败之后如何说，如何做。

这意味着我们有了站出来去领导的完美机会。

质量大师菲利普·克罗斯比确立了“找出根本原因并解决之”作为其四大质量原则之一。这很有道理：每个问题都有其原因。所以如果你解决了根本原因，问题就消失了，永不再来。

重大事故牵出重大问题

找出根本原因听上去简单，从原理上说也简单，但不要把简单和容易混淆。找到出问题时的真相是一个艰巨的挑战。在你领导事故调查时，你面前一屋子紧张的追随者们都急着想要找到出错的真相。

这种紧张来自调查的悖论。差不多每个案例调查到最后，发现的根本原因都会与人员行为有关。每个人都知道这一点。每个人都知道对于找到的那个要负责的人意味着什么。所以一个事故以及随后的调查通常让人感觉像是犯罪和惩罚的关系。

这也说明了为什么人们常常说“这不是我的错”，以及为什么找出真相那么难。

于是很多领导者认为，如果消除了这种恐惧，就不难找到真相了。因此他们会建议：“解决问题，而不是指责。”

所以我们开发出很多根本原因调查方法：逻辑图、流程图、计算机程序以及许多精妙的术语。使用一种系统化的方法没什么错,尤其是在一个有经验的人带领下进行调查的情况下。但不要误以为照着一个方法做就可以消除紧张,就一定会找到真相。有些时候,这些方法只是胜在可以使调查报告在纸面上显得更好看。

对于你作为领导者,面对出了问题后的这种紧张感,还有更好的方法。

想象一个人们对于做错事的后果没有恐惧的世界吧。显然,在那个世界里人们对承认他们犯的错误没有任何压力,我们找出原因真相也非常容易。但是,如果对于后果没有恐惧的话,我们为什么一定要做正确的事呢?没有对后果的担心,为什么要遵守规定——尤其是那些让人不方便的规定呢?为什么要认真工作呢?为什么要行动之前再次检查呢?

事实是,对于后果的恐惧能驱使人们一开始就做正确的事。如果没有了这种恐惧,不用想就知道有多少事会出错了。

最后,不要忘了,当人们冒险进行不安全工作时,始终有两方面的后果:惹上麻烦的后果;受伤的后果。后者则是每个人最应该敬畏的。

所以,从这个角度看,失败之后的紧张感也许事实上是个好东西。

哪里出错了?

了解是什么导致了紧张感并不会帮你消除这种紧张感。作为领导者,你在寻找事故原因的过程中还是要面临如何管理这种紧张感的问题。好的领导力会有帮助。如果你的目标是尽可能地接近真相,以下是你在领导一个调查的时候可以采取的步骤。

抓住时机

亨利·福特(Henry Ford)说过:“失败是重新开始——而且更聪明地开始的一个机会。”失败也创造了一个高影响力时刻。当某些大家不希望看见的事情发生了,在安全上,这种事可能是造成某人受伤或设备损坏的事故,或是事故险情。在这些情况下,人们会坐好了专心听他们的领导说什么,并关注他们的领导做什么。

在一个失败发生之后,你的行动比你的言辞产生更重要的影响,但是你的言辞也很重要。对于不同的情景使用合适的言语很重要。你需要知道对那个受伤的人该说些什么,对于可能会出席调查会的人说些什么,以及对于那些可能接受调查面谈的人说些什么。许多领导者认为有的情景已经胜过千言,不是的。所以在下一次失败发生之前,花点时间想想你对于失败的理念和期望,以及你的行动打算。以下是一种思考的方法。

找到原因:这绝不简单

你在寻找一起事故的原因,这是一起你不希望发生,也正在努力预防再次发生的事故。如果这起事故导致了某人受伤,你确实感到遗憾。保证你的下属安全是你作为领导者最重要的一个目标。

接下来就是看法的问题了,无论这件事再怎么糟糕,它都有可能会更糟。

但你不希望有下一次,所以你要花时间去调查。这么做需要诚实:每个人都需要把他们所知道的关于这个失败的信息贡献出来,这样我们才能预防再次发生。当然,这么做肯定不容易,没有人愿意出错,也没有人愿意为了一个错误负责。

为了改进和成长,必须找到根本原因

有什么替代方法呢?找系统的问题?找设备的问题?或者找老天爷的问题?这么做的话,大家都感觉不错——直到再次发生同样的问题。

如果你是这么想的,把你的思考和你的追随者分享,就把它看成是对于一个事故调查的树桩演说吧:

我们在这里寻找事故的原因,我们希望这事没发生过,而且我们都很努力地预防它再次发生。作为领导,我有一个重要的目标就是确保大家安全。

我们尽量用客观的眼光来看。不管这事有多糟,还有可能更糟。

但我不希望还有下一次,所以我们在花时间了解到底问题出在哪里。这需要我们诚实:每个人都把他(她)所知道的和事故原因有关的信息贡献出来,这样我们就能预防它再次发生。当然,这一点也不容易。没有人愿意出错,也不愿意为了一个错误负责。

有什么替代方法呢?找系统的问题?找设备的问题?或者找老天爷的问题?这么做的话,大家都感觉不错——直到再次发生同样的问题。然后我们大家都会感到糟糕,感到内疚。

这样一段话,出自你这样的领导之口,能有所帮助。

对于后果的恐惧:总是一个首要激励因素

问一些基本的问题

遵循一个根本原因分析方法是找出真相的一种方法。如果你没有能力进行根本原因分析，或者觉得按照这个程序做太费时间，那么还有个变通办法。这方法不过就是问一些问题。失败不是什么新鲜东西，在根本原因分析方法发明出来以前，提问这个方法就已经被广泛应用了。由何人，何事，何时，何地，如何以及为何等引导词开头的问句能够帮助理清事件原委。在事件调查时，把这些问题看作基本问题。

这些引导词远不仅是表面看上去那么简单。了解了它们的威力以及它们可以引导出来的讨论，你就有了一个有力的工具。

提问看起来容易，但试一下你就知道，很容易受挫。你不停地在说，而只是偶尔收到"是的""不是的"这样的简单回答。在有些情景下"是"或"不是"是你期望的回答："你开始工作前在工作许可证上签字了吗?"但大多数时候，要了解哪里出问题了，最好是由相关人员给出他们的解释。

有一种根本原因分析方法就是建议你一直问"为何"直到找到原因。你也许可以。试着问踩在结冰路面滑倒的人为什么：如果他的回答是"因为天气太冷了"，你就真的得不到什么有用的信息了。

持续问"为什么"的方法模糊了重点：为什么一件事发生和一件事怎样发生的关键区别。

起初，很容易把如何与为何搞混。毕竟，它们描述的都是那些导致一件事发生的因素。但是两者是完全不同的：如何描述的是方式、方法；为何描述的是原因或动机。

下面用一个物理学上的例子说明两个概念的区别：

让一块石头从一个塔上落到地面，你可以测出运动的方向、速度和运行距离。这是如何落下。如何通过事实和数据提供了答案。

而对于"为何石头会落下?"这个迷惑了哲人们几千年的问题，最后牛顿给出了让每个人都满意的解释，至少几百年来我们都满意的答案——万有引力。

失败：一个再次开始并且做得更好的机会

“为何”解释了石头是朝下落而不是朝上或朝两边飞的原因。万有引力是“为何石头会落下?”这个问题的答案。“为何”解释了物体表现的原因,因为这个表现的原因并不是直观可见的。如何与为何都是重要的问题,需要去问,去理解。对于科学来讲是这样,对于问题调查也是这样。

重物如何落下?“我们知道链条断的时候重物落下了,这个链条断了是因为重物超出了 500 磅(注:1 磅等于 0.453 592 千克)的额定载荷。”

为何重物落下?“我们认为导致链条承重超出额定 20%的原因在于这个重物标识的重量只有实际重量的一半。对重物重量的计算有错。”

前五个问题——谁/什么/何时/何地/如何——帮助搭建这个案子的事实框架。事实常常很明显,因为有很多证据可以证明。“他被绊倒,从楼梯上摔下,三个人看见他摔下来躺在楼梯底下,后来救护车来了。”有时候事实又不是那么明显:“这个情况在大家注意到之前已经持续多久了?”

当你找出所有需要知道的事情,你就通过事实、数据和证据回答了关于谁/什么/何时/何地/如何的问题。相比之下,对于为什么的问题反映了基于事实上的结论。“为何”处理的是关于原因、判断和动机的问题。对于这个问题的答案原则上在于其他人的结论:“他在下楼梯的时候没有当心。”这是基于事实做出判断得到的结论。见图 16.1。

调查表格

谁/什么/何时/何地/如何 （事实，数据，证据）	为什么 （结论）
什么：脚踝崴了 何时：6 月 9 日下午 7:30 夜班，停车期间 哪里：TBD 车间 谁：罗恩·琼斯　机修学徒 如何：下楼梯 用对讲机沟通 没有抓扶手	为什么：到二楼去找备件 一般作业 没有专心

图 16.1　对于基本问题的答案有助于理解事情原委，
“T”形表是一个组织信息的简单方法

这叫作险兆事件：出现了差一点发生事故的危险或是先兆，也可以用险情来描述。根据经验我们都知道，现实中险情比真正的事故多得多。要瞄准一个人不容易，所以一个事故要错过一个人比命中的概率大得多。如果你的下属受了伤，意味着他们有过很多的险情。

险兆事件

上午 9:42，TDB 车间

当他的管子钳落下的时候，弗雷德尖叫了声：“下面人当心！”幸运的是，大地母亲承受了撞击，在一楼工作的三名操作工刚好躲过。

你听说过多少次这样的险情呢？

在很多企业不要求报告险兆事件。不难理解为什么：报告就意味着要调查。做了一个调查就意味着有个人被发现要承担责任。不报告险兆事件总是阻力最小的办法。但不报告的话就意味着同样的事可能再次发生。每一次发生的时候，都有命中的机会而不会总是错过。

但你不想再有“下一次”

报告的话，一些不好的事可能发生。不报告的话，也有一些不好的事可能发生。这对于每个领导者或是团队来说都不是容易的处境。

如果你是领导者，首先你要知道，如果有人报告一起险兆事件，你是被投了一张信任票。人们足够信任你才会把出错的事报告给你——尤其是当没有其他人看见时。就像本章案例里的员工在交接班安全会上描述的那起没人看见的“险情”。“对，这严格地讲不是一个险情：轮胎已经破了，样品也损失了。对，而且他应该在昨天事故发生后马上报告。有的主管可能会在那个方向上深挖下去。要当心，那有可能显得有点过分聪明了。”那个员工不是非得报告他的主管，而且事实上很多员工在这种情况下选择了不报告。如果在这件事上被追究，那么他以后可能再也不会报告那些没有被看见的事件。而且他会这样和其他人分享经验：“我当时是在想什么呢？还把那件事告诉老板。”

一个险兆事件是一个很大的高影响力时刻。

而且，当一个人报告一个险兆事件，他是期望你对这个状况做点什么。许多主管把险兆事件的报告——特别是这种没有那么严重的——看作一个打扰。当然，要做的事情总是很多而时间总是不够。但是把一起险兆事件看作一个麻烦则失去了重点：一起险兆事件是不需要任何人受伤就能够改进安全的绝佳机会。请把它看作老天爷让你去修补某样东西的消息。

你可以问：“我们多长时间会发生一次像这样的险情？”你可能会惊讶于这不是第一次发生。你可能一直生活在运气中。

调查险兆事件，尤其是小的险兆事件的一个好处是你通常不会有太大的外部压力，也不一定要找出哪个“责任人”去采取纠正措施。所以你不会面临那些严重事故调查中需要面对的担忧。

最后，不要忘了认可那个第一个向你报告这个事件的人。报告这个行为本身就是一个高影响力时刻，是一个认可和强化正确行为的完美时机。

真正能解决问题的方案

我们中的大多数人都认为一旦我们找到了原因，调查中最难的部分就过去了。也许是福尔摩斯式小说和那些侦探电视剧让你有了这个偏见。找出哪里出错只是战斗的一半，另外一半——解决问题——一点也不容易。在一个事故报告里的纠正行动项清单上你会看到很多似曾相识的项目。

- 更换破损部件。
- 维修设备。
- 提醒所有人遵守程序。
- 把发现项向全厂分享。
- 对相关人员进行再培训。
- 更新并发布相关程序。

有谁认为这些“解决方案”能解决什么问题吗？

> 谁，什么，何时，何地，如何，以及为什么！

有句老话，“神经错乱的意思就是，重复造成问题的行为还指望有不同的结果发生。”以上那些所谓的“方案”一直都有人在提出。而且，那些审核报告的人通常都会批准，就好像人们在做机械重复，在表格上打钩，然后说“调查完成”和“纠正行动项完成”。

就算是那些有外部专家领导的对重大事故的调查也好不到哪去。例如人们不遵守安全规定的问题——不是一两个人，而是整个组织。在那个组织里，安全规定被认为是建议而不是要求。不止一个重大事故报告在这个问题上给出一个结论是文化不好，需要纠正。

当然，文化是问题的一部分。对于这个问题，解决方法应该是修正它的文化。但给出这样的建议，就好像对于战争的建议解决方案是世界和平，太笼统。

解决问题

幸运的是，如果你是个一线领导，你不需要解决那种问题。但至于你这边的问题呢？为什么不去尝试解决它呢？毕竟，这个事已经大到足够引起你的注意了。

解决问题需要你的一些诚实的思考。首先是关于你们确定的事件原因：这个原因真的能够解释事情那样发生的吗？如果不是，回到前一步骤，得到对于基本问题的回答。如果是的，面对现实，看看要解决问题需要做些什么。例如：

- 如果有人知道怎样做却不做，培训不是解决办法。
- 如果程序足够只是没有被遵守，再修订也不能使人遵守。
- 提醒别人“当心”从来不会使任何人多一分小心。
- 修好了导致受伤的物件并不能解决背后的行为问题。

找到真正的解决方案

不要自我催眠，认为那些消防队员所说的"政治水"——一种表面上给人感觉做了有点用，实际上没什么用的方案——能够起作用。当然，不是每个问题都有一个容易和直接的解决方案。对于难题，好好想，努力想，想想什么能够真正解决问题，尤其是在行为上解决问题。

险兆事件：它可以是一个伪装的祝福

伤害三角形给了一个有用的视角，让我们观察到哪些因素导致受伤，以及潜在的方案在哪里。要使某人受伤，需要一个人，一个物体，以及足够的能量。这三个要素必须同时出现在同一个地方才会造成伤害，去除其中任何一个都可以避免伤害的发生。

然后是考虑控制和影响的区别。一个主管能够控制的和他能够影响的是不同的。控制是能决定输出结果的能力。影响，相较而言，是"不通过力量或直接命令而产生一种结果的能力"。因为这个结果是由别人控制的。无论关于这个话题的常识如何，对于一个领导者来说，控制总是好于影响的。通过控制你能得到你想要的。不幸的是，一起伤害的发生原因通常是来自行为，领导者并不能控制这个星球上任何一个人的行为。

当要为某个问题找解决方案时，应用控制与影响这两个概念的差异被证明是很有帮助的。控制能够保证结果：问题不再发生。一个主管能控制什么？无外乎那些我们常见的：培训、资格认证、设备、工具、方法和程序。但至于别人的行为，那就是关乎你的影响力的问题了。

如果你了解了一个物体出故障的真实原因，要解决它通常并不难。在挑战者号事故中，如果要修好助推器上的“O”形圈是很容易的。但这并不就是说如果“O”形圈的设计改进之后就不会发生事故了。组织里还有一大群人的行为的问题需要被解决。要改变 NASA 和他们的承包商的行事风格并非易事，但如哥伦比亚号事故后来证明的，这是非常必要的。

如果你能通过修理好装备来解决问题，而且已经有一个简单且容易的方案，那么尽管去做：填维修单去更换门上坏了的把手，或者在去工具间的走廊上贴上防滑地垫。要当心那些复杂的、昂贵的解决方案：就算这些方案有效，也要花费不菲。当一个方案既费钱又费时间，你该问问自己：“还有什么办法能解决这个问题？”如果你想不出办法，问问周围的人，总是有那些有创意的人愿意贡献他们的创新性解决方案。你要做的是去问他们，他们会很乐意帮助你的。

很多时候需要一个方案去解决人的问题，也许是一群人的问题。你在给一个相关的人进行辅导教育的时候，先看看你能否识别出这是否是行为上的普遍问题。人们出错是有一定概率的。因为一个普遍的错误去惩罚一个好员工是不公平的，而且这样也不能解决未来这个错误还可能发生的问题。

对于要解决故意选择犯错的问题，请记住可以用观察、反馈、使用正面后果和负面后果的方法来管理他人的行为。对于一个人的行为这样做是很容易的。但是对于组织内群体的某种行为，方法则是完全不同的。

一旦你确定了你要用的方法，记得先试一试。

评估潜在方案的标准

评估潜在的方案有两项标准。

- 有效性:在多大程度上能达到目的。
- 效率:执行这个方案需要花费多少时间、精力和资源。

最好的方案在两项标准上都能拿高分。它真的能以最小代价解决问题。如果你想的方案算下来不合算,找找别的选择,总会有不同的选择。

第 17 章

测量安全绩效

我们看不到自己的表现，因此需要好的反馈手段。如果得不到准确的信息，求胜欲再强也没有用。

——保罗·阿辛格(Paul Azinger)，职业高尔夫球手

“你在管理安全绩效中面临的最大挑战是什么?”这个问题我问了大约两万个领导者，从一线主管到首席执行官，得到的回答基本都没有超出我的预期。无论他们来自哪个行业，来自哪个地区，他们面临的最大挑战都无外乎：态度、行为、自满、管理变更、让人参与。在生产型企业里，这些艰巨的挑战都是领导要面临的现实。

在关于安全领导力的重要讨论中，常常漏掉一些重要项目，比如测量。测量——测量安全绩效——很少被领导者们认为是重要的安全挑战。这或许不该使人感到意外，首先，许多领导者认为他们已经有足够的信息来有效管理安全绩效。他们觉得没有任何必要再去收集关于安全绩效更多或更好的信息。其次，与领导者面临的其他挑战相比，获取数据看上去不是很重要，领导们知道还有更大的鱼可钓。还有一个理由，我猜很简单：测量安全绩效是别人的事，不是他们的事。

分析这些解释，很明显都是有瑕疵的。首先，我们生活在信息时代，领导者随手可得海量的信息，但是和业务相关的数据(比如生产、成本、质量、客户满意度之类)相比，安全表现的数据还是很稀少的。在过去 30 年里，在质量改进方面的大量信息帮助了业务绩效的戏剧性的改进。企业信息管理系统甚至已经开始关注改进业务表现信息数

据的流动——测量实时的数据。如果让大家都平平安安回家是一个领导者最重要的业务目标，为什么要把测量这个目标达成与否的工作交给其他部门呢？

既然这个解释说不通，那么大家对测量安全绩效缺乏兴趣应该是另有原因。那也许是个非常简单的原因：测量安全太容易了。

所幸的是，受伤并不经常发生；而当它发生的时候，往往也只有个别人受伤。在记分板上记下一个伤害数据是极其简单的事。既然大多数时候记的是零，这个趋势线就很明显了。而有一些预示事故发生的可能性上升的数据则容易被忽略。记录分数很简单，但要画出一条有意义的趋势曲线则很复杂，这是测量安全绩效这件事的内在矛盾。

事实上测量安全绩效意味着对领导者的两个巨大挑战：一个是把他们已经得到的绩效数据解读出来；另一个就是找到更好的数据，那些能告诉领导者他们真实绩效表现的数据。很多时候这些数据是被统计出来的——可记录事故数、事故报告数、检查结果得分、审核得分、安全会议出勤率——可是并不能让人清楚了解真实的情况，况且这些数据也并不及时。如果作为一个领导你不能得到关于你团队的高质量的信息数据——他们做得怎样、他们正朝着哪里前进——那么你让他们平平安安回家的愿望就算再强烈也没有用。

高质量的信息：好决策的基础

有些其他办法。很多测量方法在其他领域发挥了作用：生产、质量、成本，甚至投资和体育比赛。这些方法可以用于测量、监督和改进安全绩效。要从那些世界级的企业学习测量，首先要从了解他们学到的教训开始，然后再将这些教训用在改进安全绩效的测量流程上。

好好吸取教训

把时光拉回到1960年代到1970年代,那时大多数制造业企业,从生产率、成本、质量上看都很难算得上世界级。然后,我们亲眼见证了业务运营绩效的一场革命。这场革命很大一部分要归功于制造上的硬科技,和计算机的威力。但是测量在其中也扮演了关键角色。在清点数目这件事情上,没人能比爱德华·戴明更擅长。

在大萧条期间,得到数学物理博士学位的戴明从美国农业部的一个岗位开始了他的职业生涯。戴明在政府服务期间参与了1940年美国人口调查数据的分析。在历史上,概率论和数理统计的方法曾经被应用于人口样本分析。戴明有些新想法:在二战期间,他把这些统计技术用于指导战时物资的生产,这些方法起到了神奇的作用。但是,战后美国的制造业对应用统计技术并没有太大的商业兴趣。而战后日本的形势则大不一样,于是戴明转向了东方。

在那里,戴明的改进制造产品质量的统计方法得到了应用,并在20年之后被推广到了很多产业,从电子业到汽车业。戴明的统计学方法获得了很多赞誉。而事实上,他的方法只是给日本的制造业经理们提供一些关于他们的运作和产品的更加精细的绩效数据。

当美国经济在1980年代初期遭遇滑坡的时候,戴明的方法终于在制造业的领导者们的视野中得到了重视。随之而来的是一场关于产品质量和生产率的革命,在接下来的三十年里推动了美国经济。虽然一些戴明的徒弟们试着把他的方法论包装得很复杂,实际上它并没那么复杂。将统计分析工具用于改进——直方图,流程图,以及用来测量波动的标准差——这些在1960年代每个大二学生都学过。我知道这一点,是因为我学过。

在生产运营中,有了精细的测量成本、产品质量和生产率的工具,经理们能够很快看出他们需要做些什么以改进。于是战场就转移到产线经理们最擅长的方向上——调整生产的方式和方法。

数据分析对安全也管用

三十年过去了,绩效的改变已经成为明显的事实,而以下这些从测量流程改进的实践中学到的教训则很关键。

- 测量是取得世界级绩效的必要条件。测量是很有威力的:正确的测量可以揭示真实的工作进展情况。

- 测量必须专注于那些可以控制的部分:正在发生的制造流程。它不应该聚焦于那些最终结果:例如成品,就无法被控制。

- 在测量中,收集和筛分数据的过程,和分析环节一样,都是非常有价值的部分。

- 让利益相关方参加收集和评估数据的流程不仅仅是明智的授权行为,直接参与测量流程可以使他们拥有对于改进流程的参与感。测量职能早就已经不是品管部门的专属了。

- 最好的绩效测量指标并不一定要非常复杂,但是有很多指标可供选择。要选择测量什么、在哪里测量、何时测量是非常复杂的,需要深思熟虑。

- 依赖任何一个指标都有可能被误导,或者更糟的是,鼓励他人歪曲事实。没有哪个金融分析师会仅仅通过公司年报中的净收入就做出投资决策。

不需要太高明的人就可以理解这些教训,大家要做的只是花点时间反思这些教训——然后将所学用到实践。“如果不能测量,就无法管理。”这句话太对了。

测量安全表现

回到 1960 年代晚期，当时我是一个生产勤杂工，每次下班前我都会把当班的生产记录单交到生产控制部。几年之后，当我从大学毕业后，我从同样的地方开始了职业生涯。因为当时我们没有安全部，我的第一个工作任务是给工厂计算伤害频率数据。做这个工作只需要一个好的计算器和美国国家标准研究院（ANSI）的一套统计伤害的规则就够了。我得到这个任务后很兴奋，把工作带回家里，花了一个周末梳理了过去几年的数据，制作了一张令人印象深刻的手工图。

40 多年后，那种原始的用纸质单据统计产量的方法和复写纸一起被时间淘汰了。替代它的是一个用于收集数据的精密的计算机系统，信息时代我们用这个来测量业务表现。对于安全表现，尽管没人用手绘图标，但是通过事故率来测量安全的方法还是没有改变。

对于某些事物来说永恒不变可能是个好事，但是对于测量安全绩效这种重要的事则不然。

作为一个忙碌的领导者，你也许不必去为你的公司设计测量安全绩效的系统。也许是别人把一个 50 多年没怎么变的测量系统给你使用。伤害率是这个世界上使用最多的安全绩效指标。这个数据也许对于公司高层很重要，但并不意味着你不能收集和使用一些对于你和你的团队安全绩效更加有用的测量指标。当然这不是要你启动一个大项目去上一个安全数据库。你在其他业务表现的测量上已经积累了一些经验。你所需要做的只是对于测量安全绩效的方式和方法也进行一些深入的思考。

你的测量目标

测量有两个基本功能:绩效表现可视化,以及与竞争对手对标。在企业里,一个领导者负责制造结果:测量的第一个功能就是看看这个结果怎样。测量的第二个功能就是提供一个评估这些结果的方式:这结果好还是不好?测量可以让领导者知道进展,并知道这个进展如何。业绩比较可以是内部比较,可以是在业内比较,也可以是和其他行业比较。在这个逻辑之下,描述基准的标准可以是:有史以来最好的、业界最好的和世界级的。

测量:评估绩效之路

比较绩效会带来竞争,哪怕只是在个人之间或部门之间的比较。竞争的好处是巨大的,但同时也会带来一些无心的后果:竞争会引诱人们敷衍数据使其更美化。如果你以做裁判为生,那么恭喜你,你有活干了。但如果你是个经理,而属下又没有裁判让你的部门保持诚实,那么竞争的压力会使你的绩效表现数据失真。在这种情况下,你看到的数据并不代表真实。当然,竞争对手的绩效数据也可能不真实。

这不是什么学术问题。这种事一直在上演:在竞技体育里,在证券市场上,以及在安全绩效的测量上。以下是令人震惊的事实:工业界几家著名公司曾经因为瞒报真实的伤害数据而遭到罚款。我的老东家也是其中之一。我们当时真的不是刻意想要去敷衍数据:我们只是以为我们在做和大家一样的事。

这些都强调了每个领导者都已经了解的一点:当我们在统计一个数据时,而且一直在统计的话,总是会有一种冲动去使得这个数字变得更好看。这是人的本性,尤其是当这个数据和绩效评估、奖金和安全奖之类的重要的事情挂了钩,压力就越来越大。并不是说那些向诱惑屈服的人都心怀恶意:有时候“创造性地解读规则”会被大家接受。关于绩效问题的底线是:安全是件严肃的事,领导者还是最好知道真相,得到不好的数据不如没有数据:没有数据时,至少你还知道你不知道。

除了竞争性评价之外,测量还提供了关于趋势的重要信息:绩效表现变得更好了还是更差了?和竞争性绩效数据不同——不是说谁胜谁负,趋势数据给领导者提前警报,让他们采取措施以改变未来。

如果你是一个领导者,好的安全绩效指标会对你很有帮助:你可以看到绩效表现,你可以评估这些表现,还可以在伤害发生之前——而不是之后,采取措施改进。如果你认为你现在拿到的数据不能够帮到你,以下一些建议可以帮助你更好地测量安全绩效。

结果和活动

要避免那种歪曲数据的倾向,最基本的也最可行的方法就是多加些测量指标。需要测量的数据角度变多了,要隐藏绩效真相也就越困难了。在安全领域总是有很多东西可以测量,很多人已经开始测量除了伤害率之外的一些指标:安全建议数量、安全会议出席率、险兆事件报告、审核结果、检查报告、纠正行动项报告、安全规定违反次数,等等。把类似这些已经在统计的数据整合在一起,就会给你一个关于真实情况的更完整的展现。如果只统计伤害事件数据,而且伤害率在下降的话,这是很让人怀疑的。人们很可能倾向于瞒报伤害事故,而且瞒报也很容易。

站在秤上得到真实结果

可以把这些信息整合在一起使用。所有可以测量的事物分为两种：活动和结果。虽然很多人心里认为任何发生的事情都可以看作一个结果，但是在测量上，活动和结果的区别是：活动牵涉到一些自行决定的行动；结果则是因变量，是活动的成果（或者是缺少活动的后果）。在测量安全时，结果是那些伤害疾病的数据、损工天数、暴露在危险物料下的员工数，或是噪声超标的程度。这样一些结果就像高尔夫球赛结束后的记分牌，就像已经生产出来的产品。即使你不喜欢这个结果，你也无法改变它，你只能期望下一次做会有更好的结果。

相比之下，活动是那些为了得到期望的结果而采取的行动。如果我们的体重来自我们所吃的，那么吃就是那个活动，我们站在秤上就可以看到这个活动的结果。在测量安全时，活动包括进行的检查和审核，提出的安全建议，完成的培训课程，花在巡视管理上的时间，等等。因为我们相信，更多正确的活动会带来更多更好的结果，测量这一类活动——做了多少次以及做得怎么样——就变得非常有用。在一个理想世界里，在活动和结果之间总是有因果关系的证据。而在生产运营的现场中，那种科学证据通常不好找，但是常识往往会告诉我们确实有关系。例如，没有什么直接证据证明，干净整洁的现场环境会导致更少的伤害事故，但常识告诉我们，在一个干净整洁的车间里人们会变得更安全，至少不那么容易被东西绊倒。参加培训、进行审核、起草程序、参与安全会议，以及打扫现场卫生都是活动的例子。对每一个活动，都有某种程度的自行裁量和选择。

将这一做法付诸实施，有一个很简单而又有效的改进安全绩效测量的方法：同时测量活动和结果，并且将两者区分开来。活动实际上更重要，因为它是领导者能够真正直接产生影响的。

领先测量和滞后测量

那些识别、创造、完善有统计显著性的领先指标的测量科技越来越复杂,但是确定领先测量的过程则很简单。这个过程首先要理解是什么使一个测量领先而不是滞后。

由于不可能测量那些还没有发生的事,所有的测量天然上讲是针对历史数据的。无论你测量的是什么——谁赢了比赛或谁拿了大学球队选秀第一名,去年的年收入或是谁参加了安全培训——不管是活动也好结果也好,都是过去发生的。

话虽这么说,我们有无数种方法去看历史数据。有些数据代表了终点线绩效:谁赢了、公司赚了多少钱、多少人受伤了。就像赛场上的记分牌,这些数据是最重要的,因为它们衡量了成败。

但是这些数据只反映了在流程结束后所发生的:一场比赛、一个财政年度,或是一个月。我们收集报告的数据并不只有这些,还有那些测量在过程当中发生的事情的数据:新加入的队员、新的客户订单、参加培训课程的人员。这些测量跟踪的是一些对某些人也很重要的活动,例如销售电话数量对于销售经理而言。它们反映了那些最终对成功产生重要影响的中间结果,就像新增加的客户订单或是客户投诉的数量。

领先数据和滞后数据:有用的见解

区别领先和滞后的是时机:它们在过程的什么时候出现。一些活动和结果在流程的早期出现,一些在晚期出现。总是在最后出现的是比赛结束时的比分数。首要目标是赢得比赛,但当最后的比分定下时,要改变结果就太晚了。所以橄榄球教练们会跟踪队里那些要参加比赛的球员的数据，看他们有多少人参加了季前适应性训练，球员的力量指标如何，以及这些指标如何变化。每个教练都知道，只是等着看最后比分，不算是在管理球队。

测量那些在流程早期出现的事物叫作领先测量，测量在晚期出现的叫滞后测量。这很容易区分，也可以适用于所有活动。在商业世界里，股票市场通常被看作经济表现的一个领先测量。股价上下波动代表着对未来收益的预期。当股市显著下降时，下跌的股价可能预示着经济衰退。当然也不一定，因此有个说法是："股票市场成功地预测了过去 9 次衰退中的 17 次。"领先测量结果的变化可能会，也可能不会预告滞后测量结果的变化，但它毕竟是一个信号。相比之下，失业率的变化是一个经典的衡量经济活动的滞后测量。一个公司通常在他们看见了稳定长期需求之后才会招聘新雇员，在不需要他们之后才解雇员工。经济活动的变化通常会反映在失业率水平上。

如果一个流程已经稳定了很长时间而要开始进行某种改变——在一个设计好的领先指标上可以看出变化。一个有用的领先测量可以揭示之后会发生什么——以及在之后测量上会有什么变化：把这个简单逻辑用在安全上，进行领先测量很容易：派人参加安全培训课程，进行更多审核，写新程序，启动一项活动，花更多时间去巡视管理。这些测量可以很快改变。这些活动的结果变得也很快：审核分数，考试成绩，合规数据，以及安全和不安全的行为。

在其他一些测量指标上则需要很长时间发生变化，例如安全建议数量的增加或是自愿报告险兆事件，事故报告质量的改善，或是事故率的下降。

至于在哪里画一条线去区分领先还是滞后——快还是慢——完全是选择的问题。更重要的是要认识到不是所有的数据都以同样的速度变化。当要预测未来——并且在未来发生之前做些什么改变时——聪明的领导者知道他们首先会看什么：那些领先测量。

平衡计分板

任何对安全绩效的测量都可以被看成一个活动或一个结果。任何测量都可以被看成领先测量或者是滞后测量。这两个关于测量的观察可以结合起来,组成一个矩阵,代表一个关于安全的平衡记分板。这个平衡计分板(图 17.1)让你可以对那些关于安全绩效的基本测量一目了然,因而也减少了对于伤害率的片面依赖。

平衡计分板

	领先	滞后
活动	✓ 培训 ✓ 检查 ✓ 环境卫生 ✓ 巡视管理	✓ 安全建议 ✓ 险兆报告 ✓ 特殊技能使用 ✓ 安全观察
结果	✓ 检查结果 ✓ 审核分数 ✓ 考试成绩 ✓ 资格认证	✓ 受伤 ✓ 事故 ✓ 事故率 ✓ 违反

图 17.1　平衡计分板提供了一些领先和滞后测量,并按照活动和结果分类

在制作一个平衡计分板的过程中会有另外一些明显的好处。首先,在制作过程中你把所有分散在各处的与安全有关系的测量汇总到一起:安全培训记录系统,月度安全设备检查报告,安全建议系统,季度审核报告,以及伤害事故报告。把这些数据找出来的过程本身已经很有帮助了。这再次说明了,要改进安全绩效测量,并不需要去创建一个新的数据系统。

其次,另一个好处是制作计分板是决定哪个指标属于哪个类别的过程。这个矩阵为每个测量给出了四个选择:可以是一个领先的活动、滞后的活动、领先的结果，或是滞后的结果。有什么不同呢？更重要的是选择背后的思考。

逻辑是这样的：活动——无论领先还是滞后——都是领导者可以施加某种程度的直接影响的。一个领导者可以召集安全会议，派人去接受培训，进行安全审核，以及安排设备检查。可是，一个领导者无法保证这些活动的结果是怎样的：人们在培训中学到了多少，安全审核中发现了多少问题，设备检查时发现的状况。这是活动和结果的区别。

一些活动比其他活动进行得更快，部分是因为许多活动需要依赖于一些其他重要的不易被影响的因素。例如，一个经理通常可以要求部门里的任何人去参加一个安全培训……这是个领先活动。如果这个课程培训的是安全领导力实践，参加培训的学员在实践中做得怎样就代表了领先结果。这个因变量——所学，是很多自变量的函数：参加者的意愿和兴趣，课程设计的有效性，老师的技能。在课程最后的考试也是测量的好办法。但是派他们去培训的最终目的不是通过考试。如果课堂上教授的是如何有效地带领别人安全工作，最终衡量成功的应该是看未来的伤害率。

伤害数据，最受关注的滞后指标

伤害率是一个滞后结果。它是个因变量，无法被领导者直接影响。许多安全指标，尤其是那些最受管理层关注的，都是滞后结果。测量它们很有必要，但是如果只依赖它们的话，那就像戴明博士所说的那样："在产品制作完成后，把质量检查进产品"。

在以上关于培训的例子中还有一个测量，就是参加课程的人员随后所做的领导行为。其中的假设就是，如果一个领导参加了课程，经过学习并把所学应用到实践的话，他们的追随者会更倾向于安全工作。这些技能使用得更多，安全绩效更可能改善。因此应用领导力实践就是一个活动，尽管是一个滞后的活动。

参加安全领导力培训，初看上去像个普通的活动，在计分板上可能计成领先活动。深入这个流程里研究，理解培训是一种投资，追求这个投资的回报要看终点线上的结果，然后一切就很清楚了。这里有四个地方可以测量：在课堂上的参与，能力测试，领导力技能在工作中的更好应用，以及在终点线指标——伤害率上的改进。这四个依次是领先活动，领先结果，滞后活动，以及滞后结果。

建立平衡计分板，需要花点时间和精力想清楚它们之间的关系，把领导者真正能够影响的自变量和因变量区分出来，揭示两者的相关关系，并找出在最终结果出现之前，可以通过哪些指标看清绩效表现。这有助于领导者专注于那些他们可以真正影响的事情。考虑时机——过程中的变化应该或可能发生的时候——有助于你更好地了解那些潜在流程的作用（例如，怎样才能增加安全建议数量和险兆报告数量）。在收集和报告这些测量指标时，关于绩效的更完整的图景浮现出来了。

主管培训是平衡计分板如何发挥作用的一个小例子。把它应用到许多其他已经在使用的安全绩效测量上，你就会发现它的威力了。它可以帮助你理解测量指标，并用它们来全面了解你在安全绩效管理过程中的每个步骤。

如果你对测量中看到的不满意，这些数据就是你在巡视管理中的好工具，可以用它们来问一些非常棒的问题。

领先指标

到目前为止，我们一直都在小心避免使用领先指标这个术语。这个词通常用来表示我们所说的领先测量。用领先指标这个词——或更糟的是，依赖于这个术语——而不是理解它的含义，不是一个好的管理做法。

精确的领先指标就像罗塞塔石碑，可以把任何神秘的事物解读出来。如果有一个安全上的精确的领先指标，将会使得安全绩效管理变得容易得多。但千万别指望有人会发邮件告诉你有什么好的领先指标。如果你知道怎样才能得到一个精确的领先指标，你就会意识到它们为什么在理论上看起来比实际中更美。

一个指标是一个指向其他事物的东西。一个指标表明两个条件的某种关系。事物之间可以有各种关系，但在设计和使用领先指标时，有两种关系是重要的：因果关系，相关关系。

滞后洞察总是在事后

因果关系是医疗和制药行业关注的重点。造成某种疾病的原因是什么？在研制的一种药物治疗那种疾病有多大效果？医疗期刊定期发布新找到的因果关系，专注于人的健康和每日活动之间的关系，比如喝咖啡，或喝牛奶。至于解剖学上的科学原理则不是那么让人易懂。在 1960 年代，一项广泛发表的研究指出了一些喝牛奶的孩子的健康问题，揭示了喝牛奶和儿童健康问题的一种因果关系。那些研究者忽略了一个更加基本的联系：那些喝牛奶的孩子们更有可能在有健康问题的情况下活过婴儿阶段，而到了少年阶段之后才表现出症状。

所以要找出因果关系，对照组非常重要。最理想的情况下，对照组应该和观察组完全一样，除了只是少了要研究的物质或行为。一个对照组给出了一个有意义的比较标准。谈到安全，你会发现很难展示那些你测量的绩效指标的因果关系。既然很少有统计学意义上有效的比较基准，当一个改变发生时，通常很难证明这个改变和需要的改善之间的因果关系。是驾驶安全培训降低了车辆事故率呢？还是手机使用政策的改变造成的？或者是什么其他的变化造成的？

在不同数据之间还有一种关系叫作相关关系。相关关系意味着有联系,但不是因果关系。相关事件一起发生,但并不是因为彼此而发生。保险精算师发现年轻驾驶员的事故率远高于成年驾驶员。背后的原因不难解释:缺乏经验,不当心,不成熟,他们还是孩子。所以年轻驾驶员要付更高的保费。这些精算师也发现驾驶员接受培训的程度也和安全驾驶表现有相关关系。同样,考试分数也有关系。因此,对那些年轻驾驶员,如果接受过驾驶员培训而且分数高的话,可以得到保费的折扣。

相关关系显示的联系远远不能证明这种联系。在高中毕业考试门门得“优”的学生并不一定就是好司机,但他可能会得到保费折扣,保险公司看到了相关关系。而且,有许多例子显示在一些完全不相关的数据之间有相关关系,例如足球比赛分数和股票价格之间。仅仅是发现了统计上的联系,并不一定意味着有事实上的相关关系。世界上总是有巧合的事。随机相关是不能拿来做关于未来的重要决策的依据的。

一个真正的领先指标的主要好处是能够预测未来事件的可能性,并具有足够的可靠性,能够根据该指标做出重要决策。如果这个指标告诉你有个大问题迫在眉睫,可能我们就得行动。

但是你需要一个精确的领先指标,一个不但展现因果联系而且有清楚的相关关系的指标。多年以来,对于安全事件有很多研究——安全会议,提交险兆报告,参加行为观察计划——这些都显示出这些事件和那些更多人关注的滞后指标(伤害率)之间的相关关系。这些研究很有帮助,但应该加一个警告标签,给领导者们使用之前看:“这只是统计相关,不是因果关系。相关关系只对有效数据和采样的企业有效,风险自负。”

制定精确的领先指标是个不错的主意,也是个高技术的工作,很少能够在安全绩效管理中实现。一个领导如果知道他在安全上没有精确的领先指标，只有领先测量，会比生活在一个错误的领先指标带来的虚假的安全感之中要好。

险兆事件只有在被报告了才有价值

知道你所不知道的会带来探索的动力。

险兆事件报告

如果不讨论险兆事件报告，一本关于安全绩效管理的书是不完整的。但本书不是作为那些专业安全工程师的技术用书，而是写给数以百万计的希望下属能够完成任务同时能平平安安回家的主管和经理们的。现场工作的人有时候会遇到险情，有时候他们的领导也听说这些险情。然后呢？这是每一个领导者都要回答的实际问题。

一起险兆事件，无论有没有引起领导的注意，它都是一个高影响力时刻，使员工处于随时准备接受影响的状态。一个资深电工领班曾经说过："每个电工在他的职业生涯中都被电过。"我同意，因为我也被电过，而且我还不是电工。当一个险兆事件发生时，容易引起别人的注意。如果造成伤害的潜在可能是严重的，任何懂事的人都很可能会停下来，相信可能会发生什么更严重的事，然后吸取教训，

如果事情就这样结束了，在这个话题上就没什么好多说的了。但是有时候这种险情被老板看到了，或者被报告给老板了。这个报告带来了问题：险兆事件怎么计？对于这个事件我们应该做什么？而且，有时我们要问，对于这个责任人要怎么处理？后两个问题在本书其他章节讨论。这里只谈如何记录一个险兆事件。

简单的回答是：那要看你有多少险兆事件可报告了。

移动平均线可以揭示相关趋势

不同组织报告险兆事件的频次各不相同。假设一个人无论做什么工作遇到险情的机会都一样的话，那么这句话的重点就在“报告”上。从可操作性角度讲，如果很少报告险兆事件的话，这个很小的数字并不是一个有用的指标。统计伤害数也有这个问题。所以要去判断某一个险兆事件的报告是一个领先指标、滞后指标、一个活动，还是一个结果，不值得一个忙碌的领导去费心。

话虽这么说，有一个险兆事件的概念也不错。8 年前，H. W. 海因里希(Herbert William Heinrich)基于他的研究提出了一个模型：大约每 300 个险兆事件或财产损失事件中会有一起严重事故。他的这个模型扩充之后被称作安全金字塔模型。近年来这个模型受到很多专家的攻击，他们认为没有真实数据支持这个理论，而且这会导致经理们过于强调小问题，而忽略那些可能造成重大灾难的状况。

这个问题就留给专家们和那些想要收集数据寻找规律的人们去争吵吧。对于领导者，一个现实的问题是：是不是有很多险兆事件没有被报告？如果有一个险兆事件的报告，我是不是最好要知道？如果对第二个问题的答案是“是的，作为领导我总该知道发生了什么吧”，那么任何对险兆的报告都应该被看作一种活动：对于活动来说，多比少好。而且，如果你认为有很多险兆事件没有被报告，那么增加报告数量也是个好事。

当一起险兆事件发生时，出现了一个高影响力时刻。当一个领导者知道了这个险兆事件时又带来了第二个高影响力时刻：追随者会注意领导对这个消息怎么反应。领导者如何反应会极大地影响下一次发生险兆时他们会怎么做。如果相关人员得到了积极反馈——一个问题解决了，而且他因为报告事件而得到认可——以后发生事件时他们更有可能报告。

相反，如果一个报告得到了不好的反应，之后发生类似的事件就可能不会报告。

最后，每个组织在历史上都有险兆事件。如果你认为增加报告是个好事，甚至可能是安全绩效改善的一个领先指标，请记住，历史的演变是很慢的。关于险兆事件报告的看法的改变也是很慢的：这可能导致险兆事件的报告成为一个滞后活动。

重新设计测量指标

到目前为止我们讨论的内容还局限在如何使用现有的绩效测量指标。那么怎样改进它们呢？怎样用新的、不同的方法去应用现有的数据呢？还能够发明一些新的、更加有用的测量指标吗（或者说已经没有其他可能了）？有大量的例子告诉我们：有更好的办法更好地利用数据并用数据把故事说得更清楚。

非客观指标仍然很有用

把数据里的信息解读出来的一个简单方法是使用移动平均。移动平均把数据变化的内在波动变得平缓，以便更好地解释隐藏的趋势。这是股票市场里常用的方法，50 日和 200 日均线在投资者交易决策中扮演了重要角色。一些企业使用 12 个月的移动平均来看他们的伤害率趋势：这是个很好的查看隐藏的绩效趋势的办法。

但伤害率毕竟还是滞后结果，是最后一个跟着上下变化的指标。盯着它就像开车时盯着后视镜。把移动平均应用到平衡计分板上的其他一些指标上有更多潜在的好处：如果一个波动性很大的领先活动开始减少,移动平均线会揭示这个趋势。例如,像提交安全建议这样的领先活动和审核分数这样的领先结果,都可以使用移动平均来跟踪。

除了开发一套新的数据,另一个做法就是使用现有的一些测量指标来指代一些别的东西。在经济上,测量技术被应用在一些很重要但是很难测量的对象上。道琼斯工业平均指数由仅仅30只股票组成。这个平均指数被广泛使用,代表了股票交易市场上的总体表现——市场上有数千家上市公司,计算30家公司的股票价格变化则比计算几千家容易得多。证监会公布一个领先指标指数,目的是显示出一个重要的,却不可能直接测量的信息:国民经济将向哪个方向发展。既然不能直接测量,那么就创造一个替代的测量指标。领先指标指数包括了一系列的已有数据(例如,新增失业金申请,新增营建许可,制造业商品订单数量)。这个指数的价值体现在月度之间的规模比较和变化方向上。

30只股票能精确地反映全世界吗?不是的。但道琼斯工业平均指数有用吗?绝对有用。同样的,领先指标指数是主观的吗?是的。那么它有用吗?绝对有用。

领导者们希望能够了解他们所管理的复杂工作到底进行得如何,这两个指标给了他们一个有用的模型。在安全绩效的测量中,可能已经有一些简单的测量指标在替代一些复杂测量的任务。对于每个组织来说,究竟哪些指标更容易测量各不相同,但下面是一个可能的例子:安全建议。大多数主管平时不会收到很多安全建议。想想当一个主管收到一个建议时发生了什么:某个心系安全的人看到了一个问题,或一个机遇,然后这个人花时间把他的想法呈现给老板,于是老板得到了一个高影响力时刻,以及可能纠正一个安全问题的机会。如果这个问题被解决了,提建议的人会看到,其他人也会看到。

可见在提交安全建议这个简单动作里,包含了一系列重要的行动,这些行动对于最终安全绩效这个滞后结果有着巨大影响。如果安全建议的数量在持续下降，这对未来的安全绩效肯定不是好兆头。相反，当安全建议的数量出现一个突然的上升，这很可能是一个更好的安全绩效的领先指标。这样，一个像安全建议数量这样简单的数据可以成为一个很有用的替代指标，揭示未来的安全绩效表现。如果这个逻辑是合理的，那么也暗示了我们，对安全建议的响应时间也可能是测量管理层对安全的承诺的一个替代指标。

戴夫・佩尔茨在大学里也是打高尔夫球的，当他在 1950 年代末期发现他打不过杰克・尼克劳斯(Jack Nicklaus)的时候，明智地选择投身到航天科技事业中去了。但 20 年之后，佩尔茨又回到了高尔夫球场上，不是作为一个球手，而是作为科学家。他的理想是：了解并提高高尔夫球员比赛的表现。

在 20 世纪大部分时间里，竞技体育运动员们通过比赛来学习——通过模仿别人学习。这是自然学习的方法。其中的佼佼者们可以变得更强大，通过结合他们自己的天赋、与其他选手的交流，以及刻苦练习取得进步。在 1970 年代开始有技术的应用，有的体育项目上革命性的变化体现在装备上，而在有的项目上更大的影响来自评估、测量和培训的技术。在 1970 年代开始有教练用慢动作视频找出最佳动作和姿势，这对于一些项目的比赛成绩很关键。现在在训练场上和比赛场上，对各个方面的详尽测量变得很普遍。当然，最终比分依然重要，但是像首攻平均码数，上垒成功率，以及 40 码(注：1 码等于 0.914 4 米，不同)冲刺的次数之类的数据也很重要。

在高尔夫中，关于如何挥杆总是有各种理论，但是缺少球场上的真实数据。在 1970 年代末期，戴夫・佩尔茨决定填补这部分情报的空白。作为一个地道的研究者，他花了一年时间收集职业高尔夫球手在巡回赛上的比赛数据：他们使用各种杆的次数，用哪种杆打中了，每一杆打出多远，每个选手在每个洞口用的杆数。佩尔茨不是收集某些选手的数据，而是收集他能够看到的每个选手的数据。他在记录时对于这些数据是否和最终成绩相关没有一点概念。他仅凭他在科学界的经验知道,这些数据最终会揭示规律的。随着大量数据到手,佩尔茨开始着手分类整理。那么数据告诉他那些优胜者有什么秘密呢?或者说更重要的是,为什么他们表现这么出色呢?成功的背后有什么原因?

佩尔茨的研究结果让人吓了一跳。结果显示,把球从发球点打到离洞口100码之前,大家的表现都没有什么大的差别。对那些职业高尔夫球手们来说,大力挥杆都打得不错。但是数据揭示了成败之间的关键差别:在洞口100码范围内把球打进洞的技术。佩尔茨在他的畅销书《戴夫·佩尔茨的比赛小宝典》中详细做出了解释。老话说:"发球赚吆喝,推球赢比赛。"现在有了数据的支持,而且我们知道了这老话也并不完全正确,应该说:"如果你在接近果岭的位置推球更准,你打高尔夫会很有前途。"

你并不需要知道怎么打高尔夫,也可以从佩尔茨先生的这个案例中学习到绩效测量和改进。首先,数据揭示了我们了解绩效所需要掌握的信息。这些信息在那里,只是需要人花些时间去观察,收集数据,把先入为主的观念放在一边,然后让数据自己说话。其次,至少在这个例子里,关于绩效改进的一些常识可能被证明是不对的。这个常识过去让高尔夫球手花费大量时间练习大力开球。而对于顶尖选手,提高这方面的能力只能带来非常少的边际收益。最大的收益则来自高尔夫的另一个技术领域:3米内的中短球处理。

最后,在这些数据的武装下,佩尔茨开始调整他测量高尔夫比赛表现的方法。是的,那个滞后结果,比分还是要记。但是,他推出了一个叫作"短程缺陷"的领先结果指标,对于提高比赛水平很有用。同样的,还有教学员怎样进行短程击球这样的领先指标,以及教学员如何改变他们的练习习惯的滞后活动。

理解数字

戴夫·佩尔茨是一个科学家，但他的测量技术并不是非常高深的。一个小学生也能理解并按他建议的方式去测量高尔夫比赛数据。他发明了一个叫作“发挥失误指数”的指标，用于测量到目标点的平均距离。虽然是一个简单的统计数据，但这能够帮他说服那些怀疑他的高尔夫原教旨主义者。他的贡献，是找出测量什么，以及告诉我们测量结果代表什么。我们权且把这叫作“能力测量系统设计以及绩效解读”。佩尔茨给高尔夫带来改进背后的道理与戴明带给质量改进的一样。

倾听数据

佩尔茨方法的核心是测量过程中的一个步骤，可以形象地被比喻为“把数据都摊在桌面上”。收集所有数据，在这个例子里是选手的表现数据。佩尔茨收集数据是通过跟着选手，去数他们做的每个动作。在测量安全绩效中，如果数据已经存在于不同的系统之中，把这个工作完成后，剩下的挑战就是：能从一大堆数据中解读出意义来。

当然首先的要求就是需要有一大堆数据。然后这又把我们带回到了安全的悖论：记下数字是容易的，而从中找出趋势是复杂的。既然只有相对比较少的事故和伤害可以记录，那么从过去半年里这屈指可数的两个案例数据里找出什么规律的可能性也是很低的。你要更多数据的话，也许你要到别的地方去找数据：险兆报告、行为观察、安全建议、审核报告、检查报告。当戴夫·佩尔茨无法找到能帮他解释为什么那些优秀选手赢球的信息时，他就自己找出一套数据来。

当你有了足够的数据，以下就是怎样去“把数据都摊在桌面上”。在我还在化工企业工作的时候,化学品泄漏到环境中不是什么好事,一旦发生要提交报告。如果泄放规模较大或是这个化学品危险性比较大,我们要进行调查。整个公司在一年的时间里,通常会有 50 起到 100 起这样的事件。有一年我们公司组织了一个由四个不同背景的人组成的独立团队——一个根本原因分析专家,一个可靠性专家,一个环境专家,和一个前任产线经理——让他们来看看从过去一年的数据中能找出什么规律。对于这些数据,大家都没有先入为主,没有使用什么类目对这些数据进行分类。这个团队首先花了几个小时去把这些报告通读了一遍,了解了每个案件发生了什么。全都读完了,不同的模式自然就浮现出来,他们就把这些报告分成了几堆。因为可靠性问题造成的泄漏放在一堆;另一堆是放空阀忘关的;还有一堆是发生在周末或者晚上的。这种分类不需要什么天才,而当一切尘埃落定,组织可以吸取的教训就变得明显了:一小部分具体的活动和状况中会发生最多的问题。知道了这一点,我们就能够把管理层的注意力集中在那些具体的情景上,之后我们在短期内目睹了巨大的进步。

基本上,这个过程和戴夫·佩尔茨的一样:首先我们要相信数据背后有真理,然后通过研究数据把真理揭示出来。

结语

你现在已经有了可操作的理念的武装,可以测量安全绩效以帮助你改善安全绩效,但你没有现成的"答案"——提高某个指标的秘方。你现在有的是思考测量过程的方法,理解和评估测量结果的架构,以及在创建某个安全指标时带来的绩效透明度。我希望你有志于在问题发生前而不是发生之后做这些事。

不好的数据不如没有数据

安全绩效指标不是刻在石碑上不能改动的，绩效测量指标没理由不会随着时间而演变，或是因应环境而改变。如果你的组织人员流动率比较高，你有很多新员工，那么你的绩效测量的重点是让你得知新员工们学得怎样，是否能安全工作。这些数据也许包括一个领先结果：上岗考试的平均分数；以及一个滞后结果：短工龄员工的伤害率。如果你在安全政策或程序上做了一个很大的改变，那么你要设立一个新的领先结果指标：对于新政策或新程序的遵守比率。

有个好的测量指标对于改进是绝对必要的，这一点无可否认。但在数据中潜藏着一个危险，正如会计学教授兼作家托马斯·约翰逊所说，这个危险是“对于‘看起来好’的数据的痴迷，无论这些数据会对组织造成多大的破坏”。

约翰逊抨击商学院教育对量化决策的重视。这解释起来比较复杂，但重点是说人的天性起了重要作用。如果伤害率是决定年终奖金的一个重要因素，如果审核得分会进入绩效考评，或者说如果奖金体系包括了鼓励险兆报告，提交安全建议，或给同事安全反馈，那么这些测量结果都有可能被美化而变得不真实。

不好的数据不如没有数据。

如果你的时间都被用在分析数据上，你将很容易忽视真正有意义的事情。在安全上，真正有意义的就是让每个人都平平安安下班。关于安全绩效测量，还有一个洞察，来自另一个物理学家，阿尔伯特·爱因斯坦(Albert Einstein)：“不是所有可以计算的东西都值得计算，也不是所有值得计算的东西都能被计算。”

第 18 章

进退两难：管理安全困境

进退两难。

——乔治·桑塔亚那(George Santayana)

困境(dilemma)这个词的希腊辞源的意思是“两个假设”。两个假设，或者两个条件，都是真的，而且两者相互排斥。困境的这个令人绝望的特点让桑塔亚那发出了感慨。

时不时地，每个领导者在管理安全绩效时都会面对真实世界里的困境——责任的困境、风险的困境、调查的困境、系统的困境，以及领导者的困境——每一个困境都足以令带着良好初衷的我们左右两难(见图 18.1)。当你在战场上和这个野兽狭路相逢的时候，你不可能有机会叫暂停来好好考虑。你甚至来不及意识到某些冲突的事物或状况其实是一个两难困境带来的结果。那个时候，你只是看着子弹在到处乱飞。

六大安全困境
√ 责任困境
√ 风险困境
√ 调查困境
√ 系统困境
√ 中层困境
√ 领导困境

图 18.1

一个主管尽管努力了，他的团队还是没有安全工作。这个主管的绩效评分要受到影响:这个是责任的困境。一个事故发生了,某些人事后看来认为这是不可接受的风险。这触发了一个风险困境,又可以叫作风险难题。事故之后,一个恼火的领导无法让员工承认到底出了什么错:这是调查困境。领导调查事故原因时发现,员工当时没有遵守一个大家平时都不遵守的规定。这是管理问题吗,还是系统困境?当发现问题出在指挥链的最顶端时,领导者该怎么做?这个是中层困境。在绩效评估谈话中,老板告诉主管,希望他能够"在安全上更强硬,更高调"。信不信由你,这里潜藏着领导困境。

你从子弹的呼啸声中就可以感受到了

如果你处在这其中的一个困境中,你自然会发现危险,甚至在你还不知道这是个困境的时候。这正是这些安全困境的一个奇怪的特点:领导者们很少会意识到他们正处于一个困境中。相反,他们会认为这些情景的出现是因为他的领导才能不够。结果他们的心理负担会更重,回家继续头疼。

一个困境的内在本质——两个条件同样为真但两者互相排斥——意味着没有什么简单或容易的办法去解决,这是这个野兽的本质。但是如果你在进入战场前理解了困境的本质,你就有了一个很大的优势:知道你处在一个怎样的比赛中了。

责任困境

作为主教练,你有更大的责任感和更小的操控感,这很让人恼火。我制订计划,依靠球员们去执行它。

——丹尼・怀特(Danny White),橄榄球教练和前四分卫当球员们不好好执行时,你猜最后谁会被炒掉?

教练策划比赛,球员执行策略。教练团队的绩效和饭碗完全要靠球员们在场上的执行。大部分球员的水平不比教练当年差,而且教练也很少有权力决定队员名单。但当球员不执行计划时,是教练要倒霉。

同样的道理适用于所有行业的各层领导:在领导者负责的范围和领导者能够控制或影响的范围之间总是有一个鸿沟。这是责任困境。这是作为领导者的现实,这也是一线主管和经理们挫折感的一个来源。要摆脱这种困境最容易的办法就是忽略它。

同时你最好指望没有人受伤,当然指望并不算一个办法。

责任困境是我们刚刚被提拔为经理时总是会遇到的第一种困境——我们从对自己负责,到对别人的所作所为负责。

可能会很有挫折感,而且没有简单的解决方法。

如何对一些你无法控制的事情负责

管理责任困境

如果你以为有什么办法可以消除这种困境,那你可能要失望了。有关责任困境的事实是,它是无解的,就像没人会在运行中去给计算机重新编程,或是在比赛中改变参与的规则。

但这并不意味着你是彻底无助的,或是无法控制局势的,有些办法可以减轻这个困境带来的压力。如果你是个主管,正处于这个两难境地中,以下四个点子会对你有所帮助。

点子 1:承认你正处在两难困境中

假装这困境不存在只会把事情变得更糟。如果你的下属有人受伤，你的老板要让你负责,不要心存侥幸。你没有办法控制你的下属选择怎么做,不要把你宝贵的精力浪费在“试图控制”上,那没有用。

一个主管能控制的范围和他要承担责任的范围之间总是有一定差距。但这并不意味着没办法缩小这个差距。技巧就是要知道在哪里下功夫,这和你的责任无关,也和管理控制关系不大。

点子 2:给这个困境正名

这是责任困境。驯服它的第一步是给它正名。

给一样事物命名带来一系列好处,首先就是它提供了一定的客观性。这个名字提供了一个视角:它不是只关于你自己。每个老板都面对着责任困境,只因为他们有责任。给这个困境命名之后,就可以将它放在检查台上去寻找各种症状。“是的,你有一个典型的责任困境。”

一个困境有了名称,你就知道要去找些什么症候,以及如何去应对这些症候。(请注意,这里我们没有说“去治好这个病”)

点子 3:更好地领导

处理责任困境最好的办法就是将责任范围与可控范围之间的差距尽量缩小。当然,没有人能控制别人。很多主管们平常所说的控制实际上指的是影响。当然每个主管也是能控制一些东西的,但他们能控制的是物,不是人。

艾森豪威尔将军说过:“领导力就是一门让别人心甘情愿去做你想他完成的事的艺术。”最好的领导者们成功地达到了这样的水平,他们把控制和责任范围的差距缩到最小。

所以去好好领导吧。观照自己的行为和表现,测量它,并研究哪里需要改进,然后着手改进那些你能控制的——你自己的领导行为。这样做的话,那个差距会变小的。

点子 4:盯着你的追随者

如果领导者对他们属下的行为没有控制,那么谁有控制?

答案当然是这些下属本人。最好的安全领导能让他的团队成员相信,他们是最终对结果负责的人。在安全这件事上,具体执行工作的人将承担最大的得失。

从这个角度看,实际上就没有责任困境了。具体执行工作的人对他们所做有控制,同时又对安全结果承担最大的责任。对他们来说,没有责任困境。让他们感觉到和你一样承担着责任,情况就好很多。

风险困境

我们中的很多人都挣扎于风险这个概念:多少算风险太大,多少是我们可接受的风险?

——韦恩·黑尔(Wayne Hale),航天飞机运行主管

假装没看见不会让它消失

载人航天飞行是人类探险活动中风险最高的活动之一。挑战者号和哥伦比亚号的事故情景永远铭刻在我们记忆里,提醒着我们当风险管理失败时可能会有什么后果。

不只是 NASA 的科学家和工程师们要成功管理风险,大家都需要。"多少风险算太多,多少风险是我们正常生活中可以接受的?"如果你领导着一群人去给储罐刷油漆,去炼油,或者修马路时,这都是你要每天问自己的问题。

你每天会花很多的时间在风险管理上,在风险管理上花的额外的功夫容易让人觉得工作变多了:工作许可证、风险评估、风险控制计划以及个人保护用品。把表格上的空格都勾选过后我们才可以开始工作。有时候,在发生过像挑战者号或哥伦比亚号这样的重大失误之后,风险和其后果会被放在放大镜下仔细研究,引起大家的重视。但最终生活还是会回到"正轨"。

风险是人们在工作中始终要面临的挑战,而管理风险是每个人工作中的一个重要任务。事实上,大家常常没有注意到:这是工作中正常的、可接受的一部分。对于很多用来管理风险的方法也是如此。

大多数主管和经理都太忙于日常的风险管理,而没有花点时间反思一下是什么使得风险管理这么难。风险管理的过程通常涉及人、设备、物料和环境,这些没有哪样容易管理的。也许这解释了 NASA 的发射总指挥为什么会用"挣扎"这个词来描述这个过程。

在这当中还有更多挑战:在管理风险的过程中有困境和难题。

困境

在一个典型的困境中，两个重要的条件不单有冲突，而且是完全矛盾的。譬如一个电池，两极之间的电位差越大，触电后产生的电击越强。风险困境符合这个描述。

风险等于危害乘以概率，就是说风险等式中总是包括两部分：会出什么状况，就是危害；以及有多大可能出状况，就是概率。

每个人在生活中都有应用这个定义的实践经验。今天出门要不要带伞？决定之前看看天气预报。要不要买洪灾保险？查一查百年来的洪水记录。当然，如果控制风险不需要什么成本，我们完全可以天天带伞，买很多保险。但是任何风险防护措施都是有代价的。

风险困境就来自这里。

为了保护人们不受工作中的伤害，组织会进行风险评估。这个流程是：确定危害，如找出会出现什么导致伤害的因素，然后采取合适的预防措施防止其发生。每天早晨的工作前危害分析和安全工作计划就是在进行这个过程。

但是仔细研究这个流程就会发现，危害管理流程从来不会照顾到所有能想象到的危害，或者是将每个危害发生的概率都降到零。如果照这个思路做的话，工作前安全计划工作永远也结束不了。风险管理流程一部分取决于后果的严重程度。对于可能带来伤亡的风险，会用一种方法，如果是带来手上小割伤的风险，则用另一种办法。

派人到高处工作意味着要确保做好坠落防护——除非他在有固定栏杆的楼梯上工作。然后我们会假设栏杆能消除风险。但即使是栏杆也可能会失效：曾经有人靠在栏杆上，栏杆断裂，结果他从 3 米高处坠落身亡。

那么你是否需要要求每个上下楼梯的人除了抓好栏杆扶手还要带好安全带呢？这样做是不现实的——既不方便也不便宜，而且栏杆坏的概率是很低的。虽然概率不是零。

而且别忘了如果定期维护栏杆的话，栏杆失效的概率会更小。

艾克想明白了

在真实世界中的风险评估流程通常是这样的：把最有可能导致受伤的危害识别出来，然后对于那些更加可能发生且相对更严重的危害采取合理的预防措施。这会放过很多关系不大的或者微不足道的危害，并且也不会将每个危害都完全消除。

那么现在已经有了两难困境的一端：任何工作可能出问题的地方——危害——有很多，而任何一种危害发生的概率都很少会是零。所以总是会发生某些事情。

那么当事情发生时会怎样？那就是这个两难困境的另一端。

关于后果的真相

抽象地想，风险是一个简单的概念。但当那些你不希望发生的事发生的那一刻，它就不再抽象。风险变得真实：你认识并关心的人受伤了，而且你要对此负责。

事件发生时，后果改变了风险的样子：有事实的佐证，要冒的风险是不可接受的。即使这个伤害是在一万次当中发生的一次，也不足以带来安慰。当你告诉别人你的目标是创建无伤害工作场所时，你是认真的。你不会在一起伤害事故之后说："这种事情总会发生，只要发生的次数不太高，我想是没问题的。"

风险困境简单说就是:你永远不能消除所有风险,所以不要尝试消除所有风险。但是当事故真的不幸发生了的时候,没有人会接受这样的后果。我们两样都想要,但是我们不可能两样都得到。这就是风险困境。

风险难题

在风险困境中包含着风险难题。它是管理风险的第二个挑战:如果你把风险定义为危害乘以概率,你又怎么知道这些危害是什么呢?而且,即使你知道了每一个危害,你又怎样去精确估计每个潜在危害发生的概率呢?

对这些很棒的问题进行思考,你就会发现这真是个错综复杂的困难问题——你每天管理安全风险时都要面对的难题。

危害

确定危害似乎不难。这件事我们一直都在做:有人列出一张清单。你所需要的只是关于这个工作的一些经验以及花点时间。在生产运营中发生的大多数状况,并不是无法预测的。

假设你是负责列出清单的那个人——进行危害识别的人。你开始思考危害,要列出某人在某项工作中可能受伤的因素有多少种办法?花10分钟,你会列出一个清单;花一整天,你会得到一个长得多的清单。

在企业里,风险管理通常处理的是最可能出现的危害——并不是所有潜在的危害。否则风险评估永远也做不完,实际工作也就无法开始。所以,要记住,一种人们可能受伤的方式虽然没有列在危害清单上,并不意味着它不可能发生。

这里有个例子:两个员工一起在现场对钢结构进行测绘。一个人爬到顶上拉出钢卷尺把尺往下放,另一个人在等着拉住卷尺的另一头进行测量,这时来了一阵风把卷尺吹动接触到旁边的带电高压电缆,拿卷尺的那个人触电了。

你觉得这样的事情不可能发生?它确实发生了。你觉得这样的情况应该列在工作前安全危害识别清单上?不现实。

接下来还有个例子:如果你有电工经验,你知道沾上水的电气设备是很危险的,而且这种情况出现的概率也不是那么低。当一个矿井里冒水时,或是一个化工厂遭到了台风——哪怕是一般的暴雨时,这种情况有可能会出现。但是从一个备用厕所里灌进来的水有没有可能进入电气设备?你认为这不可能发生吗?

这在一个电厂确实发生过。马桶倒灌的结果是:自来水和污水污染了电气控制系统。接下来发生的事没人预料得到:启动前人们没有遵守规定去将电气设备完全风干。当这个单元重新开车时,控制系统出现短路。控制室操作工不相信他们的控制器会因为这种问题而失效,所以他们忽略掉了这些报警。然后一系列事件的最终结果就是一个锅炉爆炸,财产损失 5 亿美元。幸运的是,没人受伤。

如果你在这个厂里做风险评估,这里的哪一个危害会被你列在清单上?可能你不会找出一个堵塞的马桶造成的危害。如果有人在你们列清单时提出这一条,你可能会说:“好吧,我猜这样的事可能会发生,毕竟太阳底下没有新鲜事嘛。”但是很少人会真的在这样的事情上去花时间。就算我们把它列在清单上也会认为其发生的概率极低,因而也不需要采取什么措施。

管理风险需要我们选择那些值得我们花精力去控制的危害。多大概率发生的危害值得我们去花时间呢?十年一次的?百年一次的?千年一次的?还是百万年一次的?

我们做决定是基于我们关于风险的经验:危害的严重程度和它发生的概率。更多的是后者——概率——最终决定了哪些值得我们注意。在风险管理过程中我们把认为可能发生的危害计入,而忽略那些看起来不太可能发生的。

如果是概率决定了我们管理风险的努力要花在哪里,那么我们应该善于计算概率。但事实上往往不是的。

概率如何?

在博帕尔事件之后,在联合碳化物公司的另一家兄弟工厂周围的居民也开始担心同样的事情会不会也发生在他们头上。毕竟,这种不可思议的事情已经发生过一次了。留给我们的问题牵涉到去计算并尽可能降低这种事发生的概率,然后说服公众理解风险很小。

谁错了? 一个需要回答的问题

这个经历令我们了解了人们如何看待风险。我们了解到的并不让人感到意外:人们会高估某些风险,特别是当那些危害不太好理解,而且超出他们的控制时。他们也会低估那些日常的危害,尤其是那些在他们控制中的危害。

所以高尔夫球手会担心雷击,而事实上阳光晒伤是更大的危害;旅行者会担心坐飞机,但在开车回家时会不系安全带或边开车边使用手机,而后者造成了每年有四万人死于交通事故。

你可以看到这个问题:危害识别得有个起点。有的危害很容易看见,比如坐航天飞机去太空时;而有些则容易被忽视,比如操作不遵守程序,而这样的事总在发生。

即使像 NASA 这样精于计算和管理风险的组织也不能幸免。航天飞机运行总指挥对脱离轨道的操作有些担忧,但最终导致这两起事故的原因源自日常的维护问题,如密封泄漏和脱落的泡沫隔热材料。而且,也许最糟的是,源于当初那个要求不遵循危害控制程序的决定。

物理学家理查德·费曼给出了和罗杰斯委员会的调查报告不同的意见:按照 NASA 的风险管理程序,经过也许是最精密的关于风险的运算,航天飞机发射的事故率应该是 125 000 分之一。而费曼用了一个符合常识的办法,询问科学家和工程师一个无人火箭的大致事故率,最后他推算得出的事故率是 2%到 4%之间。结果在一共 137 次发射中有挑战者号和哥伦比亚号这两次事故,费曼的粗略估算结果看起来更加精确。

应对这个困境以及难题

对于风险困境你将怎么做呢?你会在哪一样上让步呢?消除所有风险,还是承受一些偶尔可能的失效呢?

还是说两者都不要?怎么处理风险难题呢?你作为一个领导,继续用老办法,应对潜在问题是否足够呢?花太多时间在错误的问题上同时又忽略了那些暗示了真正问题的迹象。那样是不行的。

管理风险是很难的。如果容易,它们早就被解决了。它们很容易被忽视:管理风险需要时间和精力,而又不能被彻底解决。但是它们又经常出现在导致许多重大事故或是惨剧的原因当中。所以我们又不能指望他们不存在。

如果你对安全的理由是认真的,作为领导者你一定要做些什么。也许你能做的最好的选择是减少这些事在你的管辖下发生的概率。以下一些点子有助于你完成这个目标。

点子 1:承认这个挑战

驯服这个野兽的第一步是给它取个名字。所以要知道它们的名字:风险困境和风险难题。

点子 2:避免被绝对思维困住

在管理一个困境时最大的错误是认为你可以选一边。你不可能把所有工作的所有风险都消除。所以与其去管理每个风险——包括被天上落下的飞机残片击中的风险——不如去消除下一个风险:接下来最可能出现的危害,这叫作持续改进。你的目标永远是向着更少风险的方向,每一小步都是进步。

点子 3:更好地思考危害、风险以及如何消减

在运行操作上容易看见那些带来很严重后果的危害——让人害怕的危害——而忽视了一些潜在的日常错误,仅仅是因为太熟悉了。如果你是个主管,一旦你意识到你不能管理所有风险,你很容易停留在舒适区——总是照着一直以来的方式进行工作。这样做你不会有麻烦,而且你总是能通过安全审核。

这样做也意味着选择不去看一些大家都看得到的风险。人们很容易会这样做,因为总是有一些危害不是那么容易解决的。如果容易解决,有些人早就把它解决了。

释放些创造性,让更多的人参与方案的制定。

总是有更好的办法——我们只是不会每次都想到好办法。至少不要

等到有人受伤,一旦有人受伤,就会有一大群人来给出各种解决方案,有些方案以前没人觉得可能。不要等到发生事故后再这样做。第 13 章“怎样管理安全建议”描述了如何制定更好的解决方案。

调查困境

解决问题,不是解决抱怨。

——凯瑟琳・帕西弗(Catherine Pulsifer)

每个曾经坐在调查会中,试图搞明白到底发生了什么状况的领导者,都知道这种调查困境。

每个调查都有冠冕堂皇的理由:找出问题所在,以防止再次发生。都是很好的理由,但是想想这个:在调查找出的所有教训中,有几个事故原因中没有人为因素?

事实是,一个事故调查不但会找出来哪里出错了,还会找出谁出错了,没有例外。

当然,每个参加调查的人都知道这一点——而且他们都明白对于犯错的人将意味着什么。一个严酷的事实就是,大家都有强大的动力把事故的根本原因引向别的东西——或者别的人。这解释了为什么在事故根本原因中,我们会看到太多的“有缺陷的设备”和“文化原因”之类的表述。

无论事故大小,这种情况总在发生。在挑战者号事故调查中,诺贝尔奖得主,物理学家理查德・费曼扭转了事故源于一个“O”形圈失效的看法。作为调查小组的独立成员,他是如何看出来的呢?

有个内部人,一个知道真相的工程师,在一个早晨把一个包括所有详细信息的包裹匿名放在他家门口的台阶上。显然,那个人不愿意当着一帮调查者的面讲出他知道的真相。

戴明要改变这个系统

调查作为一个“无偏见地搜寻真相”的活动也不过如此，有时候真相会非常“烫手”。当然，像“我们的目标是解决问题，不是解决人”这样的声明，以及使用根本原因分析的方法会对调查有所帮助。但只要人们做错事情会有一定后果的话——其实理应如此——这个调查困境就会真实存在。

现在你了解了你害怕参加调查会的原因：当你是领导者而你的人牵涉在事故中的时候，你就在这个两难困境之中了。

管理调查困境

问题已经很清楚了。你可以怎样去管理它呢？以下是四个可操作的点子供你应用。

点子 1：识别你面临的困境

和责任困境一样，给这个野兽命名是驯服它的第一步。每个牵涉其中的人都知道是怎么回事，那么为什么不一开始就承认有这个困境呢？假装在事故调查中没有任何紧张不过是试图愚弄别人。

点子 2：寻求外部独立方帮助

重大事故（航天飞机事故，飞机事故，以及重大工艺安全事故）发生后,会邀请一众独立的调查员,他们和调查的发现没有直接的利害关系。这其实也不是完全有保证的:他们还是要依赖于当事人的口述。但是有些事实自己会说话,而且对于一个外人来说,由他们来问一些困难但重要的问题比较容易。

点子 3:维持你的目标不动摇

和大家都应该真正害怕的问题——真相没找到,原因没解决——相比,受到处分没那么严重。如果真相没找到,就意味着同样的事迟早还会发生,你的良知告诉你,不能那样。

点子 4:做好准备

记住这个困境的真正根本原因:如果人们不害怕犯错的后果,这个困境就不会存在。

但是说回来,如果人们不担心犯错有什么后果的话,这个世界会变得很不安全。正是这种恐惧防止很多人犯错误,所以这种恐惧是个好东西。

系统困境

雪崩时,没有一片雪花是无辜的。

——伏尔泰(Voltaire)

20 世纪也许没有哪个人比爱德华·戴明对产品质量产生过更大的影响。对于像他这样一位实践统计学家来说,世界上的绩效表现数据总是呈一个钟形曲线分布的。最好的和最差的在两端——其余的多数都挤在中间区域——从统计意义上讲都没什么不同。它们都是同一个“系统”的产物。

戴明所说的系统指的是什么呢?

一个系统是相互联系的组成部分之间的复杂关系。这个理解来自自然界——生态系统——认识到哪怕一点小小的变化也会造成整个世界的天翻地覆。在制造业里,系统包括所有在制造产品满足客户过程中起作用的因素:原材料、生产设备、方法和工艺,以及人。

戴明认为如果你想要更好的结果,你需要将系统调整为能够制造这些结果。不要去苛责那些生产低质产品的人们,而是去改变制造这些产品的系统。

这个观点目前取得了广泛认可。那些制造型企业——从消费电子行业到化工行业,从油漆行业到零配件行业——都开始在他们的生产技术中应用统计方法。他们会调整工艺,移动目标均值,减少方差,将分布曲线缩窄。改善的结果不乏惊人的成就。产品质量,成本和生产率都被改善了,最终利润率被提高了。

戴明是个天才,他的影响是深远的。

困境在哪里?

有了这样一个成功故事,你也许会怀疑这怎么可能会有困境。你也许不明白这和管理安全绩效会有什么关系。

这是因为你只听说了故事的一半——好的那一半。请记住,每个困境中都有两个同样成立的状况,但是两者有着根本矛盾。

戴明博士是对的,有系统,而且系统通常决定着结果。所以要改变绩效的话,符合逻辑的方法是改变系统。

在这些系统中有一个关键的组成,就是设计、建造、操作、维护、诊断和纠正这些系统的人。不像其他组成部分,人生来有能力选择他们如何行事。这可不是一个微不足道的区别,一个人可以决定他是否遵守程序,是否去解决一个问题,以及是否去修复一个已经不好的系统。

这些都造成了系统困境:人的绩效表现是他们操作的系统运行的结果。但同时,因他们的选择而异,人也决定着他们操作的所有系统的绩效。是的,人类是系统中的物种,但并不总是被动行事的物种。

含义

如果你不喜欢系统带来的结果或者系统中人的行为。谁来承担责任呢?

按照戴明的逻辑你最终会得出一个领导者都不愿接受的结论:如果是系统决定了行为,那么系统——而不是系统中的个人——将承担责任。

你怎样让一个系统去担责呢?你打算让一个系统为个人的行为开脱吗?

以下是个涉及安全绩效管理的例子。每个人都知道有问题,但就是没有人肯站出来说:“够了!”每个人只是想得过且过,没人愿意做打破现状的那个人。这就是系统的威力。

然后有一天,坏事情真的发生了:一起糟糕的事故,巨大的损失,严重的伤亡。

然后在事故调查中,所有的问题都被挖掘出来了——原来一直都是在带病运行——然后每个人都会感到奇怪,既然事情这么糟糕,为什么那么多人都还在容忍它这样运行。

系统失效是因为人的失效。如果仔细回顾失效的过程的话,你会发现人们总是有足够多的机会预防这个事故的发生,但是最终他们都没有做到。

历史上有太多的像挑战者号、博帕尔这样知名的事故案例,在其中的系统失效了,结果牺牲了人的性命。那么责怪系统就够了吗?仅仅把系统修复就可以了吗?

在这个过程中是否还需要一个使有关人员担责的部分呢?

这样系统困境就完全浮现出来了:有个系统在决定绩效,同时有个人在决定他自己的绩效。

而这两句话都是真的。

忽略掉前一句不行,而忽略掉后一句,则会纵容不负责任的行为。人们如果不想做,他们不必非得遵守。决定做假账,只是为了取悦老板,获得奖金,以及保住饭碗——而不是因为它是正确的事。在安全上也是如此:走捷径,签署例外批准,忽略警示标志都是一些行为选择。

一个简单的解决系统困境的办法就是:人们不是非要做那些错误的选择不可。

但你千万别觉得简单就意味着容易!

中层困境

虽然今天的很多经理们比以前更加努力地工作,却陷入了更大的无力感之中。

——鲍勃·杜布尔(Bob DuBrul)

鲍勃·杜布尔和巴瑞·奥西瑞(Barry Oshry)20多年前发明了中层困境这个词。作为系统顾问,巴瑞和鲍勃有一个观察组织的复杂方法:无论是怎样的组织,重要的只有三种角色:高层,基层,和中层。

他们的主要研究兴趣在中层扮演的角色上,它承上启下,连接另两种角色。他们的研究涵盖了广泛类型的中层人员:服务员,营地辅导员,教会牧师,以及工业界的主管和经理们。从这个清单你也可以看出这些角色划分超出了传统的组织层级的视角。

这个模型看上去简单(好的模型都是这样),但并不意味着没有用,或是不吸引人——尤其是当它解释了那些系统中的中层面临的困难时。

一个服务员——连接顾客和厨房——很好地诠释了身为中层的困难。服务员接受点单,后厨备菜,然后服务员上菜。当菜不合顾客心意时,你猜谁会承受顾客的批评和抱怨?当然不是大厨,他在后厨。服务员对发生在后厨的事没有控制,甚至也很少有影响。厨师和顾客之间被完全隔离开了,他们基本上不需要处理自己犯的错,那是服务员的责任,而服务员的工作主要是为了小费。你觉得一个不开心的顾客会愿意给多少小费呢?就像每个好的中层人员一样,服务员都是些默默无闻的夹在两头之间的受气包。

巴瑞和鲍勃找出了某种重要规律。中层起到关键作用,但是常常夹在高层和基层之间,感受到一种无力感。很遗憾的是,我们中的大多数都经历过这种体验。但当谈到安全绩效管理时,情况会变得更加令人沮丧:因为结果可能会变得十分危险。

中层困境和安全管理

现在,如果你曾经在你的组织中担任过某种中层角色,你可能已经预料到了我要讲中层管理困境和管理安全绩效的联系。就像那个服务员一样,在企业里的中层人员首当其冲受到高层人员的决定和行动的影响。他们会听到下属的反映,有时候他们会亲眼见证问题的发生。

虽然按照定义，中层的功能是连接基层和高层，但在实践中，这个连接功能却往往表现为在两者之间的隔绝功能。这个隔绝功能可以减轻高层的烦恼，使他们不受那些似乎不重要的细节、小问题和总是在抱怨的人们的干扰。这也可能意味着一些重要信息被搁置而不是被上传下达，上级不知道中层掌握的真实情况。这样不好，但这并不一定是那些高层领导的错。

那些担任中层角色的人——一线主管，区域经理，工艺工程师——活跃在组织的真实业务活动中。他们熟悉所有那些与安全表现息息相关的细节，例如现场工作人员的真实资质，设备的真实状况，政策和程序遵守的情况，以及真实的绩效数据。

换句话说，中层知道真实情况，高层可能不知道。

你没法接受真相

如果高层总是能够了解这一点——并且渴望得到真相——那么在安全上也许就没有中层困境了。但是高层并不总是想要听那些真实的细节：乱糟糟的，让人困惑的，有时候与他们希望看到的真实相矛盾的真相。这就把中层人员放在了两难困境。一个中层人员可以知无不言——然后被贴上"危言耸听派"和"碍手碍脚派"的标签。或者他也可以把真相收藏——然后被看作"积极能干型"。

阻力更小的路径总是更容易——至少在严重问题发生之前。当一起严重问题发生时，高层会震惊于事情的真相。"你们怎么能允许这种事发生？"他们问中层。对这种问题永远没有好的答案。

懂我说的这种感觉吗？如果你懂的话，你并不孤单。

在 1986 年的一个深夜，NASA 挑战者号航天飞机管理团队和推进器承包商开了一次会议。承包商给出了有力的基于工程学的理由，认为在气温低于华氏 53 度时不能发射。一个 NASA 的高级官员不耐烦地脱口而出:"那你要我们什么时候发射? 四月份吗?"来自高层的这样的表态通常会有明显的效果。在这种情况下,这个承包商马上摘下了"工程师帽子"戴上了"管理层帽子",承认科学并不如成为一个"积极肯干"的承包商重要。

从中层管理的四个点子

你现在了解了面临的状况,那么你准备做些什么呢? 这是个严肃的问题。大部分重要的事情发生在中层和高层之间。要应对的一对基本矛盾是,控制重要信息的向上传递的过程,以及将高层和组织实际情况隔绝开来。也许只有像亨利·基辛格这样高超的外交家才能管理这种局面,不过你也值得试一试。况且,你有得选吗?

点子 1:不要隐藏真相

NASA 后来意识到他们组织文化的问题很大程度上源于高级管理层已经脱离了科学和工程。这可以解读为"脱离了真正的实际"。

让我们面对真相吧:作为中层,我们在很大程度上自己制造了这个问题。我们希望上级看到我们表现好的一面,这导致了我们做出很多可以理解的行为:在领导来视察之前的大清扫,带老板去工厂最新最好的生产线参观,在数据上做出最漂亮的描述。当我们有现实世界的两个版本的报告的时候,我们倾向于选那个更好的报告。

那么尝试中庸一点吧,在好消息中也报告一点坏消息,展示一些现场不漂亮的地方。短期来看你可能不那么好看,但在长期来看你的上级可能会更加了解你的实际情况。

点子 2:更好地展示实际情况

耶鲁大学教授爱德华·塔夫特(Edward Tufte)有一个成功的职业生涯,他教人们如何更好地展示实际情况。作为一个图表的大师,他认为传统的沟通方式(如 PPT)并不能很好地展示实际。他说:"PPT 模板通常弱化了语言和空间上的推理,而且总是会破坏统计分析。"

无数的向上级进行的技术和管理展示,证明了我们多数中层并不能很好地解释事情。当然了,我们了解实际情况。但是,常常我们会迷失在快速翻动的 PPT 里的一大堆缩略语和令人困惑的数据中。

学学广告业吧:信息尽量简洁,毫不犹豫地重复它。如果其他方法不奏效,试试用最古老的办法:口述。当路易斯·郭士纳(Louis Gerstner)成为 IBM 的总裁时,他让做汇报的人关掉投影仪,说:"让我们来谈谈我们的业务吧。"

点子 3:与同事建立关系

中层管理人员有信息,很大程度上信息代表了某种权力。军方很早就认可了信息的威力:在战场上,好的情报可以决定战争胜负。组织中层中那些有价值的信息的问题在于,它们通常都包在一个个包裹里,掌握在不同的中层管理人员手中。

如果将这些信息联网并整合,你可以想象它可以释放出多大的威力。如果不同的服务员们比较一下他们的记录,发现低质菜品给饭店带来的损失,并且将这个信息分享给大厨和老板,可以肯定情况将变得不同。

问题是系统通常会把中层经理们分隔开——他们相互之间会认为彼此不重要——甚至更糟,认为互相之间存在竞争。所以,正如鲍勃·杜布尔所说,信息分享这个管理职能成为老板的事情——而不是中层的工作了。如果中层经理们意识到,把他们的信息集合起来放在一起将创造出有用的情报,这将会产生多大的威力。这样也会使得小部分人想要串谋变得不可能。

点子 4:提醒高层

我们都有用修饰过的语言来描述严重问题的经验。本来是个紧急情况,被说成"非例常事件"。情况都失控了,而我们管它叫"不正常状况"。这可能确实是消除歇斯底里和避免攻击性的好办法。但它同时也会使我们太放松而忽略了严重的问题。Alcoa 公司的 CEO 听到一个 20 岁员工死亡的事故报告时,对他的高级管理团队说:"是我们杀了他。"有时候就需要有话直说才能够让大家对现实有一个清醒的了解。这样做的底线是,要谨慎地说。

但不管怎样都要说。

谁是更好的领导?

领导困境

只要你不在乎谁最终得到奖赏,你可以在生活中成就任何事情。

——哈里·杜鲁门(Harry Truman)

领导困境与其他几个困境都不同。这是一个很麻烦的困境，而且它首先和组织的高层领导有关。

这对大多数主管和经理来说算个好消息，因为他们与公司总部还有一定距离。但也别觉得很轻松，只要你是一位领导者，而且你希望你的团队成员每天能够平平安安下班，你就需要理解领导困境当中的一些很重要的信息。因为这个困境涉及成为一个领导者的核心问题——什么样的领导者可以带来好的结果。

以下两个领导原型中哪一个是更好的领导者？

A型：高调，有远见，卓越的沟通者，强硬的不知疲倦的变革推动者。

B型：低调，手段高明，倾向于持续改进而不是激进转型的人。

当然，这样做有点过于简化了个人领导力的不同风格，这只是为了说明问题方便起见。没有哪个领导者会完全符合其中一个类型的描述，而且有大量的好领导根本不符合这两项里的任何特征。

而如果你在一个组织里待了足够长的时间，你会见到很多符合这两类特征的领导者。

那么你认为哪一类领导者更好呢？

现代管理学理论是按照A型的描述来教授领导力的：描绘愿景，说服组织，编制宏大的战略去实现它。盯紧目标，但是把细节交给其他人去完成。

这是一个好领导应该做的。市面上有大量的关于领导力的书籍——基本上都是由A型的人写的。

另一方面，A型领导通常不是个好相处的老板，这会影响人们选择谁是更好的领导。

比起做一个受欢迎的调查而言，更好的判断的办法是：让结果说话。

畅销书作者吉姆·柯林斯就是这么做的,而且将这个过程的细节收录在了他的《从优秀到卓越》一书里。这个答案震惊了大家,包括作者自己。

B 型的领导行为特质正是企业要达到柯林斯所说的"卓越"所必不可少的关键要素。那些卓越的公司都是被一群他所说的"谦逊,安静,内向,甚至害羞的人——他们是谦逊态度和职业雄心的矛盾混合体"。

当然,这些人会沟通,也有方向感。但像新英格兰爱国者队成员们那样,这些人是技艺高超的无名英雄——对获得可持续结果具有热情,同时也乐于将功劳让给别人,自己躲开聚光灯。

困境

你可能会好奇:那么这个困境是什么呢?困境就在那儿,不过你得找一找。

如果最好的带领组织转型的领导者是那些安静的、谦逊的对改进业务有热情的人,那么他们一开始又怎样会得到注意呢?这种领导风格可能会成为他们职业生涯的特征,他们将成为那种总是默默工作,取得成绩的人。他们可能将大部分的功劳送给了其他人:他们的下属,他们的老板。如果不是靠柯林斯这种自下而上的研究方法,我们甚至都不知道这些 B 型领导是谁,实际上我们最近还在商业周刊的封面上看见过这样的领导者。

换句话说,那些 A 型领导者有着所有的恶名:他们接受采访,做演讲,出书。柯林斯称他们为"以我为中心"的领导者;他的研究表明 A 型领导远不如 B 型领导有成效。当一个领导者变成了整个组织围着转的中心——就像 A 型领导者那样——这个组织很难做出什么惊世的成就。

领导困境适用于每个领导者,也适用于组织评估领导者时——无论是现在还是将来。最有效的领导风格很有可能使得那些最好的领导者没有被充分认可和感谢。而那些容易被注意到并被认可的风格则恰恰是那种不太可能获得最好绩效的风格。

如果你真的是一个好领导,大概率你永远不能得到名利。这就是领导困境。

领导力再思考

也许是时候再思考一下领导者到底怎么去领导。事实证明领导者如何去领导在保持企业持续成功中扮演了关键角色。而且我们完全可以相信,它在保持安全绩效的改进中也扮演着重要角色。

这是有道理的,并且我们每一个有着领导人们安全工作的目标的人都应该记住这一点。

柯林斯指出,那些实现了绩效转型的领导者们都狂热地推动组织可持续的改进,无论要花费多大代价,无论最后谁得到奖赏。

这是在组织中的每个层级里的领导者都需要的领导特质。只要我们手里抓着别人的安全,做任何事时,关注点都应该是他们,说到底是要保证他们能平安回家,以追求他们生命中最重要的事。

盯住那个目标,别想着你一定要成为 A 型领导你才会有很大成绩。

因为不会的。

关于"左右两难"的结束语

假装困境不存在只会使事情变得更糟。认识到两个对立的条件同时存在能够帮助领导者应对那些不可避免的冲突。是的,你对安全负责,但你不能控制所有事情。是的,你需要知道真相,但你并不总会得到真相。是的,有个系统,但同时每个人都在为他们自己做选择。是的,你要去领导,但是你的领导行为不应该成为你的追随者们的关注点。

一个困境常常出现在高影响力时刻:例如在事故之后,或是一个新领导上任时。这意味着随后的领导行为——言语和行动——会被组织里的其他人认真审视。

管理安全困境需要领导者全力以赴。

第 19 章

从中层领导

走马路中间的人，会被两边的车撞。

——乔治·舒尔茨(George Shultz)

一线主管、车间主任、部门经理们都属于中间管理层。无论在什么行业，中层经理们都扮演着重要的角色，是他们把那些制定政策和指明方向的高层和具体执行的基层的人们联系在一起。中层的有效领导对确保大家都平平安安下班是至关重要的。中层经理起到的领导作用超出了一般人的想象。可是在中层进行领导一直是艰巨的挑战，而且更麻烦的是，身为中层经理的人们常常还不理解他们有多重要，不知道他们自己多么的有权力，或者不知道在日常情景里如何有效地使用他们的权力。

颠倒金字塔

问一个一线主管或中层经理："在你们的组织里真正有权力的是谁?"他们会不约而同地指着行政办公楼的方向。"重大决定都是在那里做出的。"大多数人都相信组织顶层的少数人拥有所有权力。中层经理和一线主管们只是跟在他们的领导后面执行。

组织金字塔清楚地展示了这个情况。这是每个人都能理解的最古老的管理理念。越往金字塔上面走，领导者越少，这些领导者越重要，他们手中的权力越大。按照这个模型的逻辑，在传统的组织权力秩序中，金字塔顶端的人是最重要也最有权力的人。(见图 19.1)。

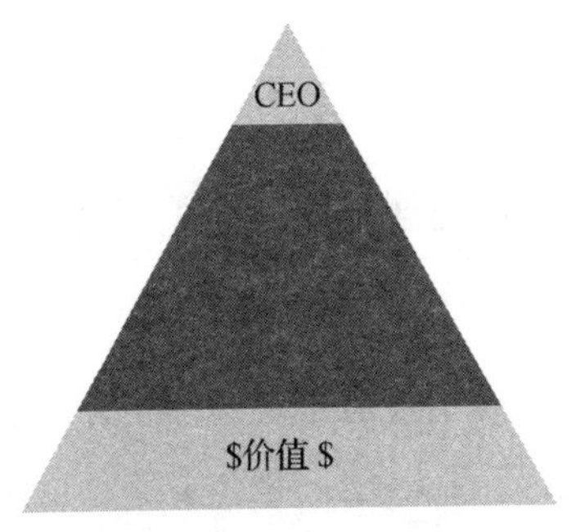

图 19.1　传统理念中价值在组织架构中的地位是错误的

还可以用另外一个视角去看组织中成员的价值和重要性。从业务的基本目标出发，看看这个组织为什么而存在。企业的最终目标都是为企业所有者创造价值，是实际的一线工作者，而不是那些管理层，为企业所有者创造了价值。所以虽然传统的理念中组织架构是金字塔型的，但实际中的经济价值创造则体现了相反的形状。

颠倒的金字塔(图 19.2)揭示了真正重要的人：那些做具体工作，创造价值的人们。企业的管理层的角色应该是帮助这些人们更好地工作。很多聪明的领导者早就已经认识到了这一点。

图 19.2　一线领导在创造价值的地方代表了管理层利益

把这个经济逻辑再进一步，还有第二个非常重要的结论。在所有中层的管理人员中，颠倒的金字塔表面，一线主管的重要性仅次于基层员工。在企业中，一线是执行点：生产产品和提供服务的地方。一线主管代表所有管理层成员的利益,确保企业的重要业务完成,又好又安全地完成。

中层经理:企业的关键连接

在所有管理层级中,一线主管对于现场发生什么有着最直接的影响,而且有最完全的了解。因此,他们是企业管理层中最重要的一层。

这不只是把金字塔倒过来:这是站在传统智慧的肩头上。

中层角色

做领导难,做中层领导更难。作为中层经理本身就是一个挑战,把金字塔颠倒过来,并不会改变中层领导者的基本职能——把那些身居高位的人和现场真正创造价值的人们连接起来。要完成这个任务,中层经理们首先需要确定高层的期望,然后把要求转化成会带来结果的行动。向上的职能叫作与上级看齐,向下的职能叫作执行。与高层看齐并管理执行行动决定了每一位中层经理的角色和任务。(见图 19.3)。

图 19.3　一线主管和中层经理们总是在两组观众面前表演:他们的领导者和追随者

这很好理解，管理者的目的是帮助那些做具体工作的人做得更好。企业组织不是民主机构，在管理岗位上的人需要完成一些其他人制定的目标。这意味着，中层经理总是要在两组观众前表演：他们的领导和他们的下属。按道理，既然这些观众和他们都属于同一个组织，他们应该有着同样的目标、价值观和对事实的看法。实际上常常不是这样的。

这造就了中层管理者的巨大困境：他们不只是在中间。他们为两个完全不同的选区服务，这两个选区通常没有什么共同点，有时目标和价值观也相互竞争。为了满足双方的利益，他们最终都不讨人喜欢，显得软弱无能，常常陷入交火之中。

和中层领导遇到的险恶挑战相比，在炮火中的散兵坑可算是既温暖又诱人。

组织中的权力

最高领导设定目标，基层员工完成实际工作创造经济价值。每一层都有其自身的权力。在传统组织架构中，赋予领导者的权力总是能被组织看到的。他们的目标设定决定了其他每个人应该做什么。他们为那些做实际工作创造价值的人提供财务和决策支持：投资于工厂、设备、原材料、技术、研发和销售活动。

换句话说，高层管理业务的营运。

而那些在基层做实际工作的人在日常活动中所拥有的权力并没有被广泛认识，直到他们不见了，大家才知道这些人有多重要。当你属下有个重要人员受伤、退休或是跳槽了，你也许就会马上意识到："哇，那个家伙原来为我们承担了那么多啊。"

考虑周到的中层经理会尊重高层管理人员和基层人员的权力，并且由此认为剩下来给他们的权力不多。其实中层经理可以拥有很大的权力,无论是向上的还是向下的。而正是因为他们不知道自己有权力,他们自然没有去好好使用这些权力。

情况到底是怎样的

事实上,真实的情况有一些不同。因为中层经理不了解他们拥有的权力,他们就无法建设性地使用这个权力,但是这些权力还是被人使用了。在安全上,一线主管实际上有着巨大的权力,不理解这些权力的人会错误地使用它,这种错误的使用造成了许多事故和伤害,包括了一些上了新闻头条的大事故。

要建设性地使用这些重要的组织权力,每个中层领导者——主管或者经理——必须首先了解他们权力的来源。这需要解开一个我在40 多年管理实践中遇到的最大的认识误区:对于控制和影响之间区别的误解。

控制与影响

控制和影响都与管理和领导有关,这两个术语常常被混用。"他对整个团队失去了控制。"这是一个棒球队解雇他们的领队时的说法。"我们雇了一位在行业里最有影响力的领导。"这是一家公司在解释他们怎样去扭转颓势。把这些词放在一起,他们的不同点就明显了。要看出两者的不同,可以问一个简单的问题:"领导者对于下属的安全表现有多大程度的控制或者影响?"

每个领导者知道两者有不同,而且并非是无关紧要的不同,但大家还是不能清楚解释两者的不同。我们可以通过给出定义来进一步帮助了解这两个概念。控制的定义是决定输出成果的能力。“你可以通过设定空调温度值来控制室温。”而影响的定义则是不通过力量或直接命令产生结果的能力。“希腊哲人柏拉图受到他老师苏格拉底的巨大影响。”当艾森豪威尔将军把领导力描述成“让别人心甘情愿去做你希望他们做的事的艺术”，毫无疑问他是指在思想上产生影响。

从这个角度来看，控制是比较绝对而且简单的。如果你想要室温凉快一点，你可以把空调设定值调低一点。所以它被叫作温度控制装置。按照同样逻辑，你不能影响室内温度的改变。影响是适用于人的过程，要改变人的行为总是关于影响的问题。一个领导者在这个世界上能控制的只有他自己的行为。

领导者的做法无外乎控制和影响两类，了解两者的不同和在日常生活中的应用则很明显。领导者日常都在践行控制的管理原则：每次在做出决定成果的决策时他们就是按照这种方式做的。而影响的实践则是以一些领导行为的形式出现的，例如辅导、说服、推销、鼓舞、激励，以及如果必要时，进行威胁。

服务于两组选民

分清楚了控制和影响的定义，接下来的问题是：作为一个领导者，控制和影响两者中哪一个是更好的方法呢？

大部分领导者会本能地回答是“影响”。他们的逻辑很简单：追随者不喜欢被控制；爱控制人的领导者不受欢迎。当人们被控制住的时候，他们不愿去做决定。如果追随者能够认同根本的出发点的话，无论领导在与不在，他们都将做出正确的决定。而且，这样做更容易。

这显而易见，但这却是完全错误的。

理由很简单：如果控制意味着“决定结果的能力”，每个领导者都会更倾向于用控制而不是影响。用控制的手段，领导者可以得到他们想要的，而用影响的手段则永远无法确定，因为结果是由其他人决定的。

这个逻辑是无可辩驳的。它解释了为什么在管理危害时，工程控制是比安全程序更好的预防潜在危害暴露的方法，而后者需要别人去遵守程序。有了控制，就不需要依靠别人了。

但是，正如你可能很快会提出的反对意见"人们不愿意被控制"，事实上他们是不可能被控制的。人们反对的是尝试去控制。一个领导者只能是去影响下属，就算领导者就站在这个人身边，不停地提醒他们该做什么，这都不是控制，这只是令人厌烦的影响。最终还是那个人自己决定他是否要照着领导说的去做。

对于任何领导来说，控制——决定结果的能力——比影响更好。影响是由别人决定结果。控制和影响两者结合起来的话，可以创造权力：使事情发生的能力。

控制、影响和安全管理

在过去 40 年里，我见过许多事故发生，参加过事故调查，审阅过数以千计的事故报告，也读过许多关于 19 世纪一些重大事故的书籍，比如《泰坦尼克号》和《挑战者号》。那时候，人们用很多理论和归因模型对这些事故进行解释：潜在原因，行为事故理论，系统失效理论，甚至生物节律和睡眠缺乏。无论你可能用什么理论来考虑任何事故，一个最简单的事实就是，大部分事故无外乎归咎于以下三个基本原因之一：

1. 某人在做他不知道怎么做，或不能够正确做的事。假如他知道怎么做，或是能够正确做，这个事故就不会发生。

2. 事故发生时，相关的人的行为都没有问题。但是工具、方法、程序，或者设备有某种欠缺。如果这些都完备的话这个事故就不会发生。

3. 人们接受了合适的培训，有能力，而且在过去也正确地做过。工具、方法、程序和设备都在完备的状态。因此，从某种程度上说，某人选择了按照不正确的方法进行工作，如果这个工作被正确地执行，这个事故也不会发生。

以建设性的方式使用权力

可能的解释只有这几个，而且每种解释都会带来一系列关于事故的问题：为什么有人不遵守规定？为什么没有人怀疑过这个方法有漏洞？为什么有人还没有资质就被安排了工作？这些都是很棒的问题，可以用来在事故调查中进行询问。

这个分析的目的不是建议一个新的对事故进行分类的方法，而是为了帮助大家更好地理解组织中层所拥有的真实权力。把控制和影响的能力结合在一起能够创造权力。如果这三个原因解释了大部分事故和伤害，一个主管对于这三个基本原因有着多大的权力呢？

原因 1：某人在做他不知道怎么做，或不能够正确做的事。假如他知道怎么做，或是能够正确做，这个事故就不会发生。

在这种情形中，直接主管有控制力：决定结果的能力。他可以通过以下三种方式进行控制：

- 如果这个知识或技能是关键的，通常会进行考试。如果这个员工不能通过考试，他不能上岗。考试并不十全十美，但是一个好的考试是一种控制手段。

- 在一个员工独立上岗工作之前，许多工作和工作安排需要经过主管的资质认定。如果资质认定没有完成,员工不应该进行这个工作。资质认定过程是一个控制手段。

• 主管通常对于安排什么样的人做什么工作有一定的裁量权。如果主管对于一个人能否安全地胜任某项工作心存顾虑,他可以安排一个其他人。安排分配工作的权力也是一个控制手段。

原因 2:事故发生时,相关的人的行为都没有问题,但是工具、方法、程序或者设备有某种欠缺。如果这些都完备的话这个事故不会发生。

一个一线主管很可能不是那个起草政策和程序、确定方法的人,他也可能没有权力去购置新的更好的工具和设备,或者批准对关键设备进行维修。但是缺乏这些权限并不意味着他缺乏控制,即决定结果的能力。

当一个主管相信工具、方法、程序或者设备有问题的时候,他的控制手段很简单,就是说“不”:“除非……我们不会进行这个工作。”停下一个工作直到它可以安全进行的能力也是一种控制。

原因 3:人们接受了合适的培训,有能力,而且在过去也正确地做过。工具、方法、程序和设备都在完备的状态。因此,从某种程度上说,某人选择了按照不正确的方法进行工作。如果这个工作被正确地执行,这个事故也不会发生。

在这第三个情形中,安全工作所需要的技能、资质和熟练度都已经有了。工具、方法、程序和设备也已经充分具备了。但某些人还是没有按照要求安全地工作:工具被留在卡车上,劳保用品被锁在更衣柜里,程序被忽略了,他们在用“干完就好回家了”的方式走捷径。

控制和影响相结合实现目标

在这种情况下,一个主管也有很多因素可以控制。主管们决定了伤害三角形中的物和能量源。这就剩下了三角形顶角上的因素——人。在执行的时刻对行为的选择取决于个人，而那个人对行为的选择会受主管的影响。

所以在谈到管理安全绩效时，关于组织中权力的真相就是，绝对的权力在于控制，控制就是决定结果的能力。对于伤害的三个基本原因中与物相关的两个，基层主管都有控制能力，这是最佳的权力。处于金字塔上面层级的领导们并没有那种直接的控制，他们的权力来自影响那些有控制力的人们——主管们。

而对于那些做具体工作的人如何选择行为，基层主管则没有控制力，只有影响力。但是在所有管理层人员中，基层主管的影响是最为直接的，因此他们是最有权力的。

越往组织上层走，领导者的影响就越弱，不是越强。而且他们只能得到越少的真实信息：做具体工作的人的能力水平，工具、方法、程序、设备的完备程度，以及那些做具体工作的人的行为选择。基层主管对于真实情况看得最清楚。与其花大量资金在安全调查上，高层领导者不如去问问他们的基层主管们："现场情况到底是怎样?"当然，这种方法只有在一线主管愿意说实话的情况下有效，而事实上通常不是这样的。

不管外在表现怎样，一线主管对于安全有着巨大的权力。这个权力是通过控制——对于诸如工具、方法、程序、设备、能力和资质认定这些事物的控制——以及对于做具体工作的人的行为选择的直接影响来实现的。在管理安全绩效时，基层主管是企业管理层中最有权力的人。

但是大家通常没有这个感觉。这导致很多基层主管的行为表现得好像他们没有权力。如果一个领导者表现得没有权力，这等同于他们在错误地使用权力，做出的决策都是错误的，问题没有解决，追随者的行为没有被适当地影响。这些都可能导致灾难。

从中层领导

把金字塔颠倒过来，把控制和影响放到合适的位置，这样做确实把中层经理的世界颠覆了。基层领导的角色至关重要，而赋予这个角色的权力也无比巨大。但有件事没变：他们还在中间。每一位中层经理都需要在组织架构中对接上层领导并对接下层领导。目前为止本书主要讨论的是如何领导下属。那么如果面向上层领导呢？

关键的问题：为什么？

在有些场合行使权力——控制和影响——需要领导者去面对他们的老板。有些需要面向上层领导的场合需要巴顿将军那样的蛮勇，以及基辛格博士那样的外交手段。以下是一个例子。

周五上午 8:15，TDB 部门

艾迪·戈麦兹度过了漫长的一夜。他作为 TDB 部门的技术顾问，领导了这个车间的 A21 压缩机的故障解决。在周五的白班上班前，这个问题解决了。眼下的挑战是让其余设备都运转起来，这对于一套 50 年历史的生产线来说不算容易。

技术顾问这个职位是在几年前他们的工作“重组”的时候，厂长乔·布莱克给那些决定留下来的老一线主管们留出来的。“这是‘万金油’的委婉别称。”艾迪是这么想的。但是因为他还有两个孩子在读大学，要负担，他只能接受这个职位安排。况且，过了 15 年对现场各种状况负责的提心吊胆的日子，他发现做一个“顾问”也是蛮好的。

做 TDB 车间的技术顾问听起来容易，但 TDB 是一个不再增长的业务，就意味着这个装置设计不足、定员不足、维护不足。在 ACME 公司，这个车间被看作老弱病残收容所。但它还是有一定的盈利能力，因此生产的负荷一直很大，这也导致了今天上午面临的挑战。

即使有一些仪表系统还不能工作，艾迪还是批准了开车。这是一个正常的做法：过去在艾迪和他的伙计们做操作工的时候，他们经常这么做。但是显然这批“有操作资质”的操作团队，不如他们当年有经验，照常理他们其实没有“资质”去进行开车操作。

“资质，只不过是又一张证明的纸头而已。”艾迪这么想。如果管理层知道这些家伙们的真实情况，他们该睡不好觉了。“那些上头家伙们知道这里到底发生了什么？”

艾迪坐在办公桌前，考虑他的下一个决定：他下班后这个生产线继续开车，还是推迟到周六再开。他周四已经工作了一个白天，周五半夜又被叫进来，他知道自己不可能再干一个白天直到周五晚上。作为技术顾问他有权推迟开车，回家，好好休息，然后在周六回来亲自领导开车。

这是一个符合常识的决定。

当它涉及人的时候

但是这样做会耽误一天的产量。客户已经在催着要产品了。组织架构重组让情况变得更复杂。操作团队的编制要求所有的操作工掌握全部四个操作岗位。这又加剧了每个岗位人员的经验不足：操作工不得不在每个岗位上都工作过，才能有资格拿到 ACME 明星奖金计划，这又是布莱克的高招。组织架构重组是他的得意项目，他能拿出各种绩效指标的改善来证明这是个很成功的项目。

无论艾迪在不在场，在纸面证明上，A 班操作团队已经有资质对装置独立进行开车操作。他们的老板——也是查理的老板，部门经理——已经签署了资格认定。“很滑头的政客做法。”艾迪心想。但是这个团队没有一个资深操作工，还有三个相对缺乏经验的操作工，这可不妙。开车过程中可能会遇到操作工在培训中不会遇到的问题。

一边喝咖啡，艾迪一边盘算着他的选项：

作为技术顾问,他可以宣布开车推迟,然后在周六来领导开车。

他可以自顾自回家。各级领导都已经签字批准了相关文件,这个团队已经"有资格"独立开车。

他可以把这个问题提交给部门经理。

艾迪清楚地知道如果他选择第三个选项会发生什么。不出十分钟,他就会坐在乔·布莱克的办公室里。每到关键时刻,他的老板总是不愿意做困难的决定,而这个显然是困难的决定。他的部门经理很善于"促进对话"——让别人承担后果的委婉说法。已经忙了一个晚上,这个时候艾迪才不愿意坐在乔·布莱克大人的办公室里,去面对各种盘问。布莱克的招牌动作就是指指他办公桌牌子上印的一行字:"不要告诉我问题,告诉我解决方案。"

最后艾迪很不情愿地站起来,走到老板的办公室。"只要我在,这事没门。"

对于这个企业,以及它的员工、股东、顾客和管理层们来说很幸运的是,艾迪做了正确的事:他说了不。这不是个容易的选择,不是每个他的同事都会这样选择。你读一读那些重大事故的调查报告就可以发现这一点。

在实践中,中层经理们通常没有意识到,在存在某种顾虑或侥幸心理时进行开车操作或者执行发射任务这件事本身就是一个决定,并且在进行控制。说"不",意味着不给出许可——因此也就决定了结果。这不像是大多数主管们的理解。他们以为他们没有任何权力,他们不去向上领导,他们顺从别人的决定。当他们这样做时,他们实际上在误导员工。

该是领导者去领导的时候了

考虑到可能承受上级领导的批评,那些即使是最好的中层经理们也可能回避做困难决定——即使这牵涉到安全。30 多年前的一个冬天的晚上，一个高层领导给他的下属施加压力："你不应该再像技术顾问那样想，要开始像个经理那样想问题。"

这些话是在有压力的情形下说出的，无疑这个高层领导的出发点是好的。我可以肯定，这位高层领导事后回想时，肯定希望这位技术顾问——这个真正知道问题所在的人当时能够说一声："不，只要我在，这事没门。"如果当时有人这么说了，挑战者号航天飞机当年的那个发射决定就不会做出了。

这是后见之明。我们需要的是先见之明，并且去施加影响。

领导是艰难的任务

当一个中层经理挺身而出去领导时，就好像他身上装了个靶心，其实是两个靶心，在中层的领导有可能同时被来自两边的火力击中。领导者——尤其是好领导——总是很方便地成为靶子。首先，因为他们代表着某种东西。就安全而言，这是企业最重要的目标：要使每个人都能平平安安下班。作为追随者，我们在领导者身上寻找这种特质，一旦找到就会钦佩。领导者相信某件事，并且说得头头是道是根本不够的。领导需要行动：但当领导者采取行动时，他们肯定要付出些代价。这是领导者容易成为靶子的第二个原因。

从长期看，以安全的方式工作总是个合算的买卖。但在短期看并不总是这样。安全地工作会放慢节奏，需要付出更多努力，甚至要花更大成本。而且，如果坚持要按照安全的方式做，常常不讨大家喜欢：这样既不方便，也不舒服，大家都不想这样做。所以领导们在即使是安全这样的事上也会遇到阻力。这些阻力可能来自下面——追随者们，也可能来自上面——他们的领导。

那些我们景仰的领导者们没几个是容易的:林肯,丘吉尔,马丁·路德·金,曼德拉,教皇约翰·保罗。在某个时间点上他们都受到他们的信念的折磨:他们可能被大众观点所围攻,或者受到被解雇的威胁。最糟的是,他们还可能被射杀或是被投入监狱。当初选择这条路的时候他们有没有预料到呢?也许有,也许没有。但是这些折磨有没有阻止他们挺身而出去领导呢?绝对没有。

我们景仰的那些领导者们有一个最后的相同点:他们都成功了。这个世界,因为他们相信某件重要的事并采取行动而变得更加美好。所以我们叫他们领导者并且景仰他们。

从这个角度看,从中层领导尤其是在安全事务上领导并没有那么难。没有人会因为你叫别人戴上安全帽或是安全眼镜而被刺杀,或是被解雇。领导人们安全工作之所以看上去难,是因为每个领导都希望下属喜欢他,老板赏识他。

安全的行为并不总是受欢迎的行为

这里还有一个例子。在这个例子里,领导者没有因为希望他的队伍欢迎他而不去做正确的事。时间是 1969 年,地点是越南的朱丽地区。领导者是陆军中校诺曼·施瓦茨科普夫(Norman Schwarzkopf)。

在施瓦茨科普夫的自传《不需要英雄》里,描述了当他管理部队的安全时面临的阻力。那时有一种会议,专门让部队士兵发表对指挥官的怨言,又被戏称为饶舌会。军官坐在战士面前,听由他们提出各种问题和抱怨,因为这样对士气有利。

这些饶舌会一点都不好玩。人们会问,“为什么我们要进入雷区?是你主动要求我们这次任务的吗?”还有,“为什么我要一直戴着我的头盔和穿防弹背心?”他们讨厌雷区,他们讨厌炎热,他们讨厌他们的头盔和防弹背心。大多数时候他们讨厌我。但是我从来没有糊涂到把他们的舒适度当成了他们的真正福利。我会说:“嘿,小子们,我来这里不是参加人气竞赛的。我的主要任务是让你们都活着。如果当你回国时,你对我的最后想法是‘我恨那个××养的’。没问题,事实上我会很高兴。因为另外一种后果可能是,你被装在一个精美的小盒子里回国,而且没有任何想法。所以,我要求你们戴上头盔,穿上防弹背心。”

领导是困难的。但是,领导他人,使他们能平安回家,归根结底是一个领导者最重要的职责。

第 20 章

经理们在管理安全绩效时最常犯的十个错误

那些不从历史的错误中学习的人注定要重犯这些错误。

——乔治·桑塔亚那(Jorge Nicolas de Santayana)

20 多年前,新闻记者汤姆·布罗考(Tom Brokaw)为了撰写关于诺曼底登陆的故事,来到了法国的海边。在写作过程中,他意识到那些在大萧条时期出生、在大战期间长大成人的那一代人所产生的巨大影响。于是他就把他们称作“最伟大的一代”,写在了同名畅销书里。

确实如此,那一代人长大时知道生活的艰辛,他们努力奋斗,为接下来的婴儿潮一代打造并呵护了良好的生活条件。

相比之下,婴儿潮一代——生于 1946 年到 1964 年——应该被叫作“人数最多的一代”。在美国就有七千九百万——超过这个国家人口的四分之一。这一代人数虽众,但不够伟大:他们无论出现在哪里,都会令人侧目。

他们就学时中小学校爆满,上大学时大学爆满。然后他们领导了各种娱乐流行的潮流,定义了各种抗议示威的主题。到最后他们变得认真起来,开始埋头工作。现在这个人数最多的一代的影响力则主要体现在健身中心、诊所、制药的研发实验室,这些机构都在想方设法使他们感觉更年轻。在工业界,走遍全世界,随处可见:婴儿潮一代统治着主管和经理这个阶层。

我在这里想说的其实是:这个人数最多的一代的日子屈指可数了,因为人口统计学的数据不会说谎。

回过头来看

作为即将谢幕的这一代经理人的一员,我发现这是一个反思的很好的机会。在我的职业生涯中,我们目睹了许多震撼世界的工业界的和管理学上的革命。

当我们在 1960 年代参加工作的时候,大企业正大行其道。加入一个大公司,在组织层级中逐步上升是大家的普遍选择,而当时组织中层的管理岗位机会很多。

那种盛况一去不复返了。我们都知道世界正在变成什么样子。组织架构变得扁平,工作节奏越来越快,对于产量、成本、交付和质量绩效的追求永无止境。

管理风格演化,基本管理目标不变

但有件事情没有变:让员工平平安安回家的目标。安全始终是我们工作中的重要部分。回顾我们的职业生涯,在安全管理上我们经历了起起落落。我们庆祝过安全里程碑,颁发过安全奖;我们也曾不得不送同事去急救室,然后坐在事故调查会上琢磨到底发生了什么。

失败的误导性语言

一个经理犯下的错误，常常会被悄悄地掩藏（“斯蒂夫因为个人原因离开公司”），或者被当成变化带来的副作用（“因为聚焦于全球竞争，我们失去了对……的关注”），或者被掺杂到某种成功当中（“这次失利是我们的‘敢作敢为’文化的后果”）。有时候它被作为企业年报上的一行小字注脚出现，或者在一个事故调查的简短开场白中出现。

在即将退出历史舞台的时候，我们这代人应该可以更好地解释我们所犯过的错误了。

工艺历史学家特雷弗·克莱茨说过：“组织没有记忆，人有记忆。”所以在人数最多的那一代人所学的都被忘记之前，我们应该将学到的经验教训传给刚刚进入管理阶层的这一代。经过了这么多年，在安全管理上我们确实学到了一些东西。遗憾的是，大多数都是通过一些惨痛的教训学到的。

我们在组织里向上晋升的过程中，在安全管理方面学到了哪些教训呢？犯过哪些错误呢？

学习了这些教训，你们至少在10个方面不至于像我们那样糟。

错误10：相信有好运气就够了

许个愿望不是一种做事的方法。

——高顿·沙利文将军(Gordon Sullivan)

我们这些婴儿潮一代的经理们，很少有人是从职业生涯的一开始就处在经理岗位的。我们的职业生涯通常是这样：结束学校教育后，在企业里找到第一份工作，也许是做一个学徒、操作工、制图员、工程师，或是会计，在我们职业生涯的第一年，我们要管理的人，通常就是我们自己。

给新人的箴言

不是说进入一个新工作，或一个新行业没有其本身的挑战，但我们后来学习到了，最大的挑战是，要管理别人，需要一些很少人会天生具备的技能。

随着职业的发展，我们发现自己开始喜欢上自己做的工作，而且善于做这些工作。并且我们的工作好像并没有那么难。没有多久，我们就开始因为我们的技能以及领导潜力而得到重视。

然后某一天，我们得到一个管理别人的机会。无论这个机会是否是我们之前想要得到的，我们都感到受宠若惊。所以我们接受了这个升迁，然后开始了我们在管理层的职业生涯。

管理他人：很大的挑战

在我们过去的职业生涯所有的岗位变动当中，最大的改变时刻就是从管理自己变成管理他人的那一次。当老板告诉我们新的工作任务和职责时，他们会提醒我们："你现在也对你的下属的安全负有责任。"

当然，我们本来就知道对他人的安全负责是这个工作的一部分。

但我们真的理解了吗？我们是否真的准备好了，无论我们在不在下属的身边，我们都要对他们怎么行事而负责吗？当你站在生死未卜的受伤员工的家属身边,你会意识到这个责任是如此的重大。这个责任感会驱使你去严格管理员工,结果搞得他们不太高兴见到你。

事实上,管理安全绩效可能是作为运行经理的你工作中最困难的一部分——而且通常是我们最缺乏准备的部分。

想象一下这个场景:

你要在你的员工中挑选一个优秀运动员去应对一个特别的业务机会。你希望找一个手眼协调、能力出众而且在竞技体育上有着良好纪录的人。

幸运的是,你属下有很多人选。你的候选人包括:前高中橄榄球队四分卫,篮球队中卫,排球选手,棒球投手,甚至还有个网球选手。

你开始和每个候选人面试,寻找最有潜力接受这个任务的人。慢慢地你发现了你的完美人选:一个在你领导下工作了10年的前棒球投手,目前是个铁人三项赛选手。

你给了他这个职位,他也接受了。顺便说一下,他的新任务是下周一和泰格·伍兹(Tiger Woods)打一场高尔夫球,观众包括你公司的总裁还有一大票他的朋友。而你选的这个人从来没有握过高尔夫球杆。

这听起来疯狂吧?

巨大的挑战:保护你下属的安全

当然疯狂。但在某种意义上这就像我们当时刚刚被提升到管理岗位时的样子。我们被赋予了管理他人安全的责任,虽然我们还没有管理经验。一些有潜力学习新技能——管理技能——的人被放在一个需要立即施展这些新技能的岗位,而且只有成功施展这些技能才能保证大家都平安回家。

“他能行的”……也许吧

我们不会派一个机修工去解决电气开关柜的问题，除非能够确保他有相关电气作业资质并且接受过培训。但是我们可能会提拔这个机修工去做主管，让他去管理团队的安全表现。我们都会说“他能行的”，可能是因为我们也是这样过来的。

大错特错。

不能靠愿望来做事情。但谈到我们作为企业经理人担当的最重要的任务——让人们平平安安下班——的时候，把经理们安排在新岗位上的唯一策略往往就是靠祈祷好运气。

我们当时开始管理生涯时就是这样的。然后我们转过头来就对其他人做同样的事：选拔具备很有潜力的人做主管或经理，相信他们能照看好他的团队，同时没有给予他们足够的支持和培训以确保他们能够胜任。

很神奇的是，我们进入管理岗位后，倒也没有犯下更多的错误。至少在那时我们属下还有一些有经验的老员工，而且我们的老板们好像也能挤出些时间来帮助和辅导我们。

但是今天的情形是怎样的呢？在我们的组织里，做具体工作的人的经验水平是怎样的呢？高级管理人员花了多少时间和他属下的新主管和经理在一起，为他们提供辅导和帮助呢？

靠愿望来支持主管和经理们管理安全绩效，是高级领导犯的最严重的错误之一。这是像我们这样犯过多次同样错误的人给出的忠告。

错误 9:问不出好问题

作为顾问我最大的强项就是表现出无知,然后问一些问题。

——彼得·德鲁克(Peter Drucker)

列举对 20 世纪商业世界产生最大影响的名人清单,彼得·德鲁克肯定榜上有名。作为一个教师、作家和顾问,德鲁克在过去 50 年里对工业界里的经理人们产生了深远的影响。在课堂上我们学习他的方法,我们的公司在运营业务时也大量使用他的概念。

你可能会想:"有什么了不起?经理们也总是在提问。"

是的,他们在问问题。但是,如果你仔细听这些问题,通常它们分为两类。一种是探寻特定信息的问题:"你什么时候能做完?""你花了多少预算?""你们什么时候能恢复正常产能?"还有一种实际上不是问题,而是一个表态:"你当时是怎么想的?""你难道不知道这样不行吗?"

内涵丰富的问题可以引发活跃的讨论,带来有价值的回答

德鲁克问的那类问题引发人们思考。"我们的业务是什么?我们的业务应该是什么?"不难想象,这样的问题会引发富有成果的讨论,或者让人开始了解在他的咨询方法中的一些天才想法。

为什么这些问题如此有威力?为什么那么多经理们没有用这些问题作为管理工具?

好的问题——应该有好的答案。

在工作中,好的问题能够帮助经理们抬起重担。一个问题首先能够让人开口说话。不管是什么关于人际沟通的精妙理论,最后的基础不还是要有人说、有人听吗?

当一个经理提问,人们开始回答时,经理开始得到关于现场情况的信息,以及人们的看法。难道经理就不能从中得益吗?

问题可以使人们参与。当你听到一个问题的时候,很难不开始去想它。问问你自己:“你认为是什么导致哥伦比亚号航天飞机失事的?”然后你自然会想到泡沫隔热材料、高速飞行、再入大气层时的高温,以及机组人员的丧生。

你问别人一个问题的时候也有同样的事发生。即使你得不到回答,你也可以确信那个人会思考这个问题。这也就意味着他们开始注意了。

问题可以影响议程。我们这一代美国人都记得水门事件中那个关于尼克松的著名拷问:“他知道些什么,他是什么时候知道的?”这些问题最终导致了一个总统的下台。六年之后,另外一个问题:“今天的你比四年前日子更好过了吗?”导致另一个总统在大选中胜出。任何想要推动某个目标的经理,都会很好地应用这个技术,也许是通过询问进行工作的人:“你做这个工作的时候,哪些危害可能让你受伤?”

既然提问给经理们带来这么多好处,为什么他们不多提问呢?

根据我们在职业生涯中的第一手观察,经理们常常提供答案而不是去提问。这里有一个好例子,也是一个悲剧性的例子。一个公司CEO在听取一个事故的详细情况介绍,事故中一个员工死亡,一个重伤。两位员工都是很有经验而且工作态度主动的员工,而有一个明显的事故原因是他们没有遵守安全程序。听完了情况介绍,这位CEO说:“如果他们遵守了程序,这事故不可能发生。”

说得没错。但是这个表态有什么用吗?

提醒一下遵守程序可以预防伤害当然没有错。要不然我们当初也不会去写程序。但难道这位 CEO 不是更应该去问:“是什么导致了这些知道规定的有经验的员工去走捷径,最终付出了生命的代价的?”

但是他没有问这个问题。相反他所做的和我们很多经理在寻找解释时所做的一样:我们给出答案,做出评论,给出观点。我们得到的只是一个肤浅的答案,没有做任何深入阐释,也没有造成任何好的改变。为什么我们经理们总是这么倾向于花这么多时间做一些这么小价值的事?

这个原因可能藏在那些当初帮助我们被升迁到管理岗位上的技能中。在学校里,我们如果知道答案会得到奖励。我们刚参加工作的时候,如果我们知道得更多,我们会得到认可。我们的管理潜能之所以被发现,很大部分是因为我们学习得快。经理人这个群体通常都是有热情去超越的聪明人。我们生活中的一个很大的动力,就是提供正确答案然后得到认可。我们于是养成了一个习惯,去找到答案。

我们的知识能成为我们的优势,但有时也会成为我们失利的原因。知道错误的答案还不如不知道答案。许多我们在企业里需要解决的问题——例如那些涉及人的行为和市场动态的问题——通常没有所谓的“正确答案”。解决一个困难的安全问题——例如为什么人们没有遵守安全程序——不是一个考试题。你不会在你课本的某一页上找到它的正确答案。

解决困难的安全问题需要认真的思考。问一些好的问题是认真思考的一个关键部分。最好的经理通常问出最好的问题。好消息是,学习怎么去提问并不难,而且可以轻松掌握。这实际上只是养成一个新习惯的问题:用像谁、什么、何时、何地、为什么和如何这些关键词,然后用问号结尾。

这是这种问题的一个例子:“这些问题对你有什么影响?”在之前的段落里,我问过你好几个问题,以说明不提问的错误。

不要误以为既然你是经理，你对所有问题就必须要有答案。没哪个经理能做到。但是正确的问题能够引导出你要找的答案、信息和观点。不愿意承认我们不知道，不能去问很好的问题，也是我们犯过的大错误。

错误 8：驱走所有恐惧

事先的未雨绸缪的恐惧是安全之母。

——埃德蒙德·伯克(Edmund Burke)

正如彼得·德鲁克对企业管理所做的，爱德华·戴明对于我们更好地制造产品产生了很大影响。这位天才将他的"管理十四法"带给全球的组织，对制造流程和产品及服务的质量改变产生了深远的影响。十四法之一就是"驱除恐惧"。

无惧可能更接近于无知

戴明博士大器晚成。他出生于 20 世纪初，接受了数学和物理学的教育，毕业时正值大萧条时期。尽管当时工作难找，他还是成功地在美国农业部找到了一个工作。在 1930 年代晚期，他加入了人口统计局，接受了统计样本分析方面的培训，他的才能在 1940 年的人口统计中发挥了作用。

然后他的职业生涯就变得很有意思。世界大战期间，戴明把他的统计样本分析方法带进了工厂，让美国战争物资质量得到极大提升。在 1950 年代，他被邀请到日本去帮助重建制造业部门。正如他在日本证明的，对我们的军火工厂有用的理论也适用于消费品工厂。

时间快进到1980年代,那时我们都完全认可了日本在从汽车到消费电子产品的质量成就。他们按照一个最初只是数奶牛和人口的统计学家的建议,对质量实现了一次戏剧性的改进。日本于是以戴明博士的名字命名他们的国家最高质量大奖。

巨人领路

当美国最后在制造业发生的"质量革命"的大潮中醒悟过来时,戴明博士又回过来帮助我们了。当时他已经80多岁,但是仍然睿智健朗。

在他辅导工业界客户的这些年里,戴明总结了质量管理的14个要点。这些是他认为一个经理想要达到最高标准的产品和服务质量所必须遵循的原则和实践。这是我们经理们需要关注需要学习的好东西。

在他的这个清单当中有一条"去除恐惧感"。戴明相信,在改进质量的活动中,对于生产出残次品以及报告质量问题的恐惧是一个重要的拦路石。诚然,有很多具体的经验让他得出这样的结论。

但是,管理层无法解决那些他们不知道的问题。戴明敏锐地推断出,对于管理层报复行为的恐惧会让员工不敢报告产品质量问题。仓库的人宁愿把有瑕疵的产品送出去,让顾客去发现这个问题;当然管理层不可能解雇顾客。(当然了,让顾客发现瑕疵对销售终归不好。)

如果戴明的论点在质量改进上是正确的,为什么不能也用在安全改进上呢?我们当中有些人觉得可行,也试着这样做了。

听起来是个好主意。人们在调查时会说实话,而且会报告所有险兆事件。我们要做的只是告诉他们这些事对他们没有任何影响。我们要去除恐惧感。

我们和戴明不同的是，在他提出这个论点时，他对这个概念的含义进行了批判性思考。戴明的这个清单来自他超过 60 年的职业生涯。而我们中的大多数理解则来自于一分钟商学院：我们发现“这听上去是个好主意，让我们来试试看效果怎样吧”。

欠的债总是要还的

事实没有照我们想的那样实现。首先，员工并不相信我们听到真话后不会采取任何行动。那些少数选择相信的员工最后在发现我们没有或者无法遵守诺言的时候非常失望。有时，他们告诉我们的情况中，也包括他们自己的错误行为，而知道这些情况后我们不得不进行处理。

如果我们对于在安全方面去除恐惧感进行一下批判性思考，我们的心路历程可能是这样的：

要驱走恐惧感。对什么的恐惧感？答案是后果。员工对后果担心。当谈到产品质量时，我们希望他们对这些后果没有恐惧感。诚然，如果我们有了一个质量问题，我们最好是自己发现它而不是让我们的顾客发现它。

制造和发出一个残次品的后果和我们的员工受伤的后果能相提并论吗？答案当然是否定的(除非这个瑕疵产品会导致某人受伤)。我们的叉车工摔断腿，后果肯定比送出一批错误色号的油漆更严重。这批油漆还可以退货的嘛。

另一方面，如果叉车工发生了一起险兆事件——差点撞到人——我们是不是应该知道？确实应该。什么情况会阻碍这个员工报告这起险兆事件？

他害怕惹上麻烦。如果他承认了他开得太快而且没有当心，他会面临什么样的后果?

所以我们的叉车工对不同的后果进行了一番算计:不如少(给管理层)惹事,不报告这起险兆事件,省得惹麻烦。人们恐惧的是惹上麻烦这个后果。这种恐惧使他们不告诉管理层现场到底发生了什么。

但这真的是这个叉车工应该担心的最严重的后果吗?

真正痛苦的后果

进一步深入地想,有一个更加严重的担心:对于同事遭受严重伤害的担心。如果一个人的余生都处在造成同事终身伤害或死亡的愧疚之中,该是一种什么样的体验?

最糟的是:使某人真的受伤

对于这样的后果的担心实际上是个好事。每个人都应该增加,而不是减少这种恐惧感。

当然,这样的话,你可能要和那些主要受纪律惩戒驱动的员工打交道。如果这种恐惧能让他们遵守安全规定,当心他们所做的事情,这也不坏。其实我们很多人开车之所以遵守限速要求,只是因为担心转过弯去马路边也许会有警察。

试图去除所有恐惧感是个错误。在这个问题上,与其遵循戴明博士的建议,不如听从埃德蒙德·伯克的忠告:“事先的未雨绸缪的恐惧是安全之母。”

错误 7:关注短期

幸运和技艺的差异在第一眼很难区分出来。

——彼得·伯恩斯坦(Peter Bernstein)的投资建议

管理层聚集在会议桌前开一个紧急会议。研究的课题是:如何遏止事故和伤害数量大量上升的势头。

一流的就等于最安全的

这个场景,对于在现场很多年的产线经理们来说应该都很熟悉。安全绩效从来不是按一个直线趋势前进。就像一个竞技体育运动员,安全绩效也会有起伏和退步。即使是安全表现最好的一些企业也偶尔会遇到表现下降的时候,需要召开像这样的会议进行研究。

这种危机会议无疑会带来一些忙乱的改进活动,目的是对安全绩效产生直接和实质性的影响。我们"围捕那些惯常的'嫌疑犯'"。你能猜到都是些什么行动:发一封公开信提醒每个人在工作中注意安全,在安全会上重申同样的信息,召集一个安全暂停会,解决一个导致近期事故的具体问题。

然后我们就坐下来希望一切奏效。

快速改进……奏效一段时间

幸运的是,之后安全绩效通常变好。如果是这样,就再次证明了我们已经知道的道理：当我们经理直接介入安全绩效管理的具体工作，我们比别人做得都好！

我们做得好吗？真的吗？

然后，在我们结束了解决“那个安全问题”之后，我们回来接着解决我们每日遇到的其他业务问题。如果爱德华·戴明看到这个情况，他会笑翻在地。

戴明理解得很透彻，我们看到的是随机变动。这位令人尊敬的统计学家会这样解释这个现象：生活中的任何事都是波动变化的。数据可以向一个方向变化，它们肯定也能向另一个方向变化。对于统计学家来说，这个术语叫作向均值回归。均值——长期趋势线——才是有意义的，而不是短期波动。

我们一次又一次被表象愚弄。当我们介入并采取行动的时候，我们看到结果：绩效变好了。于是我们认为我们对绩效表现有影响。这当然是我们的努力产生的直接结果了……不是吗？

事实是，很可能就算我们什么也不做，去休假，也可能会有同样的结果。

以为一个短期安全改进是我们即时努力的结果，这是经理们在管理安全绩效时所犯的又一个错误。更糟的是，这还没有完。

长期

我们在高估了我们直接参与带来的短期影响时，也在持续地低估我们作为经理对于绩效的长期影响。安全绩效回归围绕的趋势线是衡量我们这些经理的能力的参考。我们始终应该用这种眼光看我们的安全绩效。

我们可以接受一个行业的安全绩效表现与另一个行业的截然不同。

化工行业的伤害率数据和建筑行业或油田开采业就很不同。而在每个行业内部，开展工作的方式和方法大致都一样，对于工作中的安全危害的暴露水平也相当。

在这种情况下，是什么区分了这个行业内谁做得最好谁做得最差呢？答案在于那些领导和管理安全绩效的管理层的集体表现。正如德鲁克曾经说过的，“不是公司之间在竞争，是经理们之间在竞争”。

改进是最好的投资

当然，我们中的大多数人不是这样看问题的。我们认为那些在同行中的其他人们——那些表现最好的人们——总是有一些我们所缺乏的东西。他们有安全奖励，有更好的员工队伍，有不去报告伤害的员工，或者有更好的工具和设备。如果我们实在找不到什么可以解释的了，我们会说他们更幸运。

你听见戴明博士的笑声了吗？

行业内的比较把大家都放在一个公平的基础之上：在长期，幸运因素可以排除。我们必须直面这个事实，我们只配得到我们应该得到的，最好的经理得到最好的绩效，就这么简单。

对于我们这些经理们来说，普遍无法完全认识到我们对于绩效的影响。我们对于短期的影响有着不切实际的夸大，而又没有认识到在长期而言，经理们的集体绩效影响着最终结果。

彼得·德鲁克写道：“不是公司之间在竞争，是经理们之间在竞争。”这对于所有业务表现包括安全绩效表现而言都是真的。一个公司的安全绩效表现反映了运营这家公司的经理人的集体绩效。将这个公司的绩效数据和业界最佳进行比较实际上是衡量这个公司管理水平的一个很好的方法。最好还可以拿来和所有行业中的最佳数据进行比较。

那就是世界级的绩效表现。如果你们的集体绩效没有把你们的企业推到领先位置,你就不能够说:“在我们公司有一个优秀的管理团队。”

在管理安全绩效过程中,将短期幸运和长期积极成果混淆起来是经理们犯的一个最大错误,不要被它引入歧途。

错误6:尝试买一个新工具

使用此杆可保证你成绩提高20%。

——一个高尔夫球装备广告

打高尔夫球的人总有一天会遇到这样的诱惑:买最新的球杆……据说保证能在下周六的比赛中胜出。最新的技术常常就像魔术一样神奇,改进效果至少会好个几轮,然后又还原到正常水平了。

安全数据:值得好好分析

大多数时候没有什么真正的改变。慢慢地这个新球杆就被弃置在车库里不用了,车库里还堆着各种“突破性的”球杆,都是我们买来帮助提高比赛成绩的。毕竟,提高比赛成绩是每一位高尔夫球手的目标——正如降低伤害率是每一位经理的目标。

在几年前的一个秋高气爽的日子里,一位著名的高尔夫球教练鲍勃·托斯奇给我们60名来自维修和建筑行业的人员上了一课。他问我们:“你们中有多少人买过新的发球杆或是推球杆?”所有人都举了手。

然后他接着问:“你们中有多少人报名上过高尔夫课程?”只有一个可怜的家伙害羞地举起了手,好像他还不好意思承认他上过这个课。

托斯奇盯着我们说:“这就是你们的问题:你们觉得买个新工具你就可以做得更好。不是那样的。”

托斯奇的道理对于打好高尔夫是适用的,同样适用于改进安全绩效。

你能买到安全绩效吗?

作为经理人,我们总是在找一些又快又容易的方法来改进安全绩效。我们会用胡萝卜—大棒策略:设立一个安全奖励系统,同时把昨天受伤的那个倒霉家伙树为反面典型。我们尝试设立安全检查员,制定新的安全政策。我们重新编写安全程序,建立安全观察计划,组织员工安全委员会。

有时候这些方法会奏效,但是更常见的是,这些方法的下场就像那根新球杆一样。为什么会这样?

买新工具意味着经理用不着改变他自己的管理方式。我们还是像过去那样行事,然后指望有不同的结果。我们的新设备将为我们扛起重担,或者至少我们是这么想的。

这在高尔夫中行不通,而且在管理安全绩效中也行不通。如果我们想要有更好的结果,我们必须改变,这需要我们在改进上进行投资。在高尔夫球中,这意味着向高手学习并勤加练习。你不可能派别人去帮你练习,你也不可能用你的信用卡买到更好的比分。

在改进安全绩效上也是如此,让人们安全工作完全取决于执行。改进组织里执行日常工作的人的行事方式需要有领导力,比以前更好的领导力。在高尔夫和管理中,我们都不能指望用同样的方式能够得到更好的结果。

通向更好领导力之路与高尔夫类似:向高手学习,然后勤加练习。这就是在改进上进行投资,而不是尝试买个新工具。

如果我们能在多年前认识到这一点，我们可能会在安全绩效上看到更大的改进。当然，这一开始需要经理们花费更多的时间和精力，但长期来看，这些都是划算的投资。事实上我们太常犯的错误就是尝试去买个新工具。

不幸的是，在安全绩效管理通向卓越的道路上没有捷径。

错误5：不尊重安全绩效测量

不好的数据还不如没有数据：因为它们会误导。

——佚名

当今运营一个企业的人——生产产品、交付服务、处理物料——在测量他们的业务表现时真的是世界级的。他们测量各种重要的细节：有多少，有多好，有多频繁。如果业务运行得好，他们能告诉你为什么；如果运行出了问题，他们也知道问题出在哪里。

这让我们想起了泰格·伍兹这样的世界级运动员，以及他们对自己的表现的精确了解。同样道理，我们在企业中看到了精巧的绩效测量。但过去可不是这样的。在过去30年里——我们这一代经理们的盛年——在企业管理和竞技体育界都见证了一场绩效测量的革命。

即将发生的灾难有什么征兆吗？

20世纪的大部分时间里竞技体育运动员们都是通过模仿他人的做法进行比赛。他们通过结合自身天赋，观察和对话，以及试错和练习来提高他们的成绩。

新的改进推动力

到了 1970 年代,世界级运动员们掌握了一种强大的绩效改进技术。不是更好的球杆,或者球棒,或者球拍,而是更好的学习、测量、评估的方法:高清视频。

高清慢动作视频可以帮助教练分辨出好的动作和身体姿势,这对于运动成绩举足轻重。在赛场上,全面彻底地测量表现的每个方面已经变成了一个普遍做法。测量不再只限于计分板上的数据:在美式橄榄球中,教练们关心的绩效数据变成了诸如平均首攻码数,平均传球码数,和跑传比。

对于每个运动员来说,运动馆变成了健身中心,在那里你可以见到各种项目的竞技运动员。测量每个运动员单项表现已经成为一个标准做法。对跑锋用仰卧推举测量其上肢力量;对后卫和外接手测量其 40 码冲刺速度;对篮球运动员测其跳高能力。

运动员们用测量实现显著改进,在企业里的我们也是用同样的方法。我们的高清慢动作视频就是计算机技术。我们用 IT 技术显著改进了我们的设备和人员的绩效表现。我们的教练和培训师们包括那些在质量改进、工艺改进和商业管理上的聪明的大师们,诸如戴明和德鲁克。

这是个伟大的故事,一个让我们想起来也自豪的故事。

既然我们都知道我们作为经理最重要的一个工作就是让员工能平平安安下班,你肯定会想到我们应该在绩效测量中所学到的应用在安全管理之中。虽然这很有道理,但我们中的多数人并没有这么做。

测量:业务和安全

当然,我们会记录很多关于安全表现的数据。根据我们认为的这些数据传递的信息做出很多决定。但是我们在业务上和在安全上使用绩效测量的水平差异是惊人的。

1. 业务测量容易理解;安全测量不好理解

我们可以很容易地向我们上小学的孩子们解释我们的每一个业务测量指标。产量可以按桶、车、箱、吨、英尺来计。成本用元来计,而且可以和预算比。质量可以用不合格品的数量以及客户投诉来计。进度可以用小时、里程碑和完成比率来表达。

每个孩子都可以理解这些测量结果。更重要的是,我们的员工也可以理解。

至于安全,我们始终在用总可记录伤害率测量。

频率对于一个安全人员或是公司总裁来说也许是个好的测量指标,但是对于在岗位上的员工来说不是很有用。首先一个问题是,什么可以算作伤害。关于这个问题有大量研究文献,其中很多还体现在了政府的法规当中,各种事故分类就像税号一样易于识读。

在我们的部门里一旦发生了一起伤害,一定会有人很快地为我们记上一个伤害率数据。这时候我们的数据从 0 到 100 的跃升速度飞快。这是因为伤害率的计算是基于工时数,大约等于每 100 名员工一年中的伤害次数。但是往往不用等到 100 名员工干满一年就可能出现一个伤害数字。

领导：不如我们想得那样容易

当然，我们会把伤害率数据张贴在大门口让每个人天天都能看见。甚至我们基于这个伤害率高低来确定奖金系数。但是只有安全部的人能够准确告诉我们这个数字到底是怎么算出来的。

这算哪门子绩效测量呢？

2. 企业里的每个人都记录业务数据；只有安全部告诉我们安全做得怎样。

在每个班组，我们的员工会记录我们的业务绩效数据。因为是他们亲自收集的数据，他们完全了解这些数据并知道这些数据为什么会是这样。如果你对昨天的生产或是发货有问题，只消打个电话问问生产线上或是仓库里的人。他们会告诉你为什么生产会这样或为什么发货会停。

我们的安全部记录安全绩效数据。他们会收集医疗报告、事故和险兆报告、培训记录，以及保险公司的医疗报销记录。然后他们会把汇总结果反馈给我们的经理们。

这个流程通常将组织里的其他部分排斥在外。我们会是最先听说一个问题或是不好趋势的人，但是没人来过问这趋势有什么预兆以及对于安全有什么影响。这算哪门子系统呢？

3. 对于业务，我们有很多东西可以测量；对于安全我们通常是去数有几个零。

我们以个数、磅数、桶数、尺数、金额或里程数来计算产量。总是有很多东西可以去计量：每个人都努力工作，生产了很多。数东西是我们生活中很重要的一项活动，也确实应该如此。

幸运的是，在安全表现上我们很少有什么需要去数的。每天人们上班，工作,下班。从各方面讲这都是好消息,却留给我们很多零去数。

在计分板上的零很好看。但是要想知道我们表现得到底好还是不好,它们没什么帮助。我们可能很长时间都没有伤害。然后突然在几周之内发生数起伤害,把伤害率曲线迅速拉升。结果是,我们要么很好,要么很糟,从来无法用伤害数字来预测未来会发生什么。

4. 在业务上每个人都可以看出绩效水平的好坏;对于安全,有时我们不清楚数字往哪个方向走才是好的。

如果我们连续几周都在低于标准产能运行,每个人都可以看出生产出了问题。如果我们的开支降到预算以下,会得到表扬。当顾客投诉的数量下降的时候,我们都看到了改进,而且知道这最终会体现在销售额和利润的提升上。

对于我们的一些安全措施是好是坏,就很难看得清楚。例如,险兆事件的数量在上升:这是否意味着我们遇到了大问题呢?经理们对这有着不同意见。一半人说“要当心了”!另一半说“这是好消息”!

如果安全会议参与率下降,我们是否就应该担心会发生事故呢?每个人都了解客户投诉和销售额之间的关系,但是我们从来都不确定安全会议和伤害率之间的关系。

5. 在运营中,如果我们没有足够数据告诉我们应该做些什么时,我们会收集更多数据;但是在安全上,我们通常就基于我们已有的这些数据计划行动。

当我们遇到生产问题或质量问题时,我们总是很快地找到专家。他们知道怎样分析这些数据并找出问题原因。如果找不到原因,他们会到现场再收集更多的数据,直到他们收集到所需的信息。

至于安全问题,好像我们从来不需要去找专家,也不需要更多数据,也不会承认答案并不显而易见。我们经理们总是自信我们知道了问题所在,以及怎样去纠正它。

回想当年，我们其实应该遵循我们在测量产品质量、客户满意度，以及可靠性时用的方法。那样就简单多了，我们也许就会事半功倍了。

这是我们经理们所犯的又一个严重错误。

错误 4：认为安全管理不需要领导力

你管理的是库存，领导的是人。

——罗斯·佩罗(Ross Perot)

这也许是个让我们的组织震惊的真相：我们经理中很少人当初想过成为一个领导者。

当我们还是学校里的孩子时，我们都知道哪些人是领导者。他们是那些天生的最佳运动员，有着最好的个性，而且长得也都很好看。每个人，包括我们，都追随他们。他们使领导这件事显得容易而且很酷。为了弥补我们天赋的不足，我们努力学习，考出不错的分数，最后毕业，开始一个不错的职业生涯，然后某一天有人注意到我们干得不错，决定让我们做领导者。于是，我们得到了在管理层的第一份工作。

计划　领导　组织　控制

现在要轮到我们来做领导者了。我们很快发现大家都不认为我有那么酷，他们也并不是一定要追随我们的领导。那时我们认为有效领导就是关于“管理”，我们并没有完全准备好去领导。

管理的定义

根据咨询师路易斯·艾伦(Louis Allen)的定义,管理的四个要素是计划、领导、组织和控制,这些对于让每个人都平平安安下班都是非常重要的。计划就是有系统有方法地将正确的工具、设备和方法放在执行工作的人手中;组织就是确保有正确的人在做这些工作,他们有必要的知识、技能、后援和监督;控制,在艾伦的定义里就是测量和跟进。

剩下的就是领导,这是如此简单的一个概念。把领导分解成几个组成要素——沟通、决策、倾听、激励的行动——这些看起来都不难。

但当我们真正做的时候就不是这样了。我们向员工宣布一项重要的决定,和他们沟通,向他们解释为什么这个决定如此正确……然后我们还是会遇到巨大的阻力。或者我们会提醒员工一些我们之前说过的事,他们也许会说这是他们头一次听说。我们说了一些我们自以为能够激励人心的话,希望获得一些反应。我们耐心地倾听,结果通常只听到牢骚和抱怨。

我们最景仰的领导者们

想想这个问题:在我们一生知道的人中,哪些是我们最景仰的领导者?梳理一下我们知道的教练、将军、政治家和公众人物,要列个清单不难。感谢电影和电视,我们这一代人列出的清单应该都比较相似。

然后,看看这个清单上的名字,想想他们在领导力上会告诉我们什么。

很显然我们景仰的那些领导者们各不相同:有的是卓越的演说家,有的则是内向的人;有的通过正式权力来领导,有的好像是善于为他们的想法"制造追随者";有的是强硬的人,如巴顿将军,有的用被动的方式领导,如甘地。

那些领导者们的共同点实际上很少。他们都有些重要的使命要完成,他们为了信仰采取行动,而且他们的行动带来结果。如何实现则完全取决于他们的优势和个性:文斯·伦巴底和汤姆·兰德瑞都是很成功的橄榄球教练。但是因为个性不同,他们遵循完全不同的教练风格。你可以列出领导者的能力清单,那么你需要在每个方面都很好吗?不需要。

我们渴望得到领导的职位,认为成为老板很不错。但是看看我们最景仰的那些领导者。他们一路走来也不容易。他们都在奋斗的过程中为自己的信仰承受了很多。最严重的情形是,他们被刺杀,或是被投入监狱。即使幸运一点的话,他们也可能受到公众舆论的拷问或是遭到失去工作的威胁。

要做个领导者真的很难!

这些都说明了为什么真正的领导很稀缺。这也解释了为什么很多主管或经理更安于跳过领导这个要素,而是专注于管理的其他要素——计划、组织和控制。这对你保持在群众中的受欢迎度还是很有帮助的。

在安全绩效上,总是有很多可以管理:执行检查、维护设备、提供培训、完成评估。作为经理,我们都很了解这些。我们中的大多数人都善于这些管理活动。问题是,正如罗斯·佩罗总结的那样:"你管理的是库存,而领导的是人。"

管理安全绩效需要领导

人员伤害事件的原因背后总是有人的因素。安全讲到最后终归是一个关于人的博弈:使人注意、遵守规定,接受变更,调整行为。没有领导力的话，这其中哪一条能够实现呢？

关于管理安全的现实是，我们无法回避领导行为。这带来了成为领导者的各种挑战。

以为我们可以通过管理——不需要领导——就可以得到好的安全结果，这是我们经理们犯的又一个严重错误。

错误3：尝试去管理态度

人的行为是他的思想的最好诠释者。

——约翰·洛克

下面是一个有过管理经验的人都很熟悉的场面。我们把整个部门召集在一起参加一个重要的安全会议……因为出台了一个新的公司安全政策。大家都坐在会议室里，我们走进来开始进行沟通环节。

可怕的后排听众

在会议室前排通常多数座位是空的，为数不多的前排就坐者都是些好员工。他们面带微笑，乐意参加这个会议，对将要宣读的内容感兴趣，甚至他们看见我们也很高兴。我们见到他们时会更高兴。事实上，我们希望这个会议室里坐的全是像他们这样的员工。

但实际情况不是这样的，坐在中间几排的是对我们静观其变的人。

然后还有后排的人。

后排都坐满了。如果不是前排还有空位置，你会以为会议室座位不够。坐在后面的这些人，抱着肘，压低帽檐，戴着墨镜，他们大都是些

“重点怀疑对象”。

我们不会感到一点惊讶。我们带着期待,更确切地说是带着担心,等待他们对这个政策的评论。最好的情况是他们什么也不说。但是通常不是这样的,而一旦他们有所行动,总没有好事。

每个组织都是由坐在前排的,坐在中间的,和坐在后排的人组成的。解决后排人的问题,又叫作“管理态度问题”,是作为领导者的我们要面对的一大挑战。棒球队经理比利·马丁曾经说过,他的工作就是,尽量不让那 12 个认为他疯了的球员去说服剩下 12 个还没拿定主意的球员。

如果我们能够把坐在后排的那些人的态度改成像前排的人一样就好了。改变态度好像是个好主意,而且我们真的尝试过。我们付钱请咨询师来进行态度调查。我们挂出标语说:“安全取决于态度。”我们在会议室挂海报提醒大家“你的安全绩效始于你的态度”。

当这些都不起作用,在绩效评估谈话的时候,我们还尽力教育和辅导那些我们认为态度上有欠缺的员工。

我们做了这么多,有什么效果吗? 微乎其微。

工作上的天才

作为婴儿潮一代中成长起来的管理层,有个好处是我们接触过很多在管理方面伟大的思想家:彼得·德鲁克,爱德华·戴明,汤姆·彼得斯,菲利普·克罗斯比……

这个名单上还有理查德·贝克哈德。

他的名字可能大家还不是很熟悉。他的专长在于组织行为学:研究工作中人们之间的关系。正如戴明在制造产品质量上应用统计学原理，贝克哈德在工作场所应用人类行为学的原理。

作为一位商学院教师，贝克哈德曾经为各行业中的一些大企业进行过咨询。在1970年代，当时商业航空界认为驾驶舱的沟通问题是造成事故的常见原因，他们邀请贝克哈德参与研究这个课题，找出原因，并提出改进建议。贝克哈德工作的成果成为今天所谓的机组资源管理CRM的基础。

医生们诊断

在大约20年前，有一小群经理有幸在一个公开讲座上向贝克哈德学习。

如果我们期望在他身上看见戴明博士的伟岸身影，或是彼得·德鲁克的衣冠楚楚，我们可能会失望了。贝克哈德看上去——而且确实是——更喜欢像商场里的圣诞老人那样舒服地坐在一个大椅子里，多么和蔼可亲的形象啊。当然，我们都没有准备一些好的问题，所以主要是贝克哈德老师给我们授课，但是他对我们的影响是深远的。

CRM：幕后的故事

贝克哈德和我们分享了他当年在进行飞行驾驶舱机组研究时的经验。“你如果不亲身到那里去，怎么能看到到底现场是怎么样的呢?”他问。他的方案是：在驾驶舱后座跟随飞行，做大量的笔记。每当想到他试着扣上安全带的样子总是想笑。我敢打赌，圣诞老人绝对不会这样做。

亲身体验驾驶舱里的生活后，他发现航线的飞行员们有相当大的比例都是从军队退役下来的，他们通常习惯于下命令和服从命令，不会问原因。这种对于机长的无条件的服从，不止一次地导致了致命的判断错误。

对命令提出质疑可能能够救命

这个洞察导致了 CRM 的诞生，它是一套设计用来改善驾驶舱内沟通和决策的技术。CRM 的应用使天空变得更加安全了。

“那态度又有何影响呢？”我们问。

作为人类行为学的学者，贝克哈德不同意我们的假设：通过管理态度，我们就可以解决行为的根本原因。而贝克哈德说，尝试管理态度会给你带来两个问题，而且两个都不是无关轻重的。

首先：改变态度是那个人自己的事，不会因为你是经理就可以做得到。

其次：你又怎么能知道他们当初的态度到底是怎样的呢？

现在能听见我吗？

两个简单的陈述，两个关于人员管理的挑战的深刻洞见。真正的天才能够用我们可以理解的简单语句解释事物，那天他就是这么做的，我当时就在听。

贝克哈德在 20 年前向一群经理们阐释了尝试管理态度的愚蠢。我肯定不是唯一一个听到他的这些观点的人，但是我不知道我们中有多少人听从了他所说的话。

如果我们把他的忠告听进心里去的话，就不会有这么多海报去敦促员工端正安全态度，就不会有那么多安全态度调查，也不会听到那么多说教希望人们把安全作为一个价值观。

事实上我们大多数人没有听到他的观点，而是继续把改变人的态度作为改进安全绩效的方法。

这是经理们在管理安全绩效中犯的又一个重大错误。

错误 2:相信安全绩效只不过是又一个业务目标

不是感情用事,纯粹是公事。

——电影《教父》

在当今的任何一家企业的使命、愿景和价值观中都能找到安全的显著位置。它通常是以一个使命或价值观陈述的形式出现,比如:“我们股东的安全对于我们业务的成功无比重要。”再加上其他的重要目标和价值观:高产出、低成本、顾客至上,以及职业操守,等等。

在几十年前我写过一本《工厂安全哲学》。我当时指出这种做法没什么不对。毕竟,高层管理的角色是制定政策,确定长期方向,并确保有合适的流程和文化以达成使命。

还有,作为中层经理,我们的大部分时间都在接受这些政策的指引。在每个组织里,中层经理都有责任将高层给出的指引转化成行动和结果。今天我们管这叫作“看齐”:和我们领导的目标看齐。

配置那些最宝贵的资产

在我们做经理的那个时候,我们流行用传达这个词来描述将高层的消息向下传递的流程。传达是如此常见,以至于我们大部分中层经理感觉我们的办公室好像就位于一个信息瀑布的中段,任由上面冲下来的信息冲下去。

在我所在的化学工业里,安全总是非常重要,会占用我们大量的时间和精力。

设定优先事项

时间是所有经理的最宝贵的资产。每天，每个经理必须决定如何配置这个资产到那些需要注意力的活动上去。理论上，使命陈述就是用来简化这个过程，减少选择范围的。但多数时候这个陈述只是强调了我们已经知道的：所有事都重要，所以都要做好。

管理安全绩效与我们要做的其他重要的事情都混在一起：生产产品、降低成本、满足客户，以及让我们的员工开心。

我们不敢放下任何一个，除非我们真的已经放下了某一个。我们被迫设定优先事项，那些暴露出问题的方面总是先引起我们注意。当天的问题，或是本月的热门话题——总之是我们的管理层这一次在关心什么。在管理安全绩效上，我们受到的来自高层的压力大小，通常和我们的绩效相关。当我们的绩效表现很好时，通常没人理我们。当表现变得不好时，我们可以预见来自高层的风暴。

这是来自高层的压力。但每个经理都要面对两组不同的观众——来自上面的和来自下面的。

对于我们管理的那些人，我们知道：不管绩效好还是不好，他们都不会乞求更多更好的安全。不难想象我们最近的“安全改进行动”会遇到怀疑或者阻力。“别管我，让我自己干我的活就好了。”可以很好地描绘这些人的心态。

对于那些在组织金字塔中层的人们来说，这是一个非常奇怪和令人困惑的现实：高层管理人员逼我们改进安全，而我们的那些下属告诉我们，他们怎样安全工作不用我们管。我们常常陷入关于安全不同意见的冲突。

这带来了一个问题，很少人会花时间去想：“安全目标和其他业务目标一样吗?”我们中大多数人忙得没有时间去想这个问题,更别提给出这个问题的答案了。

于是我们就像对其他的重要业务目标一样地去管理安全。正如一位领导者说的:“安全是生产的五大支柱之一。”或者就像在电影《教父》中的迈克对他哥哥所说的:“这不是感情用事,纯粹是公事。”

真相时刻

有时我们当中一些不幸的人需要面对一种情况,通常没有哪个经理事先准备好去面对这样的事情:在医院急救室与受到重伤的员工的家属见面。

我可以现身说法,告诉你这是个多么令人清醒的时刻。一个领导在这种情况下,将会亲眼看到在别人生活中的一些真正重要的东西。那个人的家人和朋友,他的珍爱,他的兴趣,以及他对于生活的热情所在。你猜怎样? 这些都和他的工作关系不大。

在这种情况下,领导会被问到一些难以回答的问题:“这是怎么发生的?”或者更糟:“你怎么能让这种事发生的?”这些问题都很棘手,所以许多组织都让人事部的同事去处理这类和家属的会见。在我们的团队里,我们始终认为应该是主管或经理去面对家属,而不是把这个领导责任授权给别人。

在两组观众面前表演,而且要成功

从医院回家的路上,你会想到,如果一个严重伤害发生在你自己身上,对于你生活中重要的事物会产生什么影响。就算你是最为上进的经理人,非常投入于公司的使命目标,你也会发现你的工作并不是你的生活的全部。我们当中的很多人在经历过这样的事情之后对生活的看法有了巨大的变化。

安全:业务相关还是个人相关?

让大家平平安安下班回家是否就像其他重要业务目标一样呢?安全是和业务相关呢,还是和个人相关?

作为个人,我们知道安全和我们个人是相关的。

你也可以断定对于我们的下属也是一样的,安全与他们个人相关。丢掉一个客户,关闭一个工厂,失去一份工作,生活还会继续,这一点我可以保证。这些变故往往可能还会变成好事。

而受到严重伤害之后,原来的生活就无法继续,至少不像过去大家习惯的那样继续,而且不会是好事。

所幸的是,大部分经理们在职业生涯中不需要去亲自处理他们下属受伤的后果。这也是保持好的安全绩效的好处。如果没有这种经历的话,你就属于幸运的大多数。

当然,好的安全表现背后隐藏的危险就是,它诱使我们在安全上松懈,因为这样我们就可以花宝贵的时间在其他的重要业务目标上。

如果你花一点时间,想想一起严重伤害对人的生活产生的影响——你自己的和你下属的,以及你们家人的生活——你就会发现安全不仅仅是一个业务目标。

一旦你意识到这一点,你管理安全的方式会彻底地改变。你永远不需要高层管理者来告诉你安全是重要的,你可以应付那些管理安全遇到的阻力,你清楚当前这一刻什么是真正重要的。

不幸的是,我们当中很多人是因为上级重视安全才认真对待安全的。

我们并不总是真正地在努力推进安全，因为要应付那些阻力，并不令人愉快。

这是个错误，又一个经理人在管理安全绩效上会犯的最严重错误。

错误1：忘记安全在于执行——并且没有识别谁在管理执行

执法比立法更重要。

——托马斯·杰弗逊(Thomas Jefferson)

管理安全绩效以使大家每天都平平安安下班最终在于执行。无论计划制订得多好——政策、程序、标准和计划——最终还是那些在车间里真实发生的事情决定了成败。企业领导们忙于规划构想和纠正问题，并没有一直牢记这个基本真相。但那些体育教练们不会忘记这个道理。他们理解在竞技体育中，执行就是全部，他们会站在场地边线外看。输了比赛的那个教练，在哀叹执行不力的同时，会一遍又一遍地看比赛回放。他们甚至可能会希望自己也能下场比赛！

而谈到安全，谁真正在管理执行？

《执行：完成任务的纪律》一书的作者拉里·博西迪相信，执行是高级执行官的任务。让我们来想一想执行的流程：那些把执行视为己任的高级执行官们更容易对那些驱动执行和绩效的重要因素表现出浓厚的兴趣。

但现实的情况是，CEO离那些驱动执行的重要因素距离很远，离那些决定大家能够平平安安下班回家的重要因素也很远，但通常有一层关键的管理人员牵涉在每一天的工作执行中。

在音乐剧《芝加哥》中，有一首关于一个隐身角色“玻璃纸先生”的歌。其中有这么一段歌词：“你可以走过我身边，看穿我，而永远不知道我在那。”在每个组织中都有整整一层“玻璃纸先生”。事实上他们是负责管理执行的人。而且，组织的安全表现很大程度上取决于他们的尽职表现。

这不是由 CEO 决定的。

组织金字塔

7000 年前埃及的法老启动了人类历史上最伟大的建筑工程——金字塔。后世的人用金字塔这个名字给组织架构命名，于是有了组织金字塔这个称呼。

你知道这个理论：越往金字塔上走，上面的经理人越重要。在顶端的人是公司里最重要的人。企业里其他的人基本上都是在按照领导制定的目标执行。

每一个曾在某个组织中工作过的人都知道这其中有一定的真理成分。但是还有另外一个方式去思考管理层权势等级的问题。它是从企业经济价值创造的角度开始考虑。毕竟，在公司理论中，企业存在的目的就是为所有者创造价值。

从这个角度看每个企业都可以被看成一台印钞机，为其所有者印钞票。每个好的企业所有者确切地知道他们企业的印钞机在哪里。在制药行业，他们的印钞机在研发实验室，开发出一款畅销药公司就会兴旺。在运动鞋行业，设计师创造最多的价值：热门款的新鞋会供不应求。

执行就是全部

在工业企业里又怎样呢？在工业企业要找到那个印钞机不难：你只需要到运营部门去看。因为工业的定义就是生产物品，无论这物品是金属、车辆还是阀门。

当然，除了生产还有许多其他要素，但有效和高效地制造产品的能力在很大程度上决定了企业的财务成功。只有当产品被生产出来价值才被创造，停止生产就没有收入，没有现金就遇到财政危机，就是这么简单。

对于工业服务行业如油漆、喷砂、清洗和修理等，他们的价值创造流程基本上是相同的，取决于服务交付的地方：在脚手架被搭建起来时，钢结构被喷砂时，油漆被刷上时。

我们都知道这些。

把同样的逻辑用在一个工业企业或工业服务企业的组织金字塔上，很明显这些企业创造价值的层级不在金字塔的顶端，而是在底部。这些企业的基础是开动印钞机的那些人，也正是他们决定了其他人的命运。

这个企业的真正的所有者，通常是股东，能理解这一点。当一个上市公司发生了一起严重的生产中断，股价通常会下跌；当一家能源公司找到了一处新油井，股价会上升。相比之下，如果宣布了一项组织结构调整，市场通常会等一等，看看有什么真正的影响。

现在我们了解了是组织的基层在创造价值，我们意识到组织中其他人的角色就应该是帮助基层的人创造价值。这很好理解，但是质量大师菲利普·克罗斯比曾说过："我工作了10年之后，才发现那些管理层原来是来帮助我的。"

在那些创造价值的人们上面的所有管理阶层中，你认为谁处在最容易进行帮助的位置——无论是在生产、质量，还是在安全方面？是一线主管。

他们又被称为"玻璃纸先生"。

管理安全以及一线主管的角色

一线主管在工作过程中扮演的角色在很大程度上决定了谁能平平安安下班。一线主管作为管理层成员，他们最有可能：

- 设定工作标准并告诉大家
- 教别人以正确的方法工作
- 决定谁有资格去执行工作
- 观察正在工作中的员工
- 给人们提供绩效反馈——无论是正面表扬还是纠正提醒
- 在基层推行安全政策和程序
- 管理安全建议
- 主持安全会议
- 处理受伤和险兆事件

如果这些管理实践都能被正确地执行的话，安全工作有很大机会可以做好。把这些做法都累积起来就能够得到很好的执行力。所以，对于执行，一线主管事实上比企业中的其他管理阶层有着更高程度的控制和影响。当一线主管工作做得好的时候，人们会更加安全地工作。

这就是这么简单。但通常不是那么明显。

我们漏掉了什么？

一线主管对于影响执行的作用如此关键，为什么我们中这么多人不能发现？如果我们对安全绩效不满意，通常我们是最后才想到要提高执行力。我们从来没想过去问主管们他们“在现场”看到了什么，而是自己去想这个问题的原因，然后搞一个宣传活动，写公开信，召开安全暂停会，或者抓几个惯犯作为典型。

更糟的是，我们常常把我们最大的精力花在埋没或者消除主管们的作用上。相当数量的一些企业，以高绩效工作重组为名，彻底取消了这些一线主管的工作。有时候这能够起到作用，而有时候绩效变得更糟后不得不恢复这些职位。有些相互安全观察流程的第一步就是邀请一线主管先离开——结果只能在最后感叹现场还是需要有领导。最高管理层有时会和基层员工谈心，而后者通常会批评他们的直接领导。

总之，我们始终在抱怨我们的一线主管有多么柔弱。

不再做玻璃纸先生！

在基层员工的民意调查中，你猜哪一层管理人员得到他们最多的信任票？在过去 50 多年里，在全球做过的调查中，一线主管一直是得到信任票最多的一层管理人员。

在可靠的人手里：一线主管

回溯来看，我们在管理安全绩效中所犯过的最大的错误，发生于我们忽视执行的作用的时候。不能够充分发挥一线主管在管理执行中的巨大作用则加重了这个错误。而我们应该做的是为他们执行安全工作提供他们需要的所有帮助。如果我们听从克罗斯比的建议的话，我们就会花更多的精力培养一线主管的领导力，给他们所需要的帮助，而且专注于确保他们成功。我们当初如果这么做的话，我们的安全绩效管理会成功得多，而且在其中也会少花不少精力。

一线主管在执行上有最大的控制和影响。我们这一代经理们常常忽视这一点，这是我们在管理安全绩效中犯过的最大错误。

一线主管管理执行，而执行决定成功。做对了这一点，组织将胜出，大家可以平平安安下班。

表 20.1　十大经典错误

经理们在管理安全绩效中最常犯的十大错误
10　依赖愿望作为一种方法
9　不能问出好问题
8　驱除所有恐惧感
7　不能识别经理们真正能影响什么
6　不像测量其他业务指标那样测量安全绩效
5　尝试买个好工具来解决问题
4　认为管理安全不需要领导力
3　尝试管理态度
2　认为安全绩效就像其他业务目标一样
1　忘记了安全在于执行——而且不能识别谁在管理执行

第 21 章

执行:最重要的东西以及安全的底线

如果执行力不好,有什么样的策略都没用。

——汤姆·彼得斯(Tom Peters)

"改进执行力"通常不会成为公司的一个关键业务策略,也很少成为企业首席执行官的首要关注点。《执行:完成任务的纪律》一书的作者拉姆·查兰(Ram Charan)指出,执行是"今天的商业世界里未被解决的最大问题"。而走到车间里,你会发现一个完全不同的景象。那里的领导者会告诉你,他们每天都面临着执行力的挑战,而且面临的最大挑战是让人们平平安安下班。我知道这一点,因为我就被问过这个问题。

两万名领导者应该知道

在逾十年的咨询经历里,我和各种行业、各个地区的各类企业里的领导者们共事,我向超过两万名领导者提出了同样的问题:"作为一个领导者,你每天面临的最艰巨的挑战是什么?"无论他们来自哪个行业,来自哪个地区,他们面临的挑战基本上不超出以下清单:

- 态度:让人们接受"安全相当重要"的观点。
- 自满:让人们相信在他们所从事的工作中有可能受伤。
- 合规:让人们在任何时候都遵守规定。
- 变更:在对规定、政策和程序进行改变时。

- 识别危害:让人们识别他们会遭受哪些伤害。

- 老板:领导们,以及顾客们,有时在安全上并不言行一致。

- 经验:新手没有足够经验,而老手有时又太有经验了——是不好的经验。

- 险兆事故:找出险兆事故,将大祸消除于萌芽之中。

- 生产:要完成工作任务,同时还需要安全地完成。

- 时间:工作忙,时间不够,同时还要管理安全绩效。

这都是些无比艰巨的挑战。你今天能够成功应对也不代表这些挑战会永远消失。昨天发生的一切已不重要,因为今天大家又开始了一天的工作,而且还有明天。如果你还有什么值得安慰的话,那就是:不是只有你一个人在面对这些问题。

如果必须要用一个词来描述以上这些挑战,可以用"执行"这个词,因为它们都是关于执行的。执行不是去决定用怎样的策略,或是制定新的政策或程序;执行是发生在真实世界里的事情,它是应对现实的实际行动。在持续改进模型 PDCA——计划、执行、检查、纠正中,执行是其中最重要的一个环节,是决定结果的环节(见图 21.1)。首席执行官们写下策略,批准政策,确定目标。当绩效表现不如意的时候,他们采取纠正措施。但是,是执行最终决定了结果:决定了谁能够平平安安下班。在这个环节上,最高管理层通常能有多少影响呢?

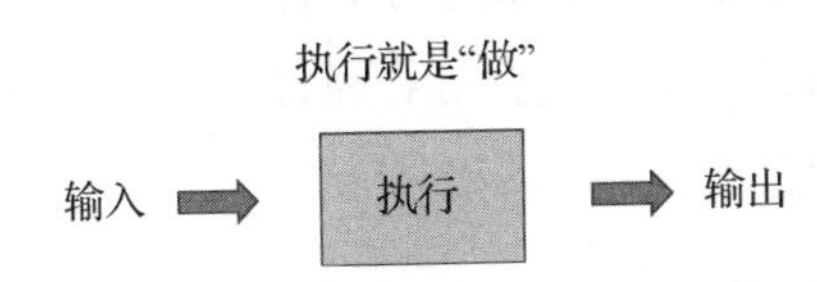

图 21.1　执行——每个流程最重要的部分——最终决定了安全绩效的水平

拉姆·查兰是对的:执行环节很大程度上被最高领导层忽视了。至少可以说他们有很多同道中人:商学院的讲义里很少会教人怎么去执行；关于执行的研究常常被忽视；谈销售、战略、信息技术和领导力的畅销书有很多，但是谈执行的非常少。在《好战略没有成功的三个原因：执行，执行，执行》一书中，来自沃顿商学院的作者观察到："即使好的计划和执行的重要性是如此明显，还是少有管理思想家们专注于研究将战略转化成结果需要怎样的流程和领导力。"

忽略执行会带来巨大的代价：在安全方面，博帕尔、三英里岛，或挑战者号从来不缺政策、程序、计划或标准，他们缺乏的是执行。在每一起严重事故发生之后，不止一个高级领导会说这样的话："如果大家都照程序做，这事根本就不会发生！"他可能也说过："没有任何借口，我们就是失败在执行上。"查兰肯定同意这个观点。他把执行力缺乏称作"成功面前最大的障碍，没有之一；而且它造成的失利往往被归咎于其他原因"。

往好的方面看，这意味着蕴藏在执行当中的绩效改进潜能是巨大的！想象一下，如果组织中的每个人都认真地照着已有的计划去做，绩效表现会提高多少呢？或者如果每个人都一直遵守所有规定呢？如果每个人在任何时刻都聚精会神于正在做的工作呢？如果每台设备和设施都按照既定标准保养好呢？如果每个事故都被认真调查，相关问题都得到解决呢？

在进行安全改进的时候，执行常常是大家最后才想到要改进的方面。而它其实应该是第一个被考虑到的。为什么像执行这样重要的事情被专家，甚至是那些利益攸关者们（高级执行官们）忽视呢？要改进执行，不需要去改变很多政策和程序，或是投资时间和精力去发动一场运动或是设定新的标准。它只需要我们做一些本应该做的事——只是要做得更好些。

但是领导们经常忽视执行，而选择其他做法。市场上总有些新鲜东西，总是有最新的突破性技术。多数经理都有压力，要获得比往年更好的安全绩效，所以他们更愿意相信那些获得更佳成绩的许诺。在每一个新方法新计划背后的想法——出发点都是好的——都是要做一些新的、不同的事情以获得更好的结果。

有时候确实是这样的。

执行：实际发生的事

在过去十年里，有哪些新概念以安全绩效改进的名义被提给了经理们呢？文字调查、咨询专家、对标同行，创新的解决方案永无止境：改变态度、给出反馈、调整行为、改变文化、促进参与、建设体系、安装信息系统。按照 26 个英文字母开头顺序，每个字母都有个对应这些改进活动的词汇：态度（Attitude）、行为（Behavior）、文化（Culture）、数据（Database），一直到零事故（Zero Accidents）。

那么接下来怎样呢？一个新的改进方案就被加在已经满负荷工作的组织身上，最终其执行的效果正如所有之前推出的各种方案一样，效果并不是很好。增加一个执行得不好的活动，在改进和保持安全绩效方面又能带来什么好处呢？

而在忙碌之中大家却忽略了一个真正十拿九稳能带来更好结果的方法，它不过是个常识：更好地去执行。那些伟大的橄榄球教练们牢记了这个教训。谈到绰号“大熊”的保罗·布莱恩特，同行们都说：“他可以指导他的球队打败你的球队，也可以指导你的球队打败他的球队。”好的执行是最好的球队的基本标准。每个体育迷都知道，球队招到最好的球员还不够。教练组需要充分发挥出这些优秀球员的潜能，但这一点常常没有做到。这也解释了为什么常常不是最优秀的球员赢，而总是那些表现最好的球员会赢。

在管理安全绩效方面也是如此。达成你的安全绩效目标，让每个人都平平安安下班，在根本上就是一场关于执行的比赛。无论你的比赛计划——你的政策、程序和行动计划——有多么好，安全绩效说到底都是在生产现场决出胜负。

如果思考过这些问题，其答案就会引导出这样的结论："我们不需要什么不同的方案，我们需要的是更好的执行。"但很少有人会考虑这些问题，因此组织没有聚焦于执行，而是给出一些新的工作去聚焦。

所有这些都呼唤着一个问题：首席执行官们干吗不专注于执行呢？

管理执行：终极挑战

回想管理和改善执行所需的努力，不难理解为什么执行总是避过了大部分首席执行官的视线。首先，这和执行的本质有关——执行就是做事情。做事情始于策略被确定之后，决定被下达之后，以及计划被制定之后。这通常是在决策者所认为的最难的一些部分结束之后。执行蕴藏在工作的细节之中，远在指挥链的末端。那是其他人的工作，不是首席执行官的工作。

《执行：完成任务的纪律》一书的另一个作者兼前CEO拉里·博西迪有不同的看法："许多人把执行看成细节工作，有失业务领导的身份。这是错误的——其实这是领导者最重要的工作。"这些细节组成了执行的本质：工作需要将计划转化成行动。

这可以是领导者最重要的工作，但是提高执行的水平需要我们关注每天工作中的所有细节。如果你是一位首席执行官，你会有多大热情全心扑在这些细节上？更可能是感到枯燥吧。这带来了管理执行中的第二个问题：不同于一个大胆的新的安全行动，改进执行水平听上去一点也不吸引人。有了执行，绩效并不会迅速改变；而当它开始改变时，很少有人会注意到。事情本来不都是按要求这么做的吗？不是吗？那有什么特别的呢？

在新项目带来的大变化和埋头于细节带来的一些痛苦的进展之间进

行选择，大家很容易看到做大项目的方法常常胜出。但那些乏味的日常实践，如果执行得好，累加起来的话常常会最终决定谁能平平安安回家。

领导者的最重要的工作

在那些新的行动中有一项是执行的万能之计。最近二十几年有一种质量流程被标榜为改善执行的方法。遇到了问题，以至于无法按照要求完成？那是个质量问题。针对这样的问题的药方是应用一些质量改进流程。在最近 30 年质量流程被演进到了流程改进上；从统计过程控制到精益制造，最终将缺陷率从 2 西格玛水平提高到 6 西格玛水平。

这个流程应用效果如何？它给世界上所有生产的产品质量带来了巨大的改变。最终制造业的表现得到了戏剧化的改善。

那么在安全方面怎样呢？对于那些领导者们在安全上面对的最艰巨的挑战上又怎样呢？今天我从主管们那里听到的所有的安全挑战，和我在 1985 年刚刚要对一个有 500 名员工的化工厂负责时所面对的挑战几乎一样。如果质量流程可以解决所有这些恼人的安全执行挑战，那些建造大飞机、车辆和高楼大厦的公司的安全绩效应该和他们的产品质量水平相当了。事实上并没有，质量改进流程并没有导致安全执行上的改变。这说明我们漏掉了点什么：很可能是领导力。

为什么在改进策略中总是会忽视执行？执行通常蕴藏在别人所做的细节之中；改进执行听起来不像一个像样的新行动；改进执行需要领导力而不是一个工作流程——是一线领导在管理和执行上扮演主要角色。而一线主管这个群体通常不容易出现在首席执行官的视野里。

其实不应该是这样的，想想以下这些通常在一线主管们手中的这些管理安全绩效的工作吧：

- 设定工作标准并与人们沟通

• 教别人以正确的方法工作

• 决定谁有资格执行工作

• 观察工作中的员工

• 提供绩效反馈——正面表扬或纠正提醒

• 推行安全政策和程序

• 管理安全建议

• 主持安全会议

• 处理受伤和险兆事件

这些工作流程都很重要,因为他们的输出最终决定着安全绩效的水平。他们事实上就是执行本身。

另外一种看待一线领导的关键角色的方法,就是从人们如何受伤反过来看。考虑以下大部分伤害和事故背后的常见原因:

• 让员工做没有资质做或者没有能力做的事。

• 按照指示进行工作,但没有完备的工具、方法、程序或设备去安全地完成。

• 选择错误的做法——如不安全行为。

谁最容易发现这些行为?谁最容易去处理这些容易导致伤害的原因?首席执行官和一线领导自己都没有充分认识到一线主管扮演的重要角色,及其对于造成伤害的三个要素的控制和影响的程度。

那么为什么高级领导不愿意认可一线主管在管理执行方面的关键角色呢?每次到工厂做一年一次的现场视察的时候,CEO 很少会要求“那些为我们工作的最重要的领导者们”到场。我就从来没见过这种情况。对绩效表现不满意时,高级领导也很少会问一线主管他们“在现场”看到些什么。我不记得什么时候这些讨论会专门找一批一线主管,相反我倒是记得有一些定期会议专门把一线主管排除在外。组织最高层的领导自己琢磨问题,然后推出他们的解决方案。

质量流程能解决安全执行的问题吗?

高级领导常常把他们的大部分精力用在埋没和削弱一线主管的作用了。这已不只是有一些讽刺感而已了。在过去 50 多年,工业界的研究都表明,那些做具体工作的人最信任的管理层人员就是那些一线的主管们。高级管理层也信任一线主管——他们要依赖这些人去管理流程和技术,并最终决定运营的成败。但是还不是所有首席执行官都清楚,他们对这些一线主管们到底有多么的依赖。

最后是关于持久力的问题:首席执行官持续的参与。高级领导沟通策略、宣布决定、告知新政策,这样就够了吗?在前几年里新增的那些政策、程序、计划和标准现在都怎样了呢?一旦启动之后,不需要首席执行官花一点时间和精力,它们都会被持续地执行吗?

这里遵循一个基本的物理定律——惯性定律:物体在没有外部作用力的情况下会保持既有的运动速度和方向。发射一个航天器,脱离地球引力后,它会一直向前飞行。通常来讲首席执行官们在执行上应用惯性定律:一旦政策和程序制定好后,管理层会持续忠诚地执行它们,除非有外部作用力的影响。这意味着政策、程序、计划和标准一旦实施,就不需要领导投入更多的精力。

这是从理论上看,在实践中怎样呢?在《把好策略转化成绩效》一书中,两位咨询师测量了各个组织在执行其策略方面的成功程度。结果是:不好。大约只有三分之二的组织把计划完成并转化成结果。这种执行水平算不上完美。两位作者,麦克·曼金斯和理查德·斯蒂尔关于执行阶段是这么说的:“最重要的问题也许是首席执行官的注意力不集中。通常很让人惊讶的是,一个计划被制订好之后,用于确保这个计划贯彻执行的精力很少。"

他们总结了通常的规律:"策略被批准了但没有被很好地传达。这就造成不太可能将策略转化成具体的所需行动和资源。组织的基层不知道他们需要做什么,应该什么时候做,或他们需要什么资源……后果就是,所需的结果永远也无法实现,而由于没有人因为这些不足而被追责,这种表现不佳的循环就不断重复。"

如果设备检查被取消了,设备的保养是更好了呢还是会恶化?如果你没有不断强调安全规定,对规定的遵守会更好还是会变差?当管理层不再关注某些事情,而是去专注于一些新的、不同的事情,那么原来的事情是否就会被忽视?组织会不会转而注意他们的领导在注意的事情?当然会。除非你相信惯性定律也适用于安全。你知道执行需要领导们持续投入他们宝贵的精力和关注。

关于执行的真相

综合考虑以下四个因素你就会知道为什么好的安全执行非常难得:(1)执行蕴藏在别人进行的工作的细节之中;(2)质量管理流程无法解决安全执行的问题;(3)一线主管扮演着关键角色;(4)需要每一个高级管理者全身心投入并"慎终如始"地督促执行。此外至少还有一个重要因素:管理执行需要理解执行到底意味着什么。

就像责任和文化之类的管理术语一样,执行这个词在我们日常对话中被漫不经心地提到的时候,我们总是假设大家都理解它,而且大家的理解都一样。但如果你试着在大会中停下来,问大家这个词的定义的时候,整个屋子都静下来,大家都会哑口无言。关于执行有很多东西我们没有理解或是存在误解。让我们也停一下,认识几个关于执行的基本真相,看看我们能否驱散关于它的迷雾。首先,到底什么是执行?

一线主管有最大的控制

执行是任何流程中负责去做的那部分。在一个企业里,它始于制造产品或提供服务。但如果你领导一个班组或管理一个部门,执行的含义远远不止是将产品生产出来。在关于安全的流程中,执行意味着让每个人都平平安安下班。这意味着要参与大量的活动,从培训、资质认定到合规和检查。这些活动中有哪样不需要做?有哪样不需要按照要求做?有哪样不需要做好?现在你开始意识到这个问题的重要性了:执行是非常庞大的,没有什么捷径可走。

所以执行就是使事情发生,正确地发生。

正确意味着要求里的字面意思和实质精神都能够得到满足。它意味着要满足一些没有必要写出甚至没有说出的一些期望。看见一些不是你下属的人冒不必要的风险时,你要采取干预措施。当你的主管或客户让你去做一些你认为不安全的事时,你应直言不讳。当一个规章制度变成了在纸面上走过场时,你必须站出来制止。

这个定义暗示了一个基本的挑战:你其实可以很长时间不去"完全正确地"做事而不会有什么后果。在另一方面,在差不多每个重大事故背后都一定有一些没有做到位的事,如果当初做对的话就可以预防问题的发生。有时候,这些事情涉及一些令人厌烦的工作细节:没有资质的控制室操作工,泄漏的密封圈或者向环境中漏出危险物料的安全阀。这三种问题分别最终导致了三起上了新闻头条的重大事故:三英里岛,挑战者号和博帕尔事故。

然后还有人员失误的问题。那些心怀好意的人们总是能够正确地做每一件事吗?当然不是。

我们人类在做一件具体的事情的时候有多可靠呢?比较简短的回答

是:“不那么可靠。”有各种研究统计了各类任务中的“正常人类犯错概率”,这些任务包括,从在计算机里输入数据,到在控制室里正确地找出一个技术问题的原因。如你所料,这些结果数据差异很大。出错概率因很多因素而异,有执行任务的人(新手还是专家),任务本身(容易还是复杂),以及这个任务执行的条件(例行还是应急)。通常这些数据非常符合直觉印象:例如,把一架客机安全地降落在机场的概率远远大于把所有旅客的行李都无误地送到行李提取处的概率。而有的时候这些数据有点自相矛盾:当有压力时或者时间紧迫时,失误率可能会变得很高;而把压力拿掉后,再做那些例常工作时的失误率还是会相当高。

慢慢地,我们开始接受正常的人员失误率,在设计系统的时候就会考虑到这些因素。在每个航班驾驶舱里总是有两名飞行员,他们需要互相检查,复核另一位的工作。想象一下,当房子起火的时候你必须记得起正确的报警电话号码,你就可以理解为什么应急电话号码被设计成很好记的“911”(美国报警电话)。在工业界,同样的逻辑也被应用在两类活动中,一种是由潜在的危及生命的后果的活动;一种是普通的日常工作。一个受限空间进入许可证要被审查和互签,甚至可能还要附带做一个工作安全分析。在减少失误方面,两个脑子总好过一个。不幸的是,这些例子在生活中还是占少数,我们大量的计划都是基于没有人在执行的过程中会犯错这个假设来制定的。

让人才发挥其最大潜能

执行:领导的一个功能

这些都表明了执行是领导的一个“Function”。“Function”这个词有两个含义。在管理学上它意味着职责或责任;在数学上它指的是函数,含义是“取决于”。这两者都完美地描述了执行。如果执行不是管理层的职责,那么它是谁的工作?如果管理层不负责执行,那么管理层是做什么的?

管理执行当然是一个经理的工作。正如德鲁克所说,经理人必须管理:“采取行动以获得希望的结果”。把这个道理应用到安全上,对于一个经理来说没有什么比执行更重要了。

对于第二个含义:执行取决于管理层吗?当然,否则 CEO 就可以从他的办公室来直接运营整个企业了。他可以招一些好员工,在每日邮件中发出具体要求,然后依靠组织中的每个人照着去做。

每个体育迷都知道光招募最好的人才是不够的。教练组需要让那些人才们发挥全部的潜能。这并不总是能做到,这也解释了为什么那些最好的球员为什么并不总是赢,每次都是表现最好的赢。在管理安全绩效时也是如此。那些最好的橄榄球教练没有忘记这个道理——伟大的执行是最好的球队的标准。要创造伟大的结果需要伟大的领导力。

关于执行的四个绝对真相

综合以上所有关于执行的论述,我们提供了一个了解关于执行本质的最基本的问题的答案,以及管理执行的巨大挑战的一个思想框架。什么是执行?执行发生在哪里?为什么执行是这么巨大的挑战?谁对执行负责?

把这些问题的答案看作“关于执行的四个绝对真相”:

1. 执行是任何流程中的做的部分,而且,它是这个流程中真正有意义的部分。

2. 执行蕴藏在平常之中:在那些实施所需的细节活动中。

3. 执行推动的方向和自然系统的倾向相反，自然系统总是朝着无序方向发展。

4. 执行是一个领导功能。

对于执行的详细认真的检视也暴露出“四个关于执行的常见错误假设”：

1. 决策是困难的部分，执行是相对容易的部分。

2. 执行是别人的事。

3. 一旦一个计划被推行，它会自己维持下去。

4. 人员犯错的概率接近于零。

管理执行

现在你理解了关于执行的真相，剩下要做的就是实现它。那么要管理执行，你需要做什么？怎么做呢？

这个问题的答案很简单：领导——按照本书前21个章节描述的领导力实践去做。管理执行就是成功地应用一系列可以掌握和精通的技能和技术。如果你有一个模型可以遵循，你的成功概率会大大提高。这个模型就是本书的主旨。

面对面：最好的沟通

让我们回顾一下，到目前为止描述过的关键的安全领导力概念和实践，以及如何将他们应用到管理执行中。

首先是安全的理由：为什么安全比领导者所有其他业务目标都更加重要。原因藏在对以下三个问题的答案中：(1) 在我的生活中最重要的事物是什么?(2) 发生在我身上的重伤会怎样影响那些我生活中真正重要的东西?(3) 我下属中有哪个人对以上两个问题的答案和我会有什么根本的不同吗?执行是终极考验。这些问题的答案会给领导者带来能量和追求安全执行的强烈欲望。

如果执行是真实发生的事,那么没有什么方法比走动管理能更好地去观察执行:认真看组织里的人们实际上在做什么。如果统计数据和记录显示驾驶安全是一个“执行问题”——例如,你的员工不佩戴安全带,驾驶过快,或者开车不专心——对领导来说除了花点时间到路上去观察下属还有什么更好的做法呢?这样做不但在发出一个声明,也能使领导者获得第一手信息。这也代表了领导者有机会认可和强化安全的行为,或者观察并纠正不安全行为。

执行的核心是合规。关于政策和程序,合适的执行需要总是遵守所有规定。遵守既有规定应该是走动管理的一个主题。有些情况下需要推出新的或更新过的政策和程序。在那些高影响力时刻中,有两个简单规则可以提高改变的成功率:让大家知道改变的原因,然后关注于使改变发生。

使改变发生就是执行。

通过邮件把一个政策改变传播出去,以及面对面和大家解释然后听取大家的反馈,这两种做法的效果有着天壤之别。后一种做法比较少见,但也不是没有。泰科公司的 CEO 爱德华·布林就是这么做的,在他的前任因为丑闻被投入监狱之后,他要对企业的改变做出沟通。这位新上任的 CEO 访问全球的泰科分支机构,表达观点,解释公司新的道德准则。但这个沟通不是单向的:问答时间不短于他的演讲时间。这种做法展示了领导者与员工共担的意愿,而且在其追随者心中造成了共鸣。

这样做不但需要倾听,而且需要共情倾听。更有甚者,它意味着对于合理的问题要给出真实的回答,并且要将资源投入到变革带来的真实的问题之中。

问问题——非常棒的问题——可能是管理执行中的一个非常有力的干预手段。非常棒的问题并不简单地是为了寻求信息，比如“你们什么时候能完成那个订单?”而是有着更加基本的领导力动机。“你们推行这个新安全政策时遇到了哪些问题?”由于执行总是发生在组织里的其他某个地方，询问那些执行者的体验可以触发思考，在这个过程中可能会产生一些对于执行很有启发性的洞见。

需要的是:不懈的领导

执行本身的倾向很少会朝着正确的方向前进。当一些我们不希望看到的事发生，就带来了一些了解执行和现实的机会，然后要去采取行动改变未来的发展走向。所以了解哪里出问题了对于管理执行非常有用。这也说明了事故报告——让管理层知道事情没有照计划或预期发展——是一个非常重要的步骤。要解决一些小问题总是更容易一些，前提是你要发现这些小问题。事实是，那些小问题常常被隐藏:因为主动报告的代价太大了。这种情况下，经理们生活在关于执行情况的扭曲的现实中:没有什么证据显示出问题，那么一切都一定进展得很好吧。这剥夺了领导者从实际经验中获益的机会，也为未来更大的失败播下了种子。

好的绩效指标会有所帮助。执行是实际发生的事:一个好的绩效指标体系的目标是让人得到一个关于真实情况的准确图景。不幸的是，许多被用来揭示绩效的测量实际上被用来奖励绩效。当我们把可记录伤害这样的指标放在比赛结束后的计分板上，就会给人带来管理数字的压力，而不是管理结果的压力。要美化修饰数字使其变得更好看通常并不是很难。这样做也许可以满足绩效考评的需要，但这样会把一个真实的显示绩效的数据变成一个无意义的指标。于是领导者们蒙上眼睛在飞而自己不承认。事实上这样比蒙上眼去飞行还要危险！

好的执行指标需要远远不止一个关键绩效数据。如果执行指的是使事情正确地发生，那么你不但需要测量事情如何正确地发生——伤害、事故、检查报告——还需要测量那些带来这些结果的行动是怎么做的——用于走动管理的时间，事故调查的质量，纠正行动项的完成率。我们可以把这看作关于执行的平衡计分卡。

最后，管理执行需要领导者的耐力：一种持续的、不懈的、对于工作细节的专注，日复一日，月复一月，年复一年。一旦领导者的注意力离开那个目标，组织里的其他人马上也会转移注意力。这种不懈的注意力很少见：就算是最好的领导者也会倾向于关注那些当下暴露出的问题——今天的问题或危机。当安全绩效看上去尽在掌握时，这种诱惑是难以抗拒的。一位非常优秀的厂长总是在手腕上戴着一根橡胶手环，提醒自己不要成为这种诱惑的牺牲者。他说，要使这个橡胶手环积蓄能量的话需要拉紧它，要使大家保持能量则需要他的领导力。

执行：底线

为了改善安全绩效，迟早要改善执行。执行听起来简单，而且从很多角度来看确实简单。它就是要所有人每天都按照要求做每件事。要实现这个目标是每个领导者最重要的职责。

第 22 章

你真的能有所作为吗

要产生影响比赚钱困难。

——汤姆·布罗考(Tom Brokaw)

商学院教授吉姆·柯林斯做了一个研究项目,考察一些从平庸转变成卓越的公司。他的研究发现引人瞩目,而且出奇的简单:就是领导力造成的结果。在他的畅销书《从优秀到卓越》中详细介绍了他的研究及其非凡的发现。

柯林斯证明了领导者真的能有所作为,这也再一次证明了,太阳底下真的没有什么新鲜事。在 1954 年出版的第一本商业管理类书籍中就已经明确地这么说过了。《管理的实践》一书的作者彼得·德鲁克写道:"一个组织的目的是使普通的人做不寻常的事。"这些不寻常的事就是领导力的精髓。德鲁克继续说:"领导力是最重要的。事实上没有什么可以替代它。"

普通的人做不寻常的事

在商业领域,领导力毫无疑问是对绩效高低产生影响的关键。当然,总有一些运气的因素,但是就长期而言,好运气会和坏运气相互抵消。同样的人、同样的工艺流程和同样的资源,交给不同的领导者,会转化成不同的结果。最终他们的表现还是由结果说话。

运营一家企业并赚钱并不像新闻人汤姆·布罗考认为的那样容易。

如果你是一个真实的工业企业中的运营领导，你会知道这工作有多难。

但是布罗考的另一个点是对的：和运营企业相比，产生影响要困难得多。讲到要产生影响，没有什么目标比让每个人都平平安安回家更重要。正如那些“最严峻的安全挑战”所证明的，实现这个目标是“让普通人做不寻常的事”的一个好例子。除了通过领导力还有什么办法能做到呢？

德鲁克发表《管理的实践》后的 50 多年里，关于成功管理企业的基本事实一点都没有变：领导力无可替代。虽然这个事实并没有阻止许多组织去尝试各种不同方法，以求在业务或安全方面达到不寻常的结果。我知道其中的大多数尝试，许多改进我都参与过。回过头来看，很容易理解那些创新带来的诱惑：启动一项新的安全计划或安全流程，比起仅仅是更好地去领导，总是更容易的，而且更出彩。这些不同做法常常被组织中的追随者看作“本月新噱头”。一定程度上是这样的。当然，这些方法有其合适的地位，但是它们永远都不能替代领导力。

“乏味的”活动可能是安全的基石

各种计划和流程潮来潮去，各领风骚数十月，领导力则完全不同。领导力不但给绩效带来最大的影响，而且最好的领导力实践经得起时间的考验。这些实践是领导者们为了带领和激励追随者所做的那些简单的真实的行为。彼得·德鲁克描述这些实践是“乏味的……不需要天才，只需要应用，……那些只需要做不值得说的事情”。

这对每位领导者来说是个好消息。让每个人都平平安安回家所需要的领导力做法完美地符合了德鲁克定义的特征：我们可以在每日工作的细节中找到它们。第一眼看上去这些领导力实践可能是乏味的,但不要上当:这些乏味的活动可是安全的基石。成功的领导者很久前就发现了这一点:这些做法能让每个人平平安安回家。而这正是本书所要谈的。

本书的目的首先是让每个企业里的领导者都理解安全的重要性。这就是安全的理由,以三个问题总结:"在我生活中最重要的事物是什么?""发生在我身上的重伤会怎样影响那些我生活中真正重要的东西?""我下属中有哪个人对以上两个问题的答案和我会有什么根本的不同?"

理解了安全的理由,就要开始领导了——要践行那些乏味的事务。以身作则,重复利用你的高影响力时刻,做你自己的安全树桩演讲,走动管理,提问,纠正不安全行为并强化好的行为,帮助人们遵守规定,识别危害,减少风险,主持安全会议——并让人们负责,落实变更,管理安全建议,培训员工,出了岔子时找出问题所在,并采取措施,在每天结束时,统计数据,看看这一天在安全上的表现如何……

然后第二天回来再做同样的事情。因为让每个人都平平安安下班回家是一个永无止境的领导力挑战。是的,它也是每个领导者面临的最为重要的挑战。

现在你面对的是真相时刻,你要决定,作为领导者对你来说最重要的是什么。现在怎么办?

从每一章节提取精华并使用之!

你不要问"什么是领导力"? 或者说"我不知道怎么去领导"。前面21章都是关于做什么以及怎样做去领导人们安全工作的,而且包括了不要做哪些事，甚至告诉你当领导安全工作把你自己置于两难境地时你可以做些什么。你现在已经知道并理解这些内容了。你如何使用这些信息完全取决于你自己。这是你可以控制的一个结果。

好好应用这些实践的话，这个世界——特别是你的世界和你下属的世界——会变得更加美好，更加安全。

是的，你真的可以有所作为！

参考文献

Bossidy L，Charan R，2002. Execution：The discipline of getting things done[M]. New York：Crown Business.

Collins J，2001. Good to great[M]. New York：Harper Collins.

Crosby P B，1980. Quality is free[M]. New York：New American Library.

Drucker P F，1954. The practice of management[M]. New York：Harper & Row.

DuBrul R，1992. The development of effective peer management teams. Unpublished.

Hrebinniak L. "Three reasons why good strategies fail：Execution，executuion，execution." Knoledge@Wharton，August 10，2005. http://knowledge. wharton. upenn. edu/article. cfm? articleid=1252 Accessed 2020 April 3.

Feynman R，1988. What do you care what other people think? Further adventures of a curious character[M]. New York：W. W. Norton & Company.

Gladwell M，2002. The Tipping point[M]. Boston：Little，Brown and Company.

Grove A S，1983. High output management[M]. New York：Vintage Books.

Kletz T，1998. What went wrong? Case studies of process plant disasters[M]. Amsterdam：Elsevier Science & Technology Press.

Larkin T J, Larkin S, 1994. Communicating change[M]. New York: McGrae-Hill.

Mankins M, Steele R, 2005. Turning great strategy into great performance[J]. Harvard Business Review, July, 64 – 72.

NASA. (2003, August). Columbia accident investigation board report volume 1. https://www.nasa.gov/columbia/home/CAIB_Vol1.html Accessed 2020 April 3.

McGehee W, Thayer P, 1961. Training and business and industry [M]. New York: Wiley.

Pelz D, 1999. Dave Pelz's short game bible[M]. New York: Broadway Books.

Peters T J, Waterman R H, 1982. In search of excellence[M]. New York: Harper Collins.

Schwarzkopf N, 1992. It doesn't take a hero[M]. New York: Bantam Books.

Vaughan D, 1996. The Challenger launch decision[M]. Chicago: University of Chicago Press.

Ward K. The Charleston Gazette. Online Edition. May 4, 2006. I think I said "they're alive," rescuer tells hearing panel.

http://wvgazette.com/News/The Sago Mine Disaster/200605040007.

Accessed 2009 March 24.